Ehlert

Franz Kurowski
In die Tiefen der Meere

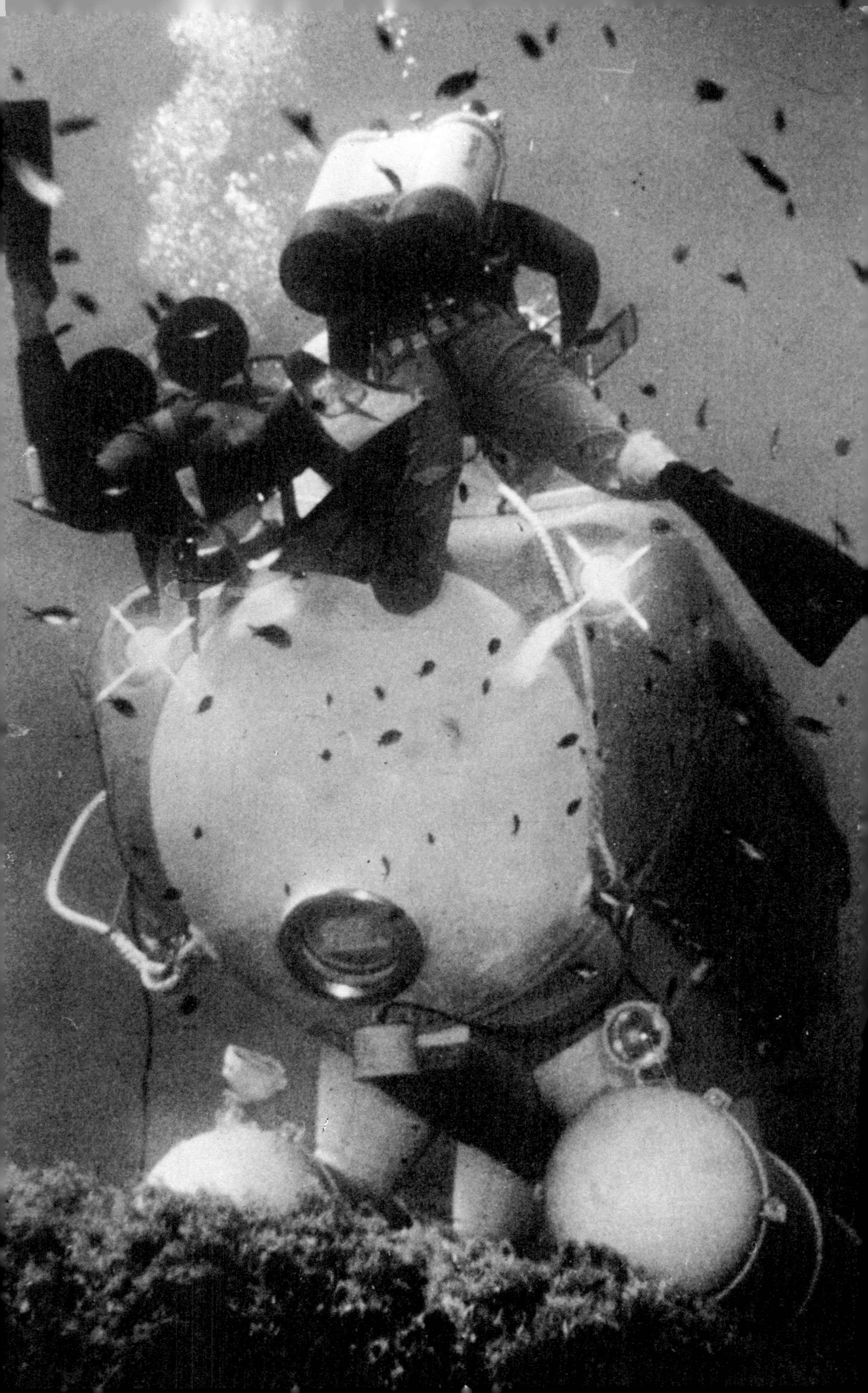

Franz Kurowski

In die Tiefen der Meere

Von der ersten Taucherglocke zum
modernsten Tieftauchboot
Pioniertaten der Meerestechnik und der Ozeanforschung

Arena

1. Auflage 1974

Schutzumschlaggestaltung nach Farbdias der Bruker-Physik AG in Karlsruhe und von Dr. Petriconi, Bochum
Bildnachweis: Bavaria Verlag, Gauting (Seite 79), Bruker-Physik AG, Karlsruhe (Seite 2, 217, 224, 225, 227, 228, 236); Jacques Chouteau, Marseille (Seite 121, 136, 137); Deep Submergence Project, USA (Seite 87, 118, 139, 144); Dräger, Lübeck (Seite 107, 192, 193); Foto Krupp, Essen (Seite 150, 151, 152, 153, 155, 260, 265, 267); General Dynamics Photo, Groton/Connecticut (Seite 25, 126, 127, 239); Grütter & Co., Hamburg (Seite 96, 98, 99, 101, 103, 161, 252); Ingenieurkontor Lübeck, Lübeck (Seite 222, 223); Messerschmitt-Bölkow-Blohm (Seite 133); Mid-Continent Oil & Gas Association, Dallas/Texas (Seite 276); North American Rockwell Corporation, Long Beach/Kalifornien (Seite 85, 125); Photo Deutsches Museum (Seite 27, 32, 35, 36, 38, 40, 52, 53, 55, 56, 59, 60, 61, 63); Public Relations Northrop Nortronics, Palos Verdes/Kalifornien (Seite 116, 142); Dieter C. Schubert (Seite 51); Sea Frontiers, Miami/Florida (Seite 11); Texaco Photo, New York (Seite 277); USIS Photo, Bad Godesberg (Seite 176); US Missile Center, Mugu/Kalifornien (Seite 111, 123, 130, 131, 132, 145 links, 207, 261, 262); US Navy Photograph, Washington (Seite 120, 128, 135, 143, 145 rechts, 181, 205, 206); Westinghouse Underseas Division Photograph, USA (Seite 200); Wirth & Co., Bochum (Seite 270); Woods Hole Oceanographic Institution; USA (Seite 209)
Gesamtherstellung: Richterdruck Würzburg
ISBN 3401 03707 2

Inhalt

Warum Unterwasserfahrt?

Wer bis vor kurzem von Meeresforschung und Meerestechnik sprach, den zählte man unweigerlich zu den Futurologen. Man hielt vor allem die Meerestechnik für eine in Mode gekommene Zukunftsmusik, die schon deswegen nicht zu spielen war, weil man die Instrumente dazu nicht besaß. Daß diese Anschauung vorherrschte, wurde durch eine Aktion des Heidelberger Instituts für Systemforschung erhärtet. Die Mitglieder des Bundestagsausschusses für Forschung und Technologie hatten dieses Institut mit einer Befragung beauftragt, deren Ziel es war, von der Bevölkerung zu erfahren, welche Forschungsgebiete von ihr als wichtig und vordringlich angesehen wurden und, welche der Staat demzufolge am meisten unterstützen sollte. Das Ergebnis zeigte, daß auch heute noch, im Jahre 1974, der Bundesbürger wenig von Meeresforschung und Meerestechnik hält. Die Bevorzugung jener Aufgaben, welche die Lebensqualität verbesserten, standen auf dem Katalog der Antworten an der Spitze. Es waren dies: das Gesundheitswesen, die Umwelt, die Ausbildung. Als weniger förderungswürdig wurden übrigens auch die Luft- und Raumfahrt bezeichnet.

Am verblüffendsten ist jedoch die Tatsache, daß die Förderungswürdigkeit der Rohstoffsuche und -gewinnung als wenigst begünstigter Teil der Forschungsaufgaben angesehen wurde.

Daß dies die Bevölkerung so sah, verwunderte weniger als die Tatsache, daß wenig später auch die Fachleute aus Wissenschaft, Politik und Verwaltung die Rohstoffgewinnung in diesem Fragenkatalog als weniger wichtig ansahen. Wenn dann zur selben Zeit von allen diesen Schichten die Förderung der Dritten Welt, die energische Hilfe für Entwicklungsländer gefordert wird, mutet dies wie ein schlechter Witz an.

Eines ist sicher: Wenn erst einmal die Entwicklungsländer in ihrem Bestreben nach Industrialisierung weitergekommen sind, wird man erkennen, daß die bekannten Bodenschätze des Festlandes – wie Energie und Rohstoffe – nicht für unbegrenzte Zeit reichen werden. Wenn, zum Beispiel, die Entwicklungsländer ab morgen soviel Rohstoffe und Energiemengen benötigten wie die USA, dann wären die meisten der vorhandenen Bodenschätze in sechs Jahren erschöpft, und es gäbe kein Blei, kein Zink und kein Zinn mehr. Dann würde man nicht von einer Energiekrise, sondern von einem völligen Energiechaos sprechen.

Daß diese Stunde einmal kommt, ist sicher. Und dieser vorauszusehende Bedarf, der von den auf dem festen Land liegenden Lagerstätten nicht gedeckt werden kann, erfordert zwingend, daß sich die Menschheit nach neuen Lagerstätten, nach neuen Energiequellen umsieht. Dies wiederum bedeutet, daß, noch mehr als bisher geschehen, unterseeische Erdöllager erschlossen werden müssen, daß wir uns der Erzvorkommen der Tiefsee versichern müssen, daß wir also jene 71 Prozent unseres Wassersterns nach diesen Stoffen durchsuchen, die vom Meer bedeckt sind.

Die Rohstoff-Gewinnung aus dem Meer

Im Forschungsbericht IV der Bundesregierung aus dem Jahre 1972 heißt es, daß die »Lagerstätten an Energierohstoffen und anderen mineralischen Rohstoffen auf dem Meeresboden und in seinem Untergrund auf lange Sicht immer bedeutsamer für die Rohstoffversorgung werden«. Was bei dieser Erkenntnis nicht stimmt, ist die »lange Sicht«, denn viel Zeit haben wir nicht.

Dr. Günther Saßmannshausen, der Präsident der »Wirtschaftsvereinigung industrielle Meerestechnik«, erklärt dazu:

»Die lange Sicht der Bundesregierung erscheint eher als Kurzsichtigkeit. Rohstoffsuche wie auch die notwendige Entwicklung neuer Techniken zur Förderung und Aufbereitung erfordern ohnehin eine lange Zeit. Wenn wir nicht bald beginnen, werden wir das Nachsehen haben. Wir verhalten uns immer noch so, als ob sich mit einem beachtlichen Exportüberschuß alle Rohstoffprobleme recht einfach lösen lassen, nach dem System: für Geld ist alles überall zu kaufen. Diese Einstellung war früher nicht falsch. Aber inzwischen hat ja nicht nur der Club of Rome mit seiner Studie auf die ›Grenzen des Wachstums‹ hingewiesen, selbst die reichen Vereinigten Staaten machen sich ernste Sorgen über eine voraussehbare Energie- und Rohstoffknappheit.«

Die Erdölkrise hat uns eindeutig gezeigt, was bei der Verknappung eines Rohstoffes werden kann, und daß kein Geld der Welt dann noch helfen wird. Ganz gleich, ob diese Verknappung nun echt oder manipuliert ist.

Dies läßt nur eine Alternative offen: Wir müssen selbst nach Rohstoffen

Bohrarbeiten von Bord des Forschungsschiffes »Submarey« aus.

suchen. Wir müssen neue Energiequellen aufspüren. Und da bietet sich das Meer förmlich an, jener bisher mißachtete größere Teil der Erde. Die maritime Rohstoffgewinnung wird, das erkennen wir nun bereits, zu einer Frage des Überlebens. Wir wären zwar nach Ansicht vieler Fachleute in der Lage, diese Frage befriedigend zu lösen. Doch tun wir dies auch? Wo bohren wir zum Beispiel nach Erdöl? Wo forschen wir nach Mineralien?
Dies ist der eine Grund, warum wir Unterwasserfahrt und Meerestechnik betreiben müssen. Damit ist jedoch der ganze Katalog der Möglichkeiten aus dem Meer nicht erschöpft.

Nahrung aus dem Meer

Zwei Drittel der unterernährten Menschheit haben die inzwischen erkannte Tatsache in den Vordergrund gerückt, daß der Weltozean ein großes Nahrungsmittelreservoir ist und daß es – besser als bisher genutzt – das Nahrungsmitteldefizit in der Welt auszugleichen vermag.

Das Meer, so haben Forscher und Wissenschaftler in den letzten Jahrzehnten immer wieder festgestellt, ist ein gigantischer, noch kaum genutzter Speicher für die Hungrigen der Welt. Infolge der Bevölkerungsexplosion droht die Gefahr, daß in naher Zukunft Millionen und auf weite Sicht Milliarden Menschen verhungern und auch verdursten müssen, wenn wir nicht neue Nahrungs- und Süßwasserreserven erschließen. So ist also das Meer zu einem der wichtigsten, ja dem entscheidenden Faktor im Kampf gegen Hunger und Durst geworden!

Nach den Berechnungen der Vereinten Nationen ist zu erwarten, daß sich die Weltbevölkerung bis zum Ende dieses Jahrhunderts verdoppeln und auf mindestens sechs Milliarden Menschen anwachsen wird. Mit dieser Bevölkerungsexplosion vermag die bereits heute unzureichende Erzeugung an tierischem Eiweiß auf dem Festland nicht Schritt zu halten. Die einzigen schnell erreichbaren Reserven an biologisch besonders hochwertigem Eiweiß liegen im Meer. Wenn heute nur 11 Prozent des tierischen Eiweißkonsums der Menschheit aus dem Meer gefördert werden, so ist diese Förderung – bei Nutzung aller Eiweißträger – um ein Vielfaches zu steigern, ohne daß Raubbau getrieben wird.

Anläßlich des 25. Jahrestages des Bestehens der Vereinten Nationen sagte der Präsident der USA:

»Die Nationen der Welt stehen jetzt vor wichtigen Entscheidungen hinsichtlich der Nutzung des Meeres in den kommenden Jahrzehnten. Es geht darum, ob die Meere rationell und zum Wohle der Menschheit genutzt werden oder ob sie zum Kampfplatz uneingeschränkter Ausbeutung und sich überschneidender juristischer Ansprüche werden sollen, wobei die gesamte Menschheit die Verlierer wären.«

Die Raubfischerei, dieses Ernten, ohne zu säen, ist eine Möglichkeit des Raubbaues, die bereits in vielen Gebieten zur Überfischung geführt und einige Teile des großen Weltmeeres an den Rand der ökologischen Existenz gebracht hat. Auch hier muß – wie in der Landwirtschaft – ein System von Säen und Ernten eingeführt werden. Wir müssen zur Aquakultur gelangen. Die Ausrottung des beinahe unvorstellbar großen Walbestandes hat gezeigt, daß eine weise Nutzung von entscheidender Bedeutung ist. Dann wird es gelingen, daß das Weltmeer noch das Vierfache an Nahrungsmitteln und darüber hinaus herzugeben vermag. Auch in diesem Problem ist eine der Notwendigkeiten begründet, daß wir die Meerestechnik fördern müssen.

Süßwasser aus dem Meer

Bliebe ein weiteres Problem der Menschheit: die Versorgung mit Wasser! Dieses Problem ist nicht etwa erst ein Zeichen unserer industrialisierten Gesellschaft, sondern ein Urproblem. Der Kampf um das Wasser zieht sich wie ein roter Faden durch die Geschichte der Menschheit. Wasser zu haben oder nicht zu haben, war immer gleichbedeutend mit Leben oder Tod.

Aus den Berichten früher Völker wissen wir, daß zum Beispiel bereits das Spucken in einen Fluß als Gotteslästerung angesehen und entsprechend unter Strafe gestellt wurde. Die Struktur allen organischen Lebens zeigt die entscheidende Bedeutung des Wassers auf. Der Mensch besteht zu 65 Prozent aus Wasser. Er braucht zum Weiterleben täglich eineinhalb Liter Wasser. Um eine Tonne Weizen ernten zu können, müssen 500000 Liter – das sind 500 Tonnen – Wasser auf den Acker niederregnen. Daß dieses Element in der industriellen Produktion in einem um ein vieltausendfach höheres Maß benötigt wird, zeigen einige weitere Zahlen auf. Um eine Tonne Stahl zu produzieren, werden zum Beispiel 10 bis 15 Kubikmeter Wasser benötigt. Für eine Tonne Zeitungspapier werden zu seiner Herstellung 200 Kubikmeter Wasser benötigt.

Wie sieht es aber mit den Wasservorräten auf der Erde aus? In Europa fehlen genaue Zahlen für den Wasserbedarf der Zukunft. In den USA jedoch hat man dieser Frage seit langem besondere Bedeutung zugemessen. Im Jahre 1970 betrug der Wasserbedarf in den Vereinigten Staaten 15 Billionen Kubikmeter am Tag. 1980 werden es 24 Billionen Kubikmeter täglich sein, und zu diesem Zeitpunkt wird das tägliche Defizit bereits 1,6 Billionen Kubikmeter betragen. Im Jahr 2000 wird allein das Defizit täglich zehn Billionen Kubikmeter ausmachen. 30 Prozent allen Wassers, das im Jahr 2000 in den USA verbraucht wird, kann nicht mehr durch die natürlichen Wasservorräte gedeckt werden.

Die ersten Schätzungen für Europa zeigen die gleiche Tendenz. In diesem Fall haben wir allein im Weltozean eine Ersatzquelle – vorausgesetzt, wir vergiften diese Quelle nicht schon vorher. Der Weltozean bietet uns sein Wasserreservoir an, das 300mal soviel Wasser enthält wie alle natürlichen Quellen, Bäche, Flüsse, Seen, das Grundwasser, die Gletscher und Eisberge der Erde zusammengenommen. Hier liegt ein weiterer Aspekt der Nutzung des Meeres und damit der Förderung der Meerestechnik. Es gilt, die Meerwasserentsalzung so weit voranzutreiben, daß mit ihrer Hilfe das Salzwasser des Ozeans genutzt werden kann.

Daß unter diesen Aspekten jede Art der Meeresverschmutzung eine Gefahr für die weitere weise Nutzung dieses Reservoirs mit sich bringt, leuchtet ein. Die Gefahren dieser Verschmutzung zu erkennen, ihnen zu wehren und weitere Verschmutzungen zu verhindern, gebietet die Notwendigkeit der Stunde, denn auch hier kann die Meerestechnik ihren Beitrag leisten.

Das Wetter und das Meer

Ein weiterer wichtiger Punkt ist schließlich die Tatsache, daß das Wetter vom Meer und auf dem Meer »gemacht« wird. Diese Tatsache zwingt uns dazu, die Wechselwirkung zwischen Atmosphäre und Ozean zu untersuchen und zu beobachten, um dadurch zu einer weltweiten und langfristigen Wettervorhersage zu gelangen. Ohne jene Meßdaten, die vom Meer aufgenommen werden müssen, ist keine Wettervorhersage möglich.

Sobald wir erkennen, daß die gesamte Menschheit vom komplizierten Kreislauf des Wassers abhängig und in ihrer Existenz gefährdet ist, wenn dieser Kreislauf nicht mehr funktioniert, geht uns auch die allgemeine Aufgabe der Menschheit auf, die darin besteht, *gemeinsam* diese große erdumfassende Aufgabe zu meistern, die im Meer, in seiner Erhaltung und Nutzung liegt. Daß dies erkannt wurde, zeigen jene fünf Perioden der Meeresforschung der Neuzeit, die sich mit der Erkundung, der systematischen Erforschung, der dynamischen Ozeanographie, den großen Forschungsflotten-Unternehmungen und der Raumfahrt in die Tiefen des Ozeans abgezeichnet haben.

Ob diesen in der breiten Öffentlichkeit unbekannten Tatsachen durch entsprechende Forschung und Arbeit Rechnung getragen wurde, ob demzufolge Meeresforschung und Meerestechnik optimal entwickelt wurden, um unser aller Weiterleben zu sichern, das soll in diesem Buch in den folgenden Abschnitten aufgezeigt werden. Haben wir diesen letzten unerforschten Kontinent unserer Erde in den Griff bekommen? Werden wir ihn überhaupt jemals in seiner ganzen Bedeutung erkennen, oder müssen wir an der Nichterkennung dieser großen Menschheitsaufgabe zugrunde gehen?

Von der Öffentlichkeit beinahe unbemerkt – und immer nur durch aufsehenerregende Zwischenfälle ins Rampenlicht der Augenblickssensation gerückt –, sind in aller Welt Teams von Technikern und Wissenschaftlern, von Pionieren und Besessenen aller Staaten der Erde an der Arbeit, das Meer zu erforschen, die sich uns im Meer bietenden Möglichkeiten zu erkennen, seine Schätze zu heben und damit die schier unerschöpflichen Rohstoffe, die Energiequellen und das Nahrungspotential des Weltmeeres für die Menschheit zugänglich zu machen. Dieser Wettlauf mit der Zeit sollte auch zu einem Wettlauf mit der Vernunft werden, denn eines ist sicher: die beste ausgefeil-

teste Technik kann nicht mehr ersetzen, was Unverstand und Raubbau an der Natur zerstört haben.
Die Ozeane sind noch teilweise unerforscht. Die technischen Möglichkeiten der optimalen Nutzung stehen noch am Anfang. Bis zu einer entscheidenden Erschließung des Weltmeeres für die Menschheit, in die tiefsten Tiefen hinunter, sind weitere gigantische Anstrengungen notwendig, die durchaus jenen der Raumfahrt vergleichbar, wenn nicht höher anzusetzen sind.

Internationale Zusammenarbeit ist notwendig

Soll aber die ganze Welt – damit auch die Länder der Dritten Welt – an einer weisen Nutzung des Meeres teilhaben, so ist neben den vielen nationalen Zusammenschlüssen in allen Kulturländern der Erde *auch und vor allem* eine internationale Zusammenarbeit notwendig, denn Meeresforschung und Meeresnutzung für alle setzt eine weltweite Zusammenarbeit voraus. Ein völlig neues Seerecht, viele völkerrechtliche Aspekte und andere offene Fragen lassen den seit einiger Zeit gebildeten Meeresbodenausschuß nicht schlafen. Die Stockholmer Umweltkonferenz des Jahres 1972 hat bereits erkennen lassen, welch eine Fülle ungeklärter Fragen noch im Raum stehen. Fragen, von deren Beantwortung es weithin abhängig wird, ob wir das Meer als Lebensreservoir erhalten können, oder nicht. Die Intergovernmental Oceanographic Commission – IOC – hat die Erforschung und Überwachung der maritimen Umwelt der Einzelstaaten mehr noch als zuvor zu fördern und zu koordinieren. Das von der IOC vorbereitete und in Arbeit befindliche ozeanische Meßnetz dient dieser Aufgabe im Bereich der Überwachung der Meeresverschmutzung. Viele andere Möglichkeiten der Zusammenarbeit sind bereits praktiziert, weitere sind im Stadium der Projektierung, die sowohl bilateral als auch multilateral wirksam werden und dazu beitragen, alle, mit hohen Kosten verbundenen notwendigen Forschungs- und Entwicklungsaufgaben zu meistern.

Bis vor kurzem war das Meer – trotz jahrtausendelanger Versuche – noch völlig unerschlossen. Am Ende dieses Jahrzehnts der Meeresforschung wird – dank weltweiter Bemühungen – der Mensch im Meer Entdeckungen gemacht haben, die das Gefüge unserer Erde verwandeln. Wissenschaftler, Ingenieure und Techniker können das Meer zu einer Erde der Zukunft gestalten.
Gehen wir zurück zu den Anfängen, folgen wir dem dornenvollen Weg einer Forschung, die über Jahrzehnte hinweg in aller Stille Opfer über Opfer gebracht hat und die *erst heute* als das erkannt wird, was sie ist: Forschung für die Zukunft der Menschheit.

Voraussetzungen zur Unterwasserfahrt

Die Geschichte des Tauchganges und der Unterwasserfahrt ist beinahe so alt wie die Geschichte der Menschheit. Wann genau irgendwo am Rande des Weltmeeres ein Mensch auf die Idee kam, nicht nur auf dem Wasser zu fahren, sondern auch hinabzutauchen, ist unbekannt. Sicherlich wird er schon sehr früh versucht haben, hinunterzugehen, um sehr bald festzustellen, daß Wasser *auch* ein dem Menschen feindliches Element, daß es der Sitz des Bösen und Gefährlichen ist.

Dennoch müssen einige wenige Menschen ins Meer hinabgetaucht sein, um damals bereits vermutete Schätze heraufzuholen. So finden sich auf assyrischen Reliefs Abbildungen von Tauchern, ebenso müssen bereits in vorgeschichtlicher Zeit im Persischen Golf und am Roten Meer Nackttaucher bis in 30 Meter Tiefe hinabgestoßen sein, um Muscheln und Schwämme heraufzuholen. In den Ruinen der babylonischen Stadt Bismaya fand man Einlegearbeiten aus Perlmutter, aus der Zeit um 4500 vor Christus. Dies läßt den Schluß zu, daß bereits damals Menschen getaucht sind, um für sie wertvolle Meereschätze ans Licht zu holen. Um das Jahr 3200 vor Christus wurde auch in Theben am Nil Perlmutter verarbeitet. Um 2200 v. Chr. brachten die Stämme des Landes der Mitte dem Chinesenkaiser Yu als Zehnten auch Austernperlen, nach denen sie getaucht waren. Auf einem der bereits genannten assyrischen Reliefs aus dem Jahre 885 vor Christus ist erstmals ein Taucher dargestellt, der, mit Luftsack und Luftschlauch versehen, in die Tiefe geht. Ob es sich hierbei um eine frühe Science-fiction-Darstellung oder aber um eine realistische Wiedergabe von Geschehenem handelt, wissen wir nicht.

Erst in der Ilias des griechischen Dichters und Sängers Homer wird durch den Mund des Patroklos vom Tauchen gesprochen. Bei der Belagerung von Syrakus soll nach dem Bericht des Kriegsgeschichtsschreibers Thukydides der erste Froschmanneinsatz der Kriegsgeschichte stattgefunden haben. Aristoteles

wiederum berichtet von Schwammtauchern der Antike und schildert ihre Sorgen und Nöte beim Tauchen, wobei er auch über eine Reihe von Hilfsmitteln schreibt. Alexander dem Großen blieb es vorbehalten, als erster Mensch unter die Wasseroberfläche zu tauchen, um in einer eigens für ihn konstruierten Glasglocke das Meer und die Lebewesen im Meer zu beobachten.
In Berichten aus dem 14. und 15. Jahrhundert über diese Tauchfahrt des großen Herrschers liest man, daß er dabei von der Wasseroberfläche Atemluft erhalten habe. Auf einem Wandteppich im Palast der berühmten Dogenfamilie Doria in Genua ist diese Alexanderfahrt in die Tiefe des Meeres eingestickt. Alexanders des Großen Lehrer, Aristoteles, hat ebenso in seinem Werk »Mechanische Probleme« von jenem Kessel berichtet, den Alexander benutzte und der als Vorläufer einer Taucherglocke gelten kann.
Als schließlich während der Belagerung von Tyros durch denselben Alexander die Belagerten Kampfschwimmer ausschickten, um die Ankertaue der Belagerungsschiffe zu durchschneiden, war der erste Tauchereinsatz zu kriegerischem Zweck gewagt worden.
Daß aber Taucher auch zu heiterem Scherz und Spiel eingesetzt wurden, ist uns ebenfalls in der Geschichte überliefert. Und zwar war es die berühmte Herrscherin Ägyptens, Cleopatra, die mit Hilfe eines Tauchers dem römischen Feldherrn Mark Antonius einen gesalzenen Fisch an die Angel stecken ließ. Damit wollte sie einen Trick verspotten, mit dem sich Mark Antonius heimlich von ebensolchen Tauchern große Fische an die Angel hängen ließ, um als großer Angler zu glänzen.
Was aber hinderte die Menschen daran, den Weg in die Tiefe konsequent weiterzuverfolgen, etwa so, wie sie den Weg in unbekannte Kontinente, in Wüsten und Urwälder antraten und auch über das Meer fuhren?
Ursache dieses Versagens waren jene grausigen Unfälle, denen auch sachkundige Taucher immer wieder zum Opfer fielen. Die »schwarzen Augen«, Tiefenräusche, schreckliche Schmerzen, die alle jene erlitten, die die Naturgesetze der See und des Druckes mißachteten, trugen dazu bei, aus dem Meer einen Wohnort der Drachen und teuflischen Mächte zu machen. Hatte es doch geheißen: »Macht euch die *Erde* untertan!« Vom Meer war nicht die Rede gewesen! Im Meer regierten die Dämonen, die Höllenfürsten und die Wesen der Unterwelt. Die Götter der Finsternis hatten hier ihr Reich errichtet.
So blieb das Meer, dieser gigantische sechste Kontinent, doppelt so groß wie alle fünf übrigen Erdteile zusammengenommen, blieben jene 1,37 Milliarden Kubikkilometer Wasser, neunmal größer als der gesamte Mond, blieb das erdumfassende Weltmeer ein weißer Fleck auf der Erdkarte: die Terra incognita.

Taucheranzüge

Erst aus dem 15. Jahrhundert sind uns weitere Zeugnisse und Nachweise über Tauchversuche und Geschichten von und über Taucher erhalten. In der Rheinauer Handschrift zum Beispiel, die in der Zentralbibliothek in Zürich zu sehen ist, befinden sich auf drei Seiten Abbildungen von Tauchern und über das Tauchen.

Um die gleiche Zeit, etwa um 1405, beschrieb Konrad Keyser, ein fränkischer Edelmann aus Eichstätt, der als Begründer der kriegstechnischen Literatur gilt, in seinem Werk »Bellifortis« (»Der Kampfstarke«) Schwimmgurte, eine lederne Taucherjacke sowie einen Metallhelm als Kopfschutz, der vorn zwei Ausblickfenster hatte.

Leonardo da Vinci, das große Universalgenie der Menschheit, überraschte die Welt auch auf diesem Gebiet mit einer detaillierten Darstellung von Tauchern, von Schwimmflossen und einem Schnorchel, der auch heute noch modern aussieht. Er hat einen Taucher gezeichnet, der einen Atemschlauch trug, mit einer schmalen Binde vor dem Mund befestigt. Der von Leonardo gezeichnete Anzug eines indischen Perlentauchers aus Leder, der zum Schutz gegen gefährliche Fische außen mit langen Eisenstacheln besetzt ist, gilt als Vorläufer des Taucheranzuges. Den Luftschlauch ließ da Vinci innen mit metallenen Ringen versteifen, damit der Wasserdruck ihn nicht zusammenpressen konnte. Roberto Valturio zeichnete um 1460 das erste Tauchschiff in Gestalt eines vorn und achtern spitz zulaufenden Zylinders. Zwei Kurbeln kommen aus dem Innern, an deren Enden sich vierflügelige Schaufelräder befinden. Nach dem kurzen Text, den Valturio seiner Abbildung beifügte, sollte dieses Tauchboot in der Lage sein, unterhalb der Wasseroberfläche Flüsse zu durchqueren. Im ersten technischen Werk Valturios, das im Jahre 1472 erschien, befindet sich aber auch die Darstellung eines Taucheranzuges.

Über die Atmung seines Tauchers, der mit einem ledernen Taucheranzug ausgerüstet war, schrieb da Vinci folgendes: »Dieser Balg, der den Alito enthält, hat Ringe von Eisen, die ihn an der Brust getrennt halten. Mache dir besagten Balg am Munde zurecht, wenn du auf dem Meer bist, damit dein Geheimnis nicht gesehen wird. Wenn du ein doppeltes undurchlässiges Gewand haben wirst, so wirst du, wenn du dies entleerst, bis auf den Grund des Meeres gehen, abwärts gezogen von Kiessäcken. Und wenn du dies Gewand aufblasen wirst, so wirst du nach oben auf das Wasser zurückkehren.«

Die Taucherglocken

Aus diesen ersten Taucheranzügen entwickelten sich Taucherglocken. Man vergrößerte einfach den vorher für den Kopf des Tauchers berechneten Kessel derart, daß mehrere Taucher darunter Platz hatten. Die erste praktische Tauchkonstruktion, die auch kommerziell genutzt wurde, war eine Taucherglocke, die Guglielmo di Lorena 1534 konstruiert hatte. Francesco di Marchi ließ mit dieser Glocke nach den im Jahre 39 nach Christus im Nemisee versunkenen Schiffen – darunter das mit großen Schätzen beladene Prunkschiff des Kaisers Caligula – tauchen.

Die Taucherglocke Lorinis wiederum, die 1592 in einem seiner Werke dargestellt wurde, sollte dazu dienen, Unterwasserfundamente für Bauten zu setzen, Geschütze und wertvolle Dinge aus gesunkenen Schiffen zu bergen und bei der Korallenbrecherei Hilfe zu leisten. Sie wird von Lorini folgendermaßen beschrieben:

»Die Glocke ist aus Holz gebaut und mit Eisenreifen beschlagen. Drei Fuß unterhalb ihrer unteren Öffnung hängt ein großer flacher Stein, der die Glocke nach unten zieht und dem Taucher als Boden dient. In den Seitenwänden sind Ausblicke aus Glas. Man lasse das Ganze an Seilen mit den Tauchern ins Meer hinab und ziehe es so auch wieder herauf.«

Es kam schließlich zu einer wahren Flut von Einfällen für Taucherglocken und Taucheranzüge. Der Wetzlarer Maler Franz Keßler beschrieb zum Beispiel 1616 einen »Wasserharnisch« für einen Mann. Eine weitere Verbesserung wies jene Taucherglocke auf, die im Jahre 1665 zur Hebung der Geschütze der im Jahr 1588 vor der Küste von Mull, einer Insel der inneren Hebriden, gesunkenen spanischen Armada eingesetzt wurde. Mit ihrer Hilfe holte man tatsächlich eine Reihe solcher Geschütze und andere Gegenstände aus der Tiefe herauf.

Das erste Gerät dieser Art jedoch, das von oben durch eine Schlauchleitung mit Luft versorgt wurde, war die Halleysche Taucherglocke. Edmund Halley, englischer Professor der Geometrie in Oxford, seit 1721 königlicher Astronom und Direktor des Observatoriums in Greenwich, hatte damit, neben seinen vielen anderen Forschungen, auch in bezug auf die Unterwasserfahrt und das Tauchen einen großen Erfolg errungen.

Diesen Weg beschritt auch John Smeaton weiter, indem er die erste Taucherglocke konstruierte und bauen ließ, die ganz aus Gußeisen bestand. In dieser Glocke gab es Platz für zwei Männer. Sie wurden von einer Luftpumpe über Wasser mittels einer Schlauchleitung laufend mit Frischluft versorgt. Mit Hilfe dieser Taucherglocke wurde der Bau des englischen Hafens Ramsgate ausgeführt.

Im Jahre 1858 stellte die damals bereits bekannte englische Tauchbedarfsfirma Siebe, Gorman and Co. eine Taucherglocke her, die nach dem Entwurf von Maillefert erbaut wurde. Diese Taucherglocke ist übrigens heute noch in Gebrauch. Sie besaß bereits einen nach oben führenden Schacht, der mit zwei Schleusen versehen war und das Ein- und Aussteigen der Taucher bei ihrer Ablösung ermöglichte, ohne daß dieses schwere Gerät dazu erst emporgehievt werden mußte. Dem Schacht fiel außerdem die Aufgabe zu, die in der Glocke arbeitenden Taucher an die veränderten Druckverhältnisse anzupassen.

Parallel zu der Entwicklung der Taucherglocken lief die der Taucheranzüge. Der erste sogenannte Scaphander Taucheranzug war wohl der von dem Franzosen Fréminet entwickelte lederne Anzug, mit einem halbkugelförmigen Taucherhelm. Über Schlauchleitungen und ein Ein- und Ausatmungsventil erhielt der Taucher in diesem Anzug Preßluft zur Atmung. Karl Heinrich Klingert verbesserte diesen Anzug erheblich und führte damit in der Oder praktische Tauchversuche durch. Von ihm ist uns übrigens die *erste* deutsche Schrift über das Tauchen überliefert.

Bereits im Jahr 1775 hatte der Franzose M. de la Chapelle das erste Taucherhandbuch geschrieben. Der Titel dieses Werkes lautet »Traité de la construction theorique et pratique du Scaphandre«.

Der Franzose Cabinot konstruierte im Jahr 1850 den Vorläufer des heute noch gebräuchlichen Tornister-Tauchapparates. Hierbei nahm der Taucher auf dem Rücken einen Behälter für die Atemluft mit. Die Luft wurde mittels einer im Boot installierten Luftpumpe zugeführt.

Die Taucheranzüge des 19. Jahrhunderts waren für Tauchtiefen bis 40 Meter geeignet. Um größere Tiefen zu erreichen, wurde der Panzertaucher-Anzug entwickelt. Diese Entwicklung setzte bereits 1838 ein, als W. H. Taylor einen solchen Anzug konstruierte. In der Folgezeit wurden von den Ingenieuren Philip Lafayette und Tasker immer weiter verbesserte Konstruktionen vorgestellt. Das aus dieser Entwicklungslinie stammende Hamburger Panzertauch-Gerät war seinerzeit eine technische Spitzenleistung. Mit ihm konnte man Tiefen bis zu 160 Meter mühelos erreichen. Noch heute ist es in Gebrauch.

Die U-Boots-Entwicklung

Daß diese beiden Möglichkeiten des Weges in die Tiefe sehr eng begrenzt bleiben mußten, war allgemein bekannt. Deshalb wurde etwa zur gleichen Zeit versucht, ein Unterwasserschiff zu bauen. Mit einem Unterwasserschiff war man nicht, wie bei der Taucherglocke und beim Taucher, zur Bewegungs-

losigkeit verurteilt. Mit einem Schiff konnte man außerdem mehrere Menschen gleichzeitig in die Unterwasserwelt mitnehmen und viele weitere Arbeiten verrichten.
Daß es ausgerechnet Eskimos waren, die schon Ende des 15. Jahrhunderts »Unterwasserboote« besaßen, die aus Kajaks, mit Hundsfell umspannt, bestanden, wurde bekannt, als der schwedische König Haakon von seinem Feldzug nach Grönland heimkehrte und zwei von diesen wasserdichten Kanus mitbrachte, in denen jeweils drei Männer Platz hatten. Mit diesen Kanus fuhren die Eskimos ungesehen an fremde Schiffe heran, bohrten diese von unten an und brachten sie so zum Sinken.
Das Tauchschiff, das William Bourne im Jahr 1580 konstruierte, war bereits mit einer schnorchelähnlichen Röhre ausgerüstet, durch die den Männern im Boot Atemluft zugeführt wurde. Acht Jahre später versuchten die Engländer im Kampf gegen die spanische Flotte, eines der Bourneschen U-Boote einzusetzen. Das Boot sank, bevor es seine Aufgabe erfüllen konnte.
Der Magister der Universität Rostock, Magnus Pegel, beschrieb in seinem 1604 erschienenen Werk der Technik die Grundgedanken eines Tauchbootes. Aber von der Theorie bis zur Wirklichkeit war es noch weit.

Cornelius van Drebel – Der erste U-Bootsbauer

Cornelius van Drebel hieß jener Mann, der im Jahre 1620 das erste lenkbare Tauchboot baute und dieses Boot wenige Monate später auf der Themse von Stapel ließ. Er war Erzieher der Kinder König Jacobs I. von England und avancierte später zum königlichen Leibarzt.
Als van Drebel eines Abends an der Themse entlang spazierenging, sah er zu, wie einige Fischer ihre gefüllten Fangkästen hinter sich her durch das Wasser zogen. Diese Kästen lagen infolge ihres Übergewichtes um einiges unter Wasser, schwammen aber noch. Sogleich hatte der aus seiner Heimat geflohene Holländer den Gedanken, daß es möglich sein müßte, auch ein Boot zu bauen, das unter Wasser fahren konnte, wenn man es entsprechend abdichtete. Er ließ ein hölzernes Boot bauen und es dicht mit Ziegenleder überziehen, das zum Erreichen einer höheren Dichte stark eingefettet wurde. Das Boot erhielt zwölf Plätze für die Ruderer. Die Ruder wurden durch Ledermanschetten geführt, die am Bootskörper angebracht waren und die das Boot dicht hielten. Mit diesem Unterwasserboot erreichte er eine Tiefe von 4,5 Meter.
In verschiedenen Publikationen des 17. Jahrhunderts wird behauptet, daß Cornelius van Drebel das System des Luftaustausches und der Lufterneuerung durch eine von ihm entwickelte Flüssigkeit verbessert habe. Dieses Lebens-

elixier van Drebels konnte nicht entschleiert werden. Tatsache ist jedoch, daß über einen Zeitraum von rund zehn Jahren hinweg der Holländer mit diesem Boot und zwei weiteren Booten, die er später bauen ließ, auf der Themse und unterhalb der Wasseroberfläche fuhr. Damit hatte er das *erste* brauchbare U-Boot gebaut und praktisch erprobt.
Es wäre sicherlich für alle, die nach van Drebel kamen, wichtig gewesen, die Konstruktionszeichnungen sowie alle Unterlagen über die Lufterneuerung zur Verfügung zu haben, doch der Leibarzt des Königs von England, der zum U-Boots-Bauer wurde, hat keinerlei Aufzeichnungen über sein Hobby hinterlassen. Er starb im Jahre 1634. In vielen Publikationen wird sein Name als erster Tauchboot-Erbauer genannt.

Viele Konstrukteure und Techniker befaßten sich in den nächsten 100 Jahren mit dem Phänomen der Unterwasserfahrt. Tolle Erfindungen wurden gemacht und ausprobiert. Zu der Reihe der Erfinder zählen so berühmte Persönlichkeiten wie Professor René Descartes und Robert Hooke.
In seinem Werk »Mathematical Magic« berichtete der britische Bischof John Wilkins über eine Arche, mit der ganze Familien unter Wasser fahren und dort über ein Jahr lang leben könnten. In dieser ersten Science-fiction-Story der Geschichte schrieb er unter anderem auch jene damals noch visionären Worte: »Diese Boote können von großem Vorteil einem feindlichen Schiff gegenüber sein, da sie fähig wären, unterzutauchen, das feindliche Schiff ungesehen zu erreichen und es zu versenken.«
Damit hat Wilkins die ersten kriegerischen Einsätze von Unterseebooten vorausgesehen, ohne zu ahnen, zu welch tödlichen und furchtbaren Kampfmitteln sich diese Waffen in zwei Weltkriegen und im Rüstungswettlauf nach dem Zweiten Weltkrieg entwickeln würden.
Dennoch sollte bald schon ein unter Wasser fahrendes Boot in kriegerische Verwicklungen hineingezogen werden. Es war ein Amerikaner, der dieses erste Boot zum Unterwasser-Kriegseinsatz baute.

David Bushnell – Mit der »Turtle« auf Angriffskurs

Als im Jahre 1775 der Freiheitskampf in den britischen Kolonien Nordamerikas begann, arbeitete ein 35jähriger Mann mit Namen David Bushnell auf dem Poverty Island im Connecticut-River in der Nähe von Westbrook am Bau eines Unterseebootes. Bei Kriegsausbruch bot er dieses Boot dem Gouverneur von New York, William Tryon, an. Dieser setzte sich mit Vizeadmiral Shuldham, dem Oberbefehlshaber der Marine der Freiheitsstreitkräfte, in Verbindung und

Shuldham entsandte zwei Marineoffiziere als Sachverständige nach Poverty Island.
Was diese beiden Offiziere in der Werkstatt Bushnells fanden, war ein faßähnliches Gebilde, das aus Holz erbaut und mit einem Kupfermantel umgeben war. Dieses als Turtle bezeichnete Boot hatte einen Durchmesser von 2,5 Meter. Es wies einen Tauchtank auf, auf dessen Boden ein Bleigewicht angebracht war, das dem Boot Stabilität geben sollte. Der Bleikiel des Bootes konnte abgeworfen werden. Dies würde das Boot im Fall einer Gefahr rasch zum Auftauchen bringen. Mit einem Propeller, der von dem in der »Turtle« sitzenden Mann über eine Handkurbel betätigt werden sollte, konnte das Boot vorwärtsbewegt werden. Die Offiziere meldeten ihre Zweifel an, denn der im Innern der »Turtle« sitzende Kommandant hatte zugleich auch alle übrigen Geräte zu bedienen. David Bushnell verteidigte seine Konstruktion. Nur mittelgroß, beweglich und mit einem übersprudelnden Temperament ausgestattet, gelang es ihm, die Soldaten schließlich zu überzeugen.
Die »Turtle« wurde ins Kalkül der Verteidiger einbezogen und dazu ausersehen, eines der großen Schiffe anzugreifen, die New York blockierten. Mit einer Sprengladung sollte das Schiff versenkt werden. Die »Eagle«, das Flaggschiff des britischen Admirals Richard Howe, das mit 64 Kanonen bestückt war, wurde als Angriffsobjekt ausersehen. Wenn es gelänge, dieses Schiff mit Hilfe der »Turtle« zu versenken, mußte das die schlimmsten Folgen für den Gegner haben.
Mit Feuereifer ging Bushnell an die Fertigstellung seines Bootes. Nichts und niemand konnte ihn nun noch aufhalten. Am 15. November 1775 meldete er, daß sein Boot fertig sei. Der Gouverneur berichtete es einen Tag später Vizeadmiral Shuldham. Dieser entsandte eine seiner Sloops. Die »Turtle« wurde darauf verladen und lief, an Deck der Sloop verzurrt, den Connecticut-River hinab. Im Long-Island-Sund wurde sie zu Wasser gelassen und erprobt. Danach schien man die Sache zu vergessen. Bushnell tobte, vergebens!
Der Winter verging und die angreifenden Engländer brachten immer mehr Schiffe in die Upper- und Lower-Bay von New York. Einige dieser Schiffe liefen bis weit in den Hudson-River hinein. Schließlich landeten am 3. Juli 1776 die ersten britischen Truppen auf der Südwestspitze von Long Island. Genau 50 Tage später setzten sie ihren Fuß auch auf Brooklyn. Nun entsann man sich wieder des Erfinders Bushnell und seines Tauchbootes. Vizeadmiral Shuldham befahl den Einsatz des Unterseebootes. Bushnell bereitete alles vor und suchte einen kräftigen Mann, der die »Turtle« führen konnte.
Durch den Hudson- und den North-River wurde die »Turtle« zum Ausgangspunkt ihres Einsatzortes, zum Südende von Manhattan, geschafft. Hier im

Schutz des Feuers der Whitehall-Batterie machte sich Sergeant Ezra Lee, den Bushnell ausgewählt hatte, mit dem Boot vertraut. In einer mondlosen Nacht schleppten zwei Ruderboote die »Turtle« in die Upper Bay. Von hier aus sollte sie von Sergeant Lee an das feindliche Schiff gekurbelt werden. Beide Ruderboote warfen die Leinen los und machten sich aus dem Staub. Ezra Lee blieb zurück und trieb, gut unterstützt vom ablaufenden Strom der Tide, an den vor Anker liegenden englischen Schiffen vorüber. Der Turm des Bootes war geöffnet und ragte etwa 15 bis 20 Zentimeter aus dem Wasser. Ezra Lee steckte den Kopf hinaus und suchte das britische Flaggschiff. Zum Glück kam jetzt der Mond ab und zu hinter den Wolken hervor, so daß Lee das englische Flaggschiff schließlich ausmachen konnte. Er lenkte die »Turtle« um den Bug der »Eagle« herum, sah einen Mann an Deck, bemerkte erleuchtete Bullaugen und erreichte das Heck des Flaggschiffes.
Ezra Lee schloß nun das Turmluk und machte sich mit seinem Bohrer an die Arbeit, um die mitgenommene Mine, die mit dem Bohrer verbunden war, am feindlichen Schiff anzubringen.
Aber so sehr er auch kurbelte, so hart er andrückte und drehte, der Bohrer drang nicht in das Holz der »Eagle« ein, er konnte auch nicht eindringen, weil dieses prächtige Schiff mit einem dicken Kupferbeschlag versehen war.
Inzwischen bemerkte der Sergeant, daß sein Boot Auftrieb erhielt und schließlich zur Wasseroberfläche durchbrach. Sofort tauchte er tiefer und drehte nun auf Kurs Nord dem Governors Island entgegen, das als Ausweichhafen in Frage kam und dreieinhalb Meilen entfernt lag. Als schließlich sein Kompaß versagte, orientierte er sich, indem er höher stieg und immer wieder Ausblicke aus dem Turmluk unternahm. Plötzlich näherten sich aus der Gegend, in die er wollte, einige Ruderboote. Lee blickte auf seine Uhr. Die Zeituhr der Mine war bald abgelaufen. Deshalb löste er die Mine vom Boot und drehte mit 90 Grad Kursänderung von den Gegnern ab, die ihn nicht fanden. Gegen die Tide ankämpfend, erreichte er schließlich, völlig am Ende seiner Kraft, den Ausgangspunkt des Unternehmens. Als er eben festmachte, ging mit einem Donnergetöse die Mine hoch, die er zurückgelassen hatte.
Im weiteren Verlauf der Belagerung drang der Gegner schließlich in den East River ein. Um die »Turtle« zu retten, mußte sie durch den North River und den Hudson nach Fort Washington geschafft werden.
Von hier aus wurde schließlich von Sergeant Lee ein zweiter Angriff unternommen. Abermals schaffte es Ezra Lee, die »Eagle« zu erreichen. Aber auch diesmal gelang es nicht, die Mine am englischen Flaggschiff anzubringen. Die »Turtle« wurde zurückgekurbelt und wenig später versenkt, damit sie nicht in die Hände der Engländer falle.

Die moderne »Turtle« der General Dynamics, benannt nach der Konstruktion David Bushnells.

David Bushnell, der in den Dienst des amerikanischen Heeres eingetreten war, wurde im März 1779. vom Gegner gefangengenommen. Er wurde zwei Monate später ausgetauscht und erhielt seine Beförderung zum Leutnant und später zum Hauptmann der Pioniere. Als Captain wurde er am 29. November 1783 entlassen. Er kehrte zu seiner kleinen Werft nach Westbrook zurück. Hier arbeitete er weiter an dem großen Projekt der Unterwasserfahrt. Seine geniale Erfindergabe und die Präzision seiner Arbeiten verschafften ihm die Unterstützung Washingtons. Seinem Werk selbst aber blieb der große Erfolg versagt. Zu Beginn des 19. Jahrhunderts änderte Bushnell seinen Namen. Von diesem Zeitpunkt an hieß er Doktor David Bush. Er übergab seine bedeutend vervollkommneten U-Boots-Pläne an den Amerikaner Richard Fulton, der als einer der ersten »Amerikaner in Paris« in der Seinemetropole ein Büro eröffnet hatte und selbst an verschiedenen Seefahrtprojekten arbeitete.
Im 86. Lebensjahr stehend, starb Dr. David Bush im Jahr 1826 in Westbrook. Seine letzte Konstruktion eines Unterwasserbootes wurde im Jahr 1799 in »Societys Transactions« veröffentlicht.

Fultons »Narrheiten« – Dampfschiffe und U-Boote

Der Mann, nach welchem seine kleine Heimatstadt Little Britain in Pennsylvanien umgetauft wurde, hieß Robert Fulton. Er wurde im Jahr 1765 geboren und war gelernter Mechaniker. Seine Spezialität waren »Torpedos« und »Unterseeboote«. Fulton hatte mit rund dreißig Jahren die ersten Zeichnungen und Pläne für sein U-Boot, das er »Nautilus« nannte (nach dem Nautilus Pompilius, der im Indischen Ozean in 100 bis 600 Meter Tiefe lebenden Muschelart), fertiggestellt. Als er die Erfindung seines U-Bootes in Amerika propagieren wollte, stieß er auf heftige Ablehnung. Einmal glaubte man ihm nicht, daß er die »Nautilus« konstruiert habe. Die Ähnlichkeit mit der letzten Konstruktion Bushnells war zu prägnant. Zum anderen war man davon überzeugt, daß diese Art der Fortbewegung unter Wasser nicht zu realisieren sei.
Im Sommer 1798 legte Fulton die Pläne seines U-Bootes seinem Direktor in Paris vor. Doch bis zur Bauausführung sollten noch drei Jahre vergehen. Erst 1801 stellte Konsul Napoleon Bonaparte dem Konstrukteur die Summe von 10000 Francs zur Verfügung, und Fulton ging an die Arbeit. Er ließ die »Nautilus« bauen. Dieses Tauchboot bestand aus einem runden Holzkörper von $6^1/_2$ Meter Länge und einer Höhe von etwa zwei Meter. Der Tauchtank, als Kielraum unter dem Boot, war aus Eisen.
Als Antrieb diente ein aus vier Flügeln bestehender Propeller nach Art einer Windmühle. Dieser Propeller mußte von den Bedienungsmännern im Innern des Bootes über eine Handkurbel betätigt werden. Das Seitenruder wie auch das Tiefenruder wurden ebenfalls durch Handkurbeln bewegt. In der Mitte des Kielteiles war ein Ventil angebracht, über welches das Ballastwasser in den eisernen Kielraum geflutet werden konnte. Über zwei Lenzpumpen konnte das Wasser ausgeblasen werden. Ein Torpedo wurde an einer Schleppleine mitgeschleppt. Am 3. Juni 1801 soll die »Nautilus« in der Nähe des Invalidenplatzes in der Seine zu Wasser gelassen worden sein und in 25 Fuß Tiefe die Erprobung bestanden haben.
Danach soll sie über die Seine zur Küste und nach Le Havre, und von dort aus bis nach Brest gelaufen sein. Auf der Reede von Brest soll sie mit Fulton und drei Mann Besatzung in acht Meter Tiefe abermals erprobt worden sein. Ob diese zeitgenössischen Berichte stimmen, wird allenthalben bezweifelt, denn Napoleon bezeichnete Fulton als Scharlatan und Betrüger und entzog ihm seine Hilfe.
Fulton ging nach England. Der britische Premierminister Sir William Pitt der Jüngere war sehr interessiert an dieser neuen Erfindung. Er unterstützte Fulton und damit wurde automatisch der Britischen Admiralität dieses Projekt eines

Unterseebot »Nautilus«, erbaut von Robert Fulton in den Jahren 1797/1798.

U-Bootes und eines »electric torpedoes« – eine Art besonderer Mine – vorgelegt. Der Erste Seelord der Britischen Admiralität, Sir John Jervis, Lehrmeister des Seehelden Nelson und Sieger in der Seeschlacht von St. Vincent, erkannte sofort, daß dieses neue Unterseeboot geeignet sein würde, die britische Vorherrschaft zur See zu untergraben. Denn: wo blieben die englischen Kriegsschiffe, wenn es solchen unsichtbaren Gegnern gelänge, derartig gefährliche Minen mit Zeitzündern an sie heranzutragen und sie damit in die Luft zu sprengen, während sie schon wieder weit fort waren? Sir John lehnte kurz und bestimmt ab, indem er sagte: »Seht nicht hin und rührt nicht daran! Wenn wir dieses Projekt aufnehmen, werden andere Nationen dies auch tun. Dies aber wird der größte Schlag sein gegen unsere Überlegenheit zur See.«
Das Projekt wurde von der Royal Navy abgelehnt. Dennoch ließ Premierminister William Pitt der Jüngere Fulton vorerst weiterarbeiten und am 15. Oktober 1805 fand in Deal Harbour, nahe dem Wohnsitz von Sir William, ein Experiment mit einem der »electric torpedoes« statt. Zwar hatte man die alte dänische Brigg »Dorothee«, die reif zum Abwracken war, mitten in den Hafen

geschleppt, und Fulton ging daran, mit einem gewöhnlichen Boot eine seiner Minen zur Brigg zu schleppen. Fulton gelang es, die Mine anzubringen und die Zünduhr zu betätigen. Danach ruderte er aus Leibeskräften aus dem Sprengbereich der Brigg, und ein zuschauender Marineoffizier bemerkte spöttisch: »Der hat sicher die Hosen gestrichen voll. Ich würde mich seelenruhig an Bord der ›Dorothee‹ zum Breakfast niederlassen.«
Das allerdings wäre dem Haudegen böse bekommen, denn nach Ablauf der eingestellten Zündzeit ging die Mine mit einem wahren Donnergetöse hoch und riß die Brigg in mehrere Stücke. Wrackteile flogen durch den Hafen, und der verdutzte Marineoffizier meinte: »Donnerschlag! Das wäre eine verdammt feine Himmelfahrt geworden.«
Wieder erhob Sir John Jervis seine Stimme, indem er warnte: »Pitt ist der größte Narr, der je gelebt hat. Er läßt eine Methode der Kriegführung zu, die von uns, die wir die Meere beherrschen, nicht gewünscht werden kann. Diese wird uns, wenn sie Erfolg hat, die Seeherrschaft aus der Hand schlagen.«
Als sechs Tage später Lord Nelson die französische Flotte bei Trafalgar vernichtend schlug und die Seeherrschaft Englands auf alle Zeiten gesichert schien, wurde Fultons Projekt der »Nautilus« endgültig ad acta gelegt. Mit dieser »Narrheit« wollten die Engländer nichts mehr zu tun haben.
Fulton gab nicht auf. Er kehrte nach Amerika zurück. Aber auch hier war die Zeit noch nicht reif. So konstruierte er das erste Dampfschiff der Geschichte, die »Clermont«, mit der er am 17. August 1807 auf dem Hudson River zwischen New York und Albany die erste Reise der Dampfschiffahrt unternahm.
Noch einmal versuchte er mit seinem U-Boot ein Comeback, als 1812 der englisch-amerikanische Krieg ausbrach. Seine neue U-Boots-Konstruktion, die »Mute«, lief im Frühjahr 1814 von Stapel. Sie war ein Fahrzeug mit 10 Mann Besatzung, 24,15 Meter lang, 6,30 Meter breit und 4,20 Meter hoch. Das Oberdeck dieses großen Bootes war mit Eisen beschlagen, seine Planken waren bis zu 30 Zentimeter dick. Im Winter 1814 baute er die »Demologos«, das erste dampfgetriebene Kriegsschiff Amerikas. Am 24. Februar 1815 starb Robert Fulton. Sein Boot »Mute« war noch nicht vollendet und wurde auch nicht zu Ende gebaut.

»U-Bootsbauer wie Sand am Meer!«

Zu Beginn des 19. Jahrhunderts schienen die U-Boots-Konstrukteure wie Pilze aus dem Boden zu schießen. Das begann bereits 1801, als der Engländer Hodgman mit einem Tauchboot Versuche anstellte. Mit der »L'Invisible« (Der Unsichtbaren) baute der französische Kapitän Montgery ein Boot mit zwei Türmen und ließ im Zwischendeck seines in herkömmlicher Schiffsbauweise konstruierten Bootes vier Kanonen aufstellen, die ins Schiff hineingefahren werden konnten, wenn dieses auf Tauchfahrt ging. Das Boot sollte einen Schaufelradantrieb erhalten. Die Schaufeln mußten von der Besatzung gedreht werden. Dieses Boot kam nicht zu Wasser.

Ein weiterer Fachmann des U-Bootsbaues dieser Zeit war der Italiener Castera, der ein Rettungsboot und ein Boot zur Unterwasserbergung konstruierte, das aus drei Sektionen bestand. Die vordere und achtere Sektion im Bug und Heck waren als Tauchzellen angelegt. Im Mittelteil befanden sich die Armaturen und Hebel zur Bedienung des Bootes und vor allem die Pumpen für die Tauchzellen. Das Boot hatte neben einem Propellerantrieb noch einen zweiten Antrieb, der aus zwei Ruderpaaren bestand. Die Luftversorgung wurde durch einen über dem getaucht fahrenden Boot an der Oberfläche sich befindenden Schwimmer hergestellt, der nach oben eine Luftöffnung besaß, durch die Frischluft in den Schwimmer und von diesem wiederum durch eine Schlauchleitung ins Boot gelangte. Durch zwei Tauverbindungen war das Tauchboot am Schwimmer befestigt und konnte mittels einer Seilwinde höher oder tiefer eingependelt werden. Der Turm war mit drei Fenstern versehen, die eine Sicht nach allen Seiten ermöglichten. Am unteren Teil dieses Bootes befanden sich noch zwei wasserdichte Lederhandschuhe, durch die eine wenn auch nur beschränkte Tätigkeit außenbords ausgeführt werden konnte. Auch dieses Boot kam nicht zu Wasser.

Als im Jahre 1831 der Spanier Cervo mit einem von ihm konstruierten U-Boot aus Holz zu tief absackte und getötet wurde, war dies einer der ersten tödlichen U-Bootsversuche überhaupt.

Am 12. August 1832 führte der Franzose Villeroi sein kleines Zweimann-U-Boot vor. Im Jahre 1835 wiederholte er seine Tauchfahrt vor dem englischen Admiral Smith und einem Marinegremium, dem als Sekretär auch ein gewisser Gustave Zédé angehörte, der noch von sich reden machen sollte.

In Frankreich, England, Rußland und Amerika wurden nun U-Boote gebaut. Der russische Konstrukteur Tschernowski fügte in eine seiner Konstruktionen das erste »optische Rohr« ein, den Vorläufer des Periskops. Sein Landsmann Schilder, ein Militär-Ingenieur, konstruierte und baute ein Tauchboot, das einen Spierentorpedo unter Wasser an ein feindliches Schiff herantragen und dieses damit zum Sinken bringen sollte. Dieser Versuch war erfolgreich, und Schilder entwickelte ein zweites verbessertes Boot, das 1835 an das zaristische Übergabekommando abgegeben wurde. Als dieser Konstrukteur schließlich einmal versagte, erhielt er von der obersten Führung 1841 den Befehl, die Arbeiten am Tauchboot einzustellen.

Die Franzosen Petit und d'Aubusson bauten ebenfalls Tauchboote, die erprobt wurden. Das Boot von Dr. Petit tauchte im Dock von St. Valery-sur-Simme am 12. August 1834. Doch es kam nicht wieder an die Oberfläche zurück. Erst am anderen Tag fand man es im Schlick. Die beiden Besatzungsmitglieder waren tot. Besser erging es dem Boot des Marquis de la Feuillade d'Aubusson. Sein Boot lief unter Wasser 6 Kilometer die Stunde und blieb bei Versuchen sieben Stunden getaucht.
Der Amerikaner Philipps folgte in der Reihe der Konstrukteure. Er baute in den Jahren 1844 bis 1851 gleich drei Tauchboote. Am Ufer des Eriesees, nahe Michigan City, hatte er seine Bauwerft. Während sein erstes Boot nur dem Druck von sechs Meter Tiefe standhielt und anschließend zerbarst, konnte sein zweites Boot tiefer hinuntergehen; bei 20 Meter Tiefe ging es jedoch zu Bruch. Seine dritte Konstruktion erreichte 50 Meter Tiefe, ehe es trotz der 28-Zentimeter-Beplankung ebenfalls vom Wasserdruck zerstört wurde.

Der Schraubenpropeller

Eine wichtige Entwicklung stand bei diesen und den folgenden U-Booten zur Verfügung, die den Antrieb sicherer machte: der Propeller. Die Schiffschraube, zum erstenmal von Johann Albrecht Euler 1764 beschrieben und von P. Paucton 1768 abermals erwähnt, wurde dem Erfinder Joseph Bramah am 9. Mai 1785 als Patent zuerkannt. Der Franzose Dallery erhielt 1803 in Frankreich ein Patent auf einen Schraubendampfer und der Amerikaner J. Stevens baute 1804 in Hoboken ein Dampfschiff mit Schrauben, und schließlich konstruierte der Österreicher Joseph Ressel 1826 ein mit einer als Propeller gestalteten Schraube getriebenes Schiff und erhielt am 11. Februar 1827 darauf ein österreichisches Patent. Der Schwede John Ericsson und der Amerikaner Francis P. Smith bauten diesen Antrieb weiter aus. Nicht weniger als 750 Patente befaßten sich in der ersten Hälfte dieses Jahrhunderts mit Schiffsschrauben als Antriebsmittel.
Davon sollte auch die U-Boots-Fahrt profitieren. Einer der nächsten Erfinder sollte daraus ein gut funktionierendes Antriebssystem entwickeln.

Wilhelm Bauer – Vom Drechslergesellen zum U-Boots-Konstrukteur

Als dem Wachtmeister im 5. Bayerischen Chevauleger-Regiment Bauer am 23. Dezember 1822 in Dillingen ein Sohn geboren wurde, dachte er nicht daran, daß dieser Neugeborene einmal vor »Hohen Herrschaften« stehen oder von ihnen Geld für seine Arbeiten erhalten würde. Dies zeichnete sich auch noch nicht ab, als der Sohn, Wilhelm Bauer, in München mit 13 Jahren das Drechslerhandwerk erlernte und als 17jähriger Geselle auf die damals übliche Wanderschaft ging.

In Hamburg, Bremen und Lübeck erlebte der Drechsler über ein Jahr lang den Schiffsbau. Anschließend wanderte er wieder südwärts, um bis nach Konstantinopel zu walzen. Doch er kam nicht weiter als nach München, seiner Heimatstadt. Hier wurde Bauer Soldat. Als Angehöriger des Bayerischen Hilfskorps für Schleswig-Holstein gegen die Dänen marschierte er im Jahre 1849 zum zweitenmal nach Norden. Als er die Brücke über den Alsensund sah, kam ihm die Idee, daß es doch möglich sein müßte, diese Brücke, die für die Dänen so wichtig war, mit einem der neuen Tauchboote, die in Fachkreisen im Gespräch waren, unter Wasser anzulaufen und sie in die Luft zu jagen.

Wilhelm Bauer war ein Mann schneller Entschlüsse und zugleich als gelernter Drechsler geschickt und mit Holz vertraut. Er selbst sagte über diesen Augenblicksgedanken:

»Als Unteroffizier in der 10. Bayerischen Sechspferde-Feldbatterie kam mir während des Treffens bei Düppel am 13. April 1849 der Wunsch, die Sonderburger Brücke zu sprengen, um dadurch die diesseits der Brücke stehenden Dänen von ihrer Versorgung und vom Gros ihrer Truppen abzuschneiden. Da ich im ersten Moment ohne Boot und Sprengmaterialien diese Idee nicht verwirklichen und auch keine Erlaubnis zu diesem Unternehmen erhalten konnte, hatte ich den Wunsch, bei ähnlichen Fällen später einmal darauf vorbereitet zu sein, mich ungesehen diesen Brücken oder Schiffen nähern zu können und an dieselben Petarden oder Sprengladungen bis zu 500 Pfund Pulver anbringen zu können. Dazu hieß es dann diese Sprengladungen in schwimmenden Hüllen zu befestigen und sie durch galvanische Batterien zu zünden. Dabei wollte ich mich entweder durch Schwimmen retten oder mitexplodieren.«

Diese Idee suchte der findige Drechsler in der Folgezeit zu verwirklichen. Es kam ihm darauf an, »auf der Grundlage der Bewegungsfreiheit eines Seehundes« einen Apparat zu konstruieren, der unter Wasser fuhr.

Fünf Monate arbeitete Unteroffizier Bauer an seinem ersten Entwurf des »Eisernen Seehunds«. Er baute zunächst ein 70 Zentimeter großes Modell. Inzwischen war er jedoch mit seiner Truppe nach München zurückgekehrt. Da sich in ganz Bayern niemand für ein Tauchboot interessierte, nahm er seinen Abschied. Er kehrte nach Kiel zurück und trat am 29. Januar 1850 in die Armee von Schleswig-Holstein ein.

Dem Generalkommando dieser Armee legte er kurze Zeit später seinen Entwurf des »Brandtauchers« vor, wie er sein Unterwasserfahrzeug nannte.

Das aus Kupfer hergestellte Modell faszinierte die Mitglieder der Kommission. Nachdem eine Subskriptionsliste aufgelegt und eine genügend große Summe von interessierten Menschen gezeichnet worden war, begann Wilhelm Bauer in der Karlshütte in Rendsburg den Bau seines »Brandtauchers«. Als schließlich die Karlshütte von den vorrückenden Dänen beschossen werden konnte, wurde der Weiterbau in Kiel vorangetrieben. Und zwar in der Eisengießerei und Maschinenbauanstalt, die zusammen von dem Kaufmann Schweffel und dem Mechaniker Howaldt in Kiel errichtet worden war.
Hier lief am 18. Dezember 1850 der »Brandtaucher« vom Stapel. Auf einer dick eingefetteten Gleitbahn wurde das Boot aus der Montagehalle gezogen und zum Kai hinuntergeschleppt. Hier hatte der Raddampfer »Von Bonin« festgemacht, der mit seinen schweren Seilwinden den »Brandtaucher« über eine Hilfsrutsche über die Kaimauer ins Wasser zog. Einen Tag später zogen die Dänen, denen das Gerücht von der neuen fürchterlichen Kriegsmaschine sofort zugetragen wurde, ihre Blockadeflotte weiter auf See hinaus.
Der 1. Februar 1851 wurde für den Konstrukteur Bauer ein wichtiger Tag.

Tauchboot von Wilhelm Bauer mit Muskelantrieb aus dem Jahre 1850.

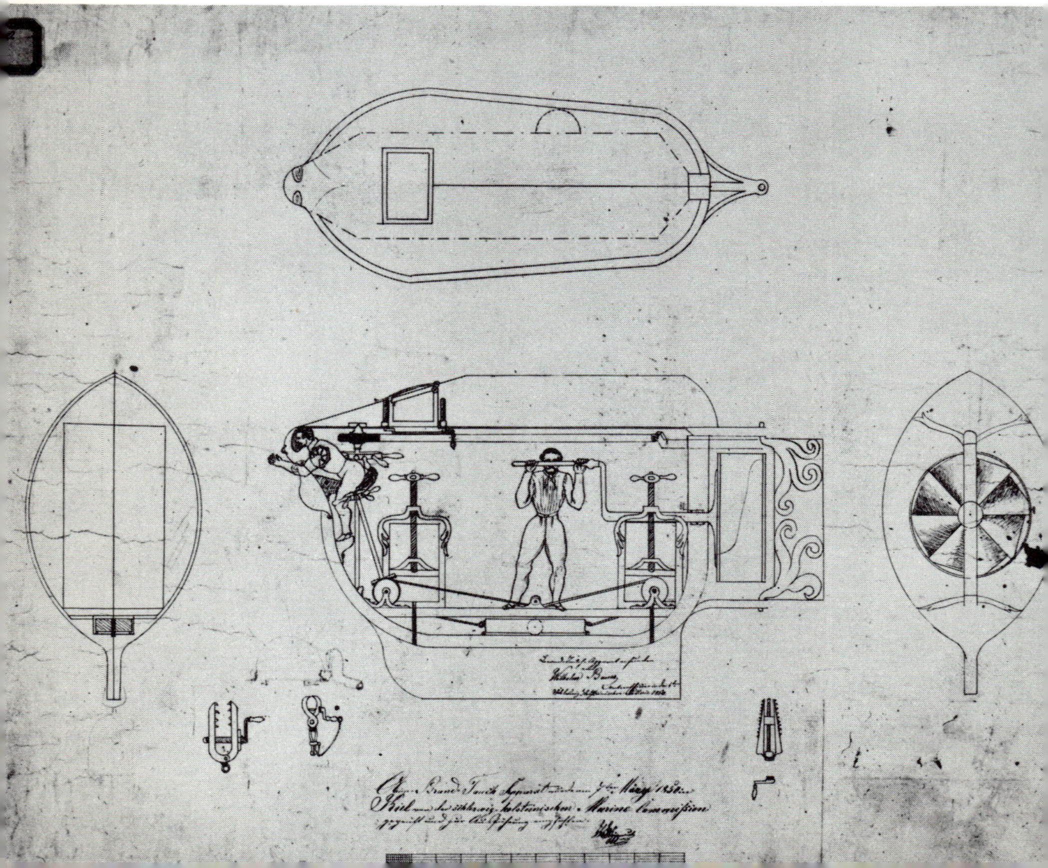

An ihm sollte nämlich die Erprobung des »Brandtauchers« im Beisein des Marinekommandos im Kieler Hafen stattfinden. Mit seinen beiden Besatzungsmitgliedern, dem Zimmermann Friedrich Witt und dem Schmied Wilhelm Thomsen, die beide nebeneinander das große Tretrad des Schraubenantriebs betätigen sollten (wie sie dies bei der ersten internen Erprobung bereits getan und dabei in 14 Minuten 2400 Schritt zurückgelegt hatten), begann um 9 Uhr die Taucherprobung. Nachdem einige Manöver dicht unterhalb der Wasseroberfläche ausgeführt worden waren, drehte der »Brandtaucher« auf die tiefste Stelle des Kieler Hafens zu, wo bis in die Tiefe mit einem Druck von einer zusätzlichen Atmosphäre – also zehn Meter – getaucht werden sollte. Durch das zu geringe Bootsgewicht – Bauer hatte infolge von Etatkürzungen eine schwächere Hülle verwenden und auch auf den Einbau der Tauch- und Regelzylinder verzichten müssen – ergab sich eine kritische Situation. Bauer hatte, um schwer genug zu sein, Roheisen-Ballast an Bord nehmen müssen. Dieser Ballast war nicht genügend austariert worden. Dadurch erhielt das Boot eine leichte Achterlastigkeit. Als nun beim Tauchgang der Wasserballast ins Boot strömte, sank der »Brandtaucher« langsam tiefer. Er lag jedoch nicht auf ebenem Kiel, sondern hatte leichte Achterlastigkeit. Durch diese Achterlastigkeit sammelte sich der Wasserballast zuerst im achteren Teil des Bootes und vergrößerte somit die Hecklastigkeit. Während die vordere Pumpe noch völlig trocken stand, war die achtere wenig später bereits überflutet.

Plötzlich sah Bauer, daß auch Wasser durch das Turmluk eindrang. Dann bemerke er, daß das Tiefenmanometer bereits den kritischen Punkt anzeigte. Und das Boot sackte noch weiter hinab. Es lag bereits unter der Gefährdungstiefe.

»Wir sinken!« rief Witt.

»Wasser lenzen, Wasser lenzen!« rief Wilhelm Thomsen dem Kommandanten Bauer zu. Doch alle Bemühungen, Ballastwasser durch die Pumpen außenbords zu pumpen, blieben erfolglos. Plötzlich krachte das Boot in allen Verbänden, und zu seinem Entsetzen sah Bauer, daß die Backbord-Bordwand eingedrückt wurde. Mit einem berstenden Geräusch wurde der Umlaufbalken, in dem das Backbord-Lager des Tretrades verankert war, weggesprengt. Dann krachte es auch an Steuerbord.

Die drei Männer im sinkenden Boot spürten, daß die Stunde der Entscheidung gekommen war. Wenn das Boot nicht bald aufsetzte, würde es schließlich auseinanderbrechen, und dann waren sie verloren! Plötzlich, als Wilhelm Bauer bereits mit dem Leben abgeschlossen hatte, schlug das Heck auf dem Grund des Hafenbeckens auf, und Sekunden später lag der »Brandtaucher«

in 17 Meter Tiefe fest. Wasser drang durch die drei großen Lecks ins Boot. Wilhelm Bauer versuchte, die Turmluke zu öffnen. Es gelang ihm nicht, weil eine Wassersäule von 15 Metern darauflag.
Als Witt und Thomson noch einmal zu pumpen versuchten, winkte Bauer ab.
»Nicht pumpen!« rief er ihnen zu. »Das eindringende Wasser wird uns retten!« Er ging davon aus, daß dieses eindringende Wasser die im Boot befindliche Luft so weit komprimieren würde, daß sie als Gegendruck wirkte und sich der Lukendeckel leicht würde öffnen lassen.
Witt und Thomsen zweifelten daran, doch die entschiedene Haltung ihres Kommandanten ließ sie innehalten. Wilhelm Bauer hockte sich, in seinen Mantel gehüllt, auf das rechte Tretrad. Eine Stunde verging in lastender Ungewißheit. Wieder wurden Zweifel laut. Thomsen war es, der sich sorgte. Doch dann erhielten sie Auftrieb durch eine Leine mit einem daranhängenden Lot, die Bauer durch das eine der beiden oben im Bug angebrachten Bullaugen sehen konnte.
»Sie suchen uns!« rief Witt, der die Leine ebenfalls sah.
Stunden vergingen. Ob die Luft noch lange für sie drei reichen würde, war zweifelhaft. Dennoch durchfuhr es Wilhelm Bauer siedend heiß, als man plötzlich an einem Tau Suchanker niederließ. Diese eisernen Anker waren durchaus in der Lage, die gläsernen Bullaugen des »Brandtauchers« zu zerschlagen. Sobald aber das Wasser von oben ins Boot eindrang, wären alle drei Männer im Boot eingeschlossen und mußten ertrinken.
Nach einer Weile des Suchens blieb der Anker am unteren Fensterrahmen hängen. Alle drei Männer starrten wie gebannt darauf. Sie wußten, daß dies ihr Todesurteil sein konnte. Dreimal wurde dieser Versuch von oben wiederholt. Dreimal polterte der Tod ans Boot, um immer wieder abzugleiten.
Nun versuchte man es von der Wasseroberfläche aus mit Ketten. Eine der Ketten legte sich um den Turmbau und – blockierte den Lukendeckel völlig. Aber auch diesmal hatten die drei Eingeschlossenen Glück. Der Haken, der sich um die Kette legen sollte, riß diese vom Turm herunter, und die letzte Chance stand ihnen wieder offen.
Als sie bereits sechs Stunden auf dem Grund des Hafens festlagen, kippte Thomsen zusammen. Bauer versuchte nun, einen Pumpenhebel loszuschrauben, um damit den Lukendeckel aufzudrücken, denn immer noch drückte das Wasser mit 40 Kilopond Druck auf jeden Quadratzentimeter des Deckels.
»Lassen Sie mich mal 'ran, Kapitän!« ließ sich der bärenstarke Zimmermann Witt vernehmen. Bauer machte dem Gefährten Platz, und dieser stemmte sich unter die Luke. Es gelang ihm mit einer unerhörten Anstrengung, daß ihm die Adern zu platzen schienen, den Lukendeckel um fünf Zentimeter

Unterseeboot von Wilhelm Bauer aus dem Jahre 1850.

anzuheben. Wasser stürzte von oben ins Boot. Erschrocken ließ Witt den Deckel sinken. Doch nun würde er leichter anzuheben sein.
»Kommen Sie mit Thomsen herauf, Kapitän«, rief Witt in den unteren Teil des Bootes hinunter.
Bauer half Thomsen auf die mittlere Bohlenplattform hinauf. Sie sahen, wie Witt abermals die Luke anhob und diesmal den Deckel ganz zurückwuchtete und schon nach oben verschwand. Der Deckel klappte wieder zu.
Mit der rechten Hand griff Bauer nach dem Deckel, mit der Linken verkrallte er sich im Haar des neben ihm stehenden Schmiedes. Dann schwang sich Bauer hinaus. Der wieder einsetzende Wassereinbruch erfrischte Thomsen derart, daß es ihm gelang, aus eigener Kraft durch das Luk hinauszukommen. Bauer konnte ihn nicht festhalten, als er nach oben gerissen wurde. Es war genau 15.30 Uhr, als der Konstrukteur zur Wasseroberfläche emporschoß. Sechseinhalb Stunden hatten die drei auf dem Grund des Hafenbeckens gelegen. Begeisterter Jubel brandete ihnen entgegen. Alle Versuche, den »Brandtaucher« sofort zu heben, mißlangen. Zwei Tage nach diesem Experiment

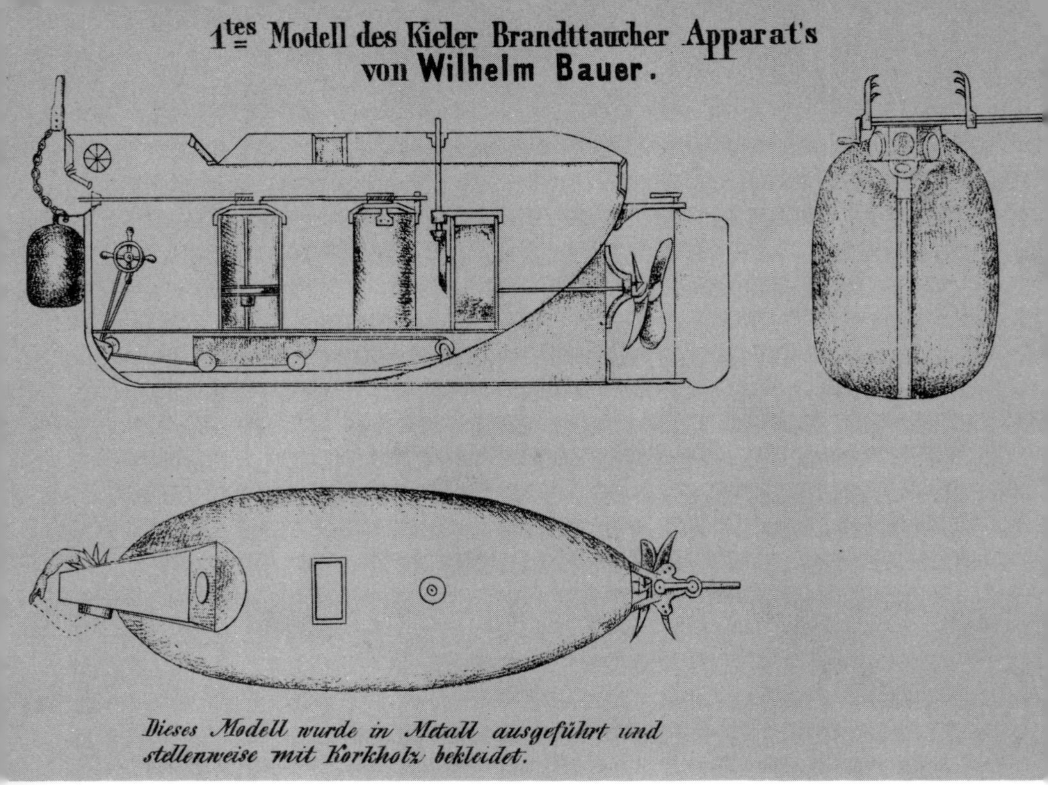

stellte die Kommission, die den Bau des U-Bootes geleitet hatte, dem Erfinder folgendes Zeugnis aus:

»Nachdem nunmehr der Bau des vom Unteroffizier Wilhelm Bauer inventierten Brand-Taucher-Apparates vollendet ist – der Erfinder auch in Praxis erwiesen hat, daß das Fall- und Steige-Vermögen, sowie die Fortbewegung unter Wasser (eine geographische Meile in 1½ bis 2 Stunden) allen Erwartungen entspricht – und kein Zweifel da ist, daß ein angegriffenes Schiff zur Explosion gebracht werden könnte, will die unterzeichnete Kommission dem Erfinder hiermit das Zeugnis ausstellen, daß derselbe den Bau mit unermüdlichem, jedem Hindernis Trotz bietendem Eifer und großer Umsicht geleitet hat. Er hat auch hinreichend an den Tag gelegt, daß er mit sehr reichen natürlichen Anlagen tüchtige Kenntnisse und praktische Gewandtheit, insbesondere in der Mechanik, zu verbinden weiß.

Wir fügen hinzu, daß wir von begründeter Hoffnung beseelt sind, daß die Bauersche Erfindung nicht ohne großen Erfolg verwirklicht werden wird; dies um so mehr, als Herr Bauer für seine Erfindung alles zu opfern bereit ist.«

In einer Expertise stellte abermals vierzehn Tage später der Professor der Physik G. Karsten aus Kiel fest, daß Bauers »Brandtaucher« alle Eigenschaften aufwies, die man an ein funktionstüchtiges U-Boot stellen mußte. Er führte weiter aus, daß das Sinken des Bootes allein durch die Sparmaßnahmen hervorgerufen worden sei, weil man »um Kosten zu ersparen, wichtige Teile des Apparates durch andere einfachere ersetzt hat, die ungenügend waren«.
Die dänischen Versuche der Jahre 1855 und 1856, den »Brandtaucher« zu heben, mißlangen ebenso wie der Hebeversuch durch die preußische Marine im Sommer 1871. Erst im Jahre 1887 wurde das Boot während der Ausbaggerarbeiten im Kieler Hafen gefunden und am 5. Juli dieses Jahres durch einen schwimmenden Dampfkran der Kaiserlichen Werft gehoben. Nach einer langen Liegezeit in der Werft kam der »Brandtaucher« schließlich in den Garten der Marineakademie Kiel, wo er bis zum Jahr 1906 stehenblieb. Danach wurde er in das Museum für Meereskunde nach Berlin überführt. Er überlebte die Kriegswirren, und im Jahr 1950 rettete Professor Macklin dieses Boot nach Rostock. Hier wurde der »Brandtaucher« unter Leitung von Diplom-Ingenieur Bethge restauriert. Seit August 1965 ist er im Heeresmuseum Potsdam zu besichtigen.
In einem viel beachteten Werk mit dem Titel »Der Brandtaucher – ein Tauchboot – von der Idee zur Wirklichkeit«, hat Ingenieur Hans-Georg Bethge Wilhelm Bauer und seiner Idee ein bleibendes Denkmal gesetzt. Doch zurück zum Erfinder Bauer und seinen weiteren Plänen.
Wilhelm Bauer nahm abermals seinen Abschied und ging nach München. Er fertigte ein neues verbessertes Modell seines Tauchbootes an und ließ es König Maximilian II. vorlegen. Dieser interessierte sich jedoch nicht für Unterseeboote. Ein Jahr später wurde dieses Modell in Triest Kaiser Franz Joseph von Österreich vorgestellt. Die einer Fachkommission vorgelegten Pläne fanden allgemeine Zustimmung. Schon liefen die ersten Mittel zum Bau eines Tauchbootes ein, als Minister von Baumgarten das Projekt zu Fall brachte.
Nun versuchte Bauer sein Glück in England, wo vor ihm bereits andere U-Boots-Konstrukteure gescheitert waren. In Prinzgemahl Albert fand er einen Fürsprecher. Im Hafen der Isle of Wight ließ Bauer vor den Augen der Königin Victoria und ihres Gatten Prinz Albert das Modell starten. Bei der Fahrt unter dem Kiel eines im Hafen liegenden Schiffes her brach die Führungsleine, und das Modell ging verloren. Diese Kleinigkeit brachte seinen Plan auch in England zum Scheitern.
Bereits ein Jahr später stand er abermals – mit einem dritten Modell, das mit Minen geladen war – vor der Kommission der Britischen Admiralität. Diesmal überzeugte er die Marineoffiziere von der Wirksamkeit seiner Erfindung. Er

erhielt einen Anstellungsvertrag und sollte nun auf der Werft von Palmerston und Scott Russel sein Boot bauen.
Sieben Monate arbeitete Bauer in England an seinen Entwürfen. Als er spürte, daß er möglicherweise hintergangen werden sollte, verließ er England kurzentschlossen. Sein Verdacht erhärtete sich zur Wahrheit, als zwei Jahre später auf dieser Werft nach einem Entwurf von Scott Russel ein U-Boot gebaut wurde, das der Konstruktion Bauers in vielen Teilen nicht nur ähnlich, sondern mit ihr sogar identisch war.
Nach einem weiteren mißglückten Versuch der Kontaktaufnahme, diesmal mit Amerika, wandte sich Bauer nach Rußland. Er war so besessen von seiner Idee, ein Tauchboot zu bauen, daß er – inzwischen verheiratet – nicht auf die mahnenden Worte seiner Frau hören wollte. Er mußte einfach dieses Tauchboot bauen! Es war seine Idee und seine große Chance.
Eine Einladung des Großfürsten Konstantin rief ihn schließlich 1855 nach St. Petersburg. Hier begann er im Mai dieses Jahres mit der Arbeit an einem bedeutend verbesserten Brandtaucher. In der Leuchtenberg-Werft, am Rande des Hafens von Kronstadt, wurde am 2. November desselben Jahres sein Boot auf den Namen »Seeteufel« getauft. Der »Seeteufel« hatte eine Länge von

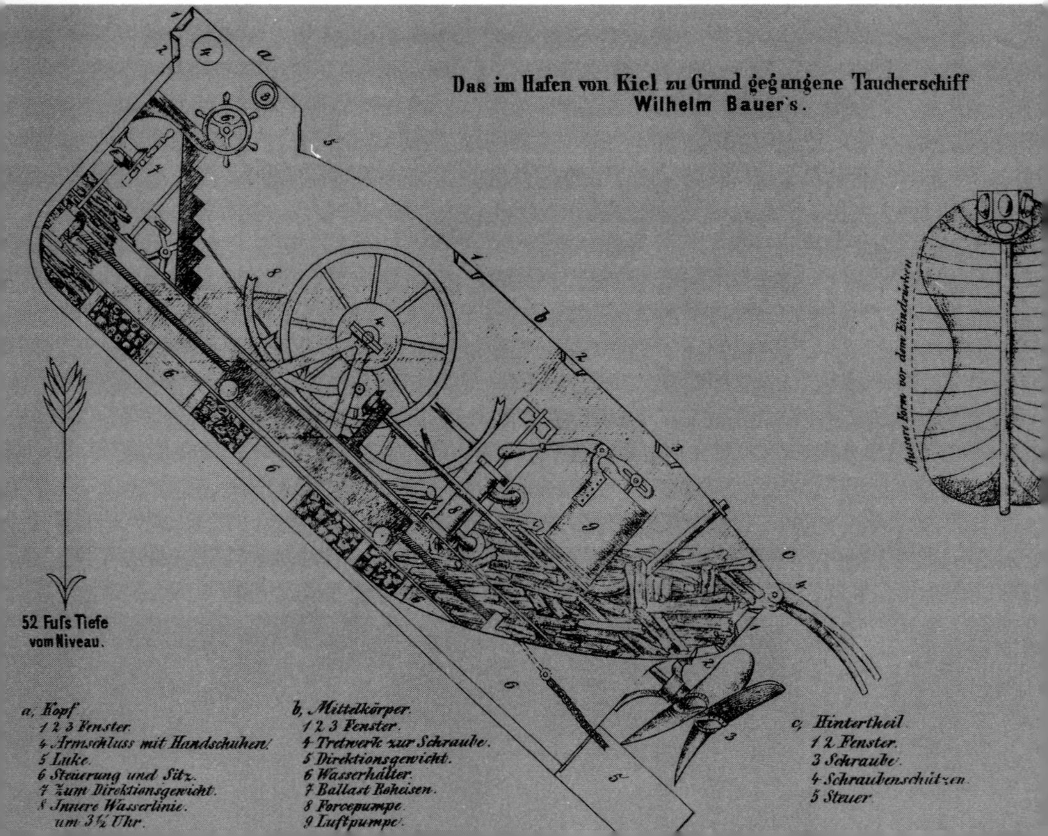

16,5 Meter und eine Breite von 3,5 Meter. Die Höhe wird mit 3,75 Meter angegeben. Die Schraube des Bootes wurde – immer noch von Muskelkraft – von 12 Männern betätigt. Ein 13. Besatzungsmitglied steuerte das Boot. Als Besonderheit baute Bauer in der Mitte des »Seeteufels« eine Schleusenkammer ein, durch die ein Taucher ein- und aussteigen konnte. Auch das Problem des Wasserballastes und sein Ausdrücken zum Auftauchen war geringer geworden. Und zwar hatte Bauer dazu drei Zylinder eingebaut, deren Kolben – an Schraubenspindeln angebracht – imstande waren, das Wasser völlig auszudrücken.

Am Bug trug das Boot eine Mine von 500 Pfund Gewicht. Diese Mine konnte von innen her mittels zweier Handschuhe durch zwei Öffnungen am Kommandokopf vom Boot gelöst werden. Zwei Glasfenster boten dem Kommandanten genügend Sicht.

Am 26. Mai 1856 lief der »Seeteufel« in aller Frühe aus dem Kronstädter Seitenhafen aus. Im Unterwassermarsch durchbrach er die Hafensperre des Kriegshafens und drang in den Kriegshafen selbst ein. Die Besatzung des Bootes bestand aus Wilhelm Bauer als Kommandant, Leutnant zur See Fedorowitsch als Marinebeobachter, zehn Mann und einem Mechaniker. Das Boot funktionierte ausgezeichnet und gehorchte den kleinsten Ballastveränderungen. Versuche zur Lufterneuerung folgten, zu denen die russischen Naturwissenschaftler Fritsch und Lenz als Fachleute hinzugezogen wurden. Sauerstoff, in Druckflaschen mitgeführt, ermöglichte eine Unterwasserausdauer, die alle Fachleute überraschte.

Als Zar Alexander II. offiziell gekrönt wurde, nahm Bauer eine Musikkapelle von vier Mann an Bord und ließ während einer vierstündigen Unterwasserfahrt die russische Nationalhymne spielen und singen. Er wurde in Anerkennung seiner Verdienste vom Zaren zum Submarine-Ingenieur ernannt.

133 Tauchfahrten hatte der »Seeteufel« bereits unternommen. Alles schien einem glücklichen Ende zuzusteuern, und selbst Bauers Ehefrau, Sophie, die dem Gatten nach St. Petersburg gefolgt war, glaubte nun an einen glücklichen Ausgang des »russischen Abenteuers«, wie sie es nannte, als das Ende kam.

Der »Seeteufel« sollte am 2. Oktober 1856 eine Minensprengung ausführen. Es sollte ein auf der Reede von Klein-Kronstadt liegendes Boot gesprengt werden. Was dabei genau geschah, wird nicht zu rekonstruieren sein. Mutmaßlich soll sich die Schraube des Bootes auf dem Meeresboden im Seegras verfangen haben. Der »Seeteufel« blieb jedenfalls hängen. Bauer ließ alles Wasser lenzen und warf dann auch noch die Ballastgewichte ab. Daraufhin schoß das Boot mit dem Bug nach oben, während die Schraube immer noch hängenblieb. Fedorowitsch riß das Luk auf und rettete sich, während Bauer noch

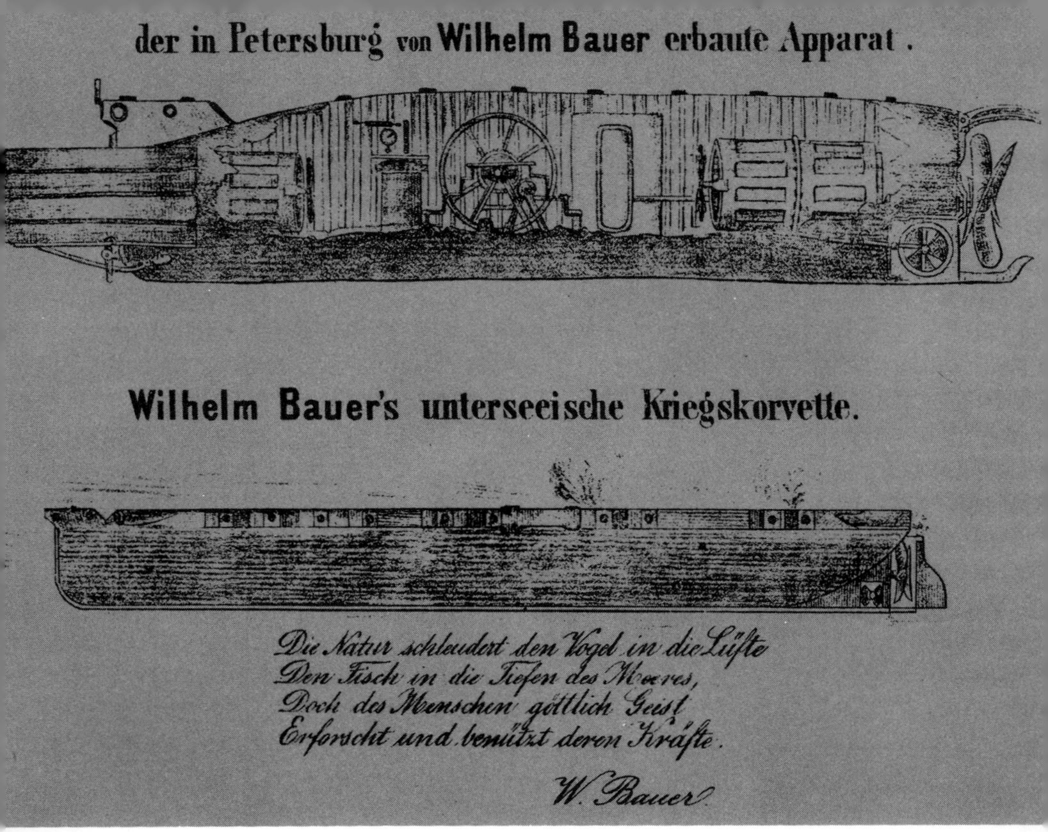

immer versuchte, das Boot weiter zu leichtern und es doch noch an die Oberfläche zu bringen. Schließlich mußte er diesen Versuch aufgeben. Ein Wassereinbruch zwangen ihn und die Besatzung zum Ausbooten.
Daraus konstruierte das russische Marine-Ministerium eine Nichteinhaltung des Vertrages. Bauer wurde ohne die ihm zugesagte Belohnung entlassen. Er verließ Rußland mit seiner Frau am 27. Juni 1858.
Bis zu seiner Abreise arbeitete er noch im Auftrag des Großfürsten Konstantin an Plänen einer Tauchkammer, mit der er die in dem russischen Linienschiff »Lefort« untergegangenen 30 Offiziere, 747 Matrosen und 58 Zivilpersonen heraufholte.
Nach Deutschland zurückgekehrt, arbeitete Bauer in München und Lindau am Bodensee an der Weiterentwicklung seines Tauchbootes. Eine Fülle von Plänen und Patenten machten ihn bekannt. 1867 konstruierte er den ersten Versuchsmotor, der mit Petroleumgas angetrieben werden sollte. Damit hat Wilhelm Bauer noch vor Lenoir und Otto, vor Benz und Daimler brauchbare Entwürfe für Motoren vorgelegt, die auf der Verbrennungskraft basieren. Hauptsächlich die Unzulänglichkeit der Antriebe durch Treträder veranlaßten ihn bereits

im Jahr 1852 zu Versuchen mit Verbrennungsmaschinen. Für einen Küstenbrander, den er dem Preußischen Kriegsministerium vorschlug, hatte er bereits eine »Motions-Maschine« mit 100 Pferdestärken Leistung konzipiert. Die Original-Projektvorlage zu dieser »Motions-Maschine« Bauers stammt aus dem Jahre 1864.
Auch die »Gartenlaube« nahm sich Bauers Idee an und veröffentlichte 1861 in der Darstellung von Dr. Friedrich Hofmann einige der Bauerschen Ideen, um die öffentliche Meinung für diese Projekte zu gewinnen. Bauer selbst schrieb in einem Bericht an das Preußische Kriegsministerium:
»Eisenkolosse als Kriegsfahrzeuge sind ohne Zukunft. Unterseeische Küstenbrander entsprechen den Hauptbedingungen für Krieg und Frieden, ohne die Gefahr von hohem Verlust an Menschen und Wert in sich zu schließen.«
Als Wilhelm Bauer am 20. Juni 1875 in München starb, hatte er trotz seiner vielen Erfindungen kein Vermögen angesammelt. Vielmehr lebte er in den letzten Lebensjahren von einem knappen Ehrensold, der ihm gezahlt wurde und von spärlichen Spenden und Stiftungen.
Er war der erste Tauchboot-Konstrukteur, dessen Boot längere Strecken unter Wasser zurücklegte und das voll funktionstüchtig war.

Der große Paukenschlag – U-Boot torpediert Schlachtschiff

Man schrieb das Jahr 1863. In Amerika lagen Nordstaaten und Südstaaten seit zwei Jahren gegeneinander im Krieg. Insbesondere der Gegensatz in der Sklavenfrage hatte zum Sezessionskrieg geführt. Die aus der Union ausgetretenen konföderierten Südstaaten versuchten, die Seeherrschaft der Nordstaaten zu brechen. Dazu beauftragten sie bereits im ersten Kriegsjahr den Konstrukteur H. J. Hunley. Dieser konstruierte ein U-Boot und die Bootsbauer John McClintock und William Howgate wurden mit dem Bau einiger dieser U-Boote beauftragt. Die beiden Bootsbauer gingen an die Arbeit, und am späten Abend des 5. Oktober 1863 verließ das erste Boot den Hafen von Charleston, der gerade von den Nordstaatenschiffen blockiert wurde.
An Bord befanden sich der Kommandant, Leutnant William T. Glassell, und 16 Mann Besatzung. Vorn am Bug des 10,6 Meter langen Tauchbootes befand sich an einer Stange ein Spierentorpedo. Dieser konnte vom Kommandantenluk aus mittels eines Seilzuges bedient werden. Der Konstrukteur H. J. Hunley nannte sein Boot »David«, weil dieser Zwerg gegen jenen Riesen anrennen sollte, der in Gestalt des Linienschiffes »New Ironside« vor dem Hafen lag und seit Tagen mit einer gutausgebildeten Artilleriemannschaft die Stadt unter Feuer nahm.

Beinahe lautlos, nur den Turm über Wasser, näherte sich der »David« dem riesigen Gegner, dessen Flanken mit dicken Eisenplanken beschlagen waren. Leutnant Glassell sah bereits die Umrisse eines Wachhabenden auf dem Deck. Der Leutnant ließ eine kleine Ruderkorrektur vornehmen. Nun näherten sie sich dem Bug des Schiffes, drehten darum ein und liefen der Flanke entgegen.
»Hallo, wer da?« rief der wachhabende Offizier auf dem Linienschiff.
Glassell gab keine Antwort. Er griff nach seinem Gewehr, das neben ihm hing, brachte es in Anschlag, wozu er sich weit aus dem Turm herauslehnen mußte, und als der Mann an die Reling eilte, zog Glassell den Abzug. Der Wachhabende auf der »New Ironside« brach getroffen zusammen.
Sekunden später erreichte das Boot mit der Sprengladung das Schiff. Glassell brachte den an einer viereinhalb Meter langen Stange steckenden Spierentorpedo an, zündete diesen und ließ sofort drehen. Inzwischen war es an Deck des Schiffes lebendig geworden. Schon dröhnte der harte Schlag einer Detonation durch die Nacht.
Die Backbord-Bordwand des Linienschiffes erhielt ein Leck, durch das Wasser in das Schiff strömte und die Maschinenanlage überflutete. Das Boot, das sich inzwischen einige Dutzend Meter entfernt hatte, wurde nun – da es sich noch immer im toten Winkel zu den Kanonen des Schlachtschiffes befand – mit Gewehren beschossen. Es erhielt Treffer und Leutnant Glassell befahl: »Alle Mann aus dem Boot!«
Sie sprangen ins Wasser und der »David« trieb eine Stunde im Tidenstrom ab. Dann besann sich der Ingenieur des Bootes. Er kletterte an Bord zurück und brachte den »David« sicher nach Charleston zurück.
Das Boot soll später noch drei weitere Einsatzfahrten unternommen haben.
Zum erstenmal war ein Angriff eines U-Bootes gegen ein großes Kriegsschiff erfolgreich gewesen, wenn dieses auch nicht hatte versenkt werden können.

Hunleys schwimmender Sarg

Der Konstrukteur H. J. Hunley hatte in der Zwischenzeit einen weiteren »David« erbaut. Er konstruierte diesmal ein Boot von 11 Meter Länge und 1,85 Meter Durchmesser, das neun Besatzungsmitglieder aufnehmen konnte. Dieses Boot mußte mit einer Handkurbel angetrieben werden. Eine Sprengladung, die an einer langen Stange befestigt war, konnte beim Auftreffen auf ein feindliches Schiff mittels einer langen Leine gezündet werden.
Als Leutnant Paine mit seinen acht Männern zum ersten Feindeinsatz dieses Bootes auslief, schlugen die Wellen eines vorbeilaufenden Dampfers durch das Turmluk ins Boot, das noch im Überwassermarsch fuhr. Dieser mächtige

Wassereinbruch brachte das Boot rasch zum Sinken. Einzig Leutnant Paine konnte sich retten, weil er zum Zeitpunkt dieses Zwischenfalls im Luk stand. Alle übrigen acht Besatzungsmitglieder gingen mit dem »David« unter.
Das Boot wurde gehoben, und Leutnant Paine unternahm eine zweite Erprobungsfahrt im Überwassermarsch. Hierbei kippte das Boot plötzlich um, schwamm kieloben und sank dann. Paine konnte sich abermals mit zwei Matrosen aus dem Boot retten. Sechs Besatzungsmitglieder ertranken.
Von diesem Zeitpunkt an hieß der »David« schwimmender Sarg. Das Boot wurde zum zweitenmal gehoben, und diesmal erbot sich der Konstrukteur selbst, es zu führen. Hunley unternahm nun die erste Unterwasserprobefahrt auf dem Cooper-River. Was mit dem Boot geschah, ist niemals geklärt worden, denn nachdem es auf Tiefe gegangen war, wurde es erst nach mehreren Tagen wiedergesehen, nachdem man es vom Grund des Flusses heraufgeholt hatte. Hunley und die acht Besatzungsmitglieder bezahlten diesen Versuch mit dem Leben.
Daß sich nun noch irgendein Mensch finden würde, das Boot gegen den Feind zu fahren, schien den Verantwortlichen ungewiß. Dennoch forderten sie zu Freiwilligenmeldungen auf. Es meldete sich der zwanzigjährige Leutnant Dixon vom Volunteer-Regiment 21 der konföderierten Truppen. Er brachte seine acht Freiwilligen mit. In Charleston trimmte Dixon seine Männer, und von Charleston aus gelangte auch die Meldung eines Spions am 14. Januar 1864 in die Hand von Vizeadmiral Dahlgreen, dem kommandierenden Admiral der Blockadeflotte, daß wieder eines der teuflischen U-Boote ausgerüstet werde. Der Admiral ließ erhöhte Alarmstufe geben.

Korvette »Housatonic« fliegt in die Luft

Am Abend des 17. Februar 1864 ließ Leutnant Dixon seine Crew versammeln. »Männer«, sagte er, »wir laufen um 21 Uhr aus und greifen die auf der Charlestoner Außenreede liegende feindliche Korvette ›Housatonic‹ an.«
Das Boot lief um 21 Uhr aus und steuerte direkt auf die »Housatonic« zu. Als es bis auf 80 Meter an die Korvette herangekommen war, wurde es gesichtet. Befehle hallten über das Deck des Kriegsschiffes. Die Ankerkette wurde geslipt. Dann befahl man dem Maschinenraum, Fahrt aufzunehmen. Inzwischen war der »David« längsseits gekommen, und noch ehe das Kriegsschiff Fahrt aufnehmen konnte, traf der Spierentorpedo unmittelbar vor dem Großmast an der Steuerbordseite. Dies war die einzige Stelle, die der Leutnant treffen mußte, um die »Housatonic« mit einem Schlag zu vernichten, denn dort befand sich hinter der Bordwand die Pulverkammer der Korvette.

Eine ohrenbetäubende Detonation brandete durch die Nacht. Das 1438 Tonnen große Kriegsschiff wurde förmlich aus dem Wasser gehoben, und wenige Sekunden später flogen Deckplanken und Kanonen durch die Luft. Die »Housatonic« legte sich nach achtern zurück, sackte über das ebenfalls aufgerissene Heck nach unten und kenterte schließlich nach Backbord, wohin das einstürzende Wasser lief. Das Schiff sank auf Grund, aber seine Masten und Teile der Takelung ragten noch aus dem Wasser heraus, so daß sich die von Bord springenden Besatzungsmitglieder bis auf fünf Mann retten konnten. Was aber war mit Leutnant Dixon und seiner Crew geschehen?

Der Leutnant hatte das Vorluk offengelassen, um den Angriff richtig fahren zu können. Die durch den gewaltigen Detonationsschlag aufspringende Sturzwoge schlug ins Boot und ließ es sofort auf Grund sinken. Abermals gingen neun Soldaten der Konföderierten mit einem »David« unter. Ihre Tat aber wurde zu einem Fanal für den U-Boots-Bau.

Als man drei Jahre später nach dem Wrack der »Housatonic« suchte, fand man den »David« in genau dem mächtigen Leck, das er dem Riesen geschlagen hatte. So waren Sieger und Besiegter auf ihrem letzten Liegeplatz vereint.

Ein Schullehrer wird Chefkonstrukteur der US-Navy – Vom Einmann-U-Boot zum ersten Kriegs-U-Boot

Im Jahre 1872 wanderte ein dreißigjähriger irischer Schullehrer aus Cork, mit Namen John P. Holland, nach Amerika aus. In Patterson, New Jersey, fand er eine Anstellung an der dortigen katholischen Pfarrschule. In seiner Freizeit befaßte sich John Holland mit dem Bau von U-Booten. So konstruierte er bereits 1875 in Patterson, New Jersey, ein Einmann-U-Boot, das mit Pedalantrieb ausgerüstet war. Dieses U-Boot ähnelt verblüffend den späteren »Negern«, die zum Ende des Zweiten Weltkriegs von der deutschen Marine eingesetzt wurden. Sein zweites U-Boot ließ Holland auf der Werft der Atlantic City Iron Works in New York bauen und mit einem Petroleum-Motor ausrüsten. Danach entwickelte er ein Modell-Boot, das aber bei einer Versuchsfahrt verlorenging.

Durch Sammlungen irischer Patrioten unterstützt, die von Kanada aus den Sturz des Britischen Weltreiches planten, konnte Holland 1881 sein viertes Boot bauen. Beim Stapellauf auf dem North River in Manhattan waren Reporter ausgeschlossen. Findige Reporter fotografierten diesen Stapellauf von den Dächern der umliegenden Häuser. Am anderen Morgen erschien der erste Bericht darüber in der Zeitung, über das Boot, das den Namen »Irischer Sturmbock« erhielt. Bei dieser ersten Probefahrt erreichte Holland mit dem 19-Tonnen-Boot eine Tauchtiefe von 18 Meter. Als der »Irische Sturmbock« von der Irischen

Brüderschaft 1883 nach New Haven entführt wurde, zog die Behörde das U-Boot ein und stellte es in einer Scheune sicher. Im Jahre 1927 wurde es aus dieser Scheune herausgeholt, aufpoliert und im Westside Park in Patterson aufgestellt.
Holland jedoch machte weiter. Als ihn seine Freunde dazu überredeten, seine Konstruktionspläne der Regierung vorzulegen, zögerte er eine Weile, ehe er sich dazu entschloß. Als er es endlich tat, war man wohl mit seinen Plänen einverstanden, ohne jedoch den Konstrukteur zu unterstützen. Gemeinsam mit dem General Zalinsky, unterstützt von privaten Gönnern, baute Holland in Fort Lafayette im Jahre 1886 den »Nautilus«. Dieses Boot wurde 12,2 Meter lang und hatte 2,45 Meter Durchmesser. Als Bewaffnung wurde eine Kanone auf Deck aufgebaut. Als das Boot zu Wasser gelassen wurde, brach die Ablaufbahn zusammen und die Steuerbord-Flanke des Bootes wurde an einem der Stützpfeiler aufgerissen. Holland ließ das Boot notdürftig reparieren und unternahm im Dock die ersten Tauchversuche.
Als er sich 1888 an einer Ausschreibung der US-Marine beteiligte, die eine brauchbare U-Boots-Konstruktion suchte, mangelte es Holland wieder einmal an Geld. In einem Restaurant beim Mittagessen erzählte er einem wildfremden Rechtsanwalt, der sich zu ihm gesetzt hatte, daß er U-Boots-Bauer sei und – daß er sicher die Prämie der Regierung verdienen könne.
»Und warum beteiligen Sie sich nicht?« fragte der junge Anwalt den Konstrukteur.
»Weil mir 347 Dollar und 19 Cents dazu fehlen«, entgegnete Holland. Der Rechtsanwalt stutzte.
»Wozu, zum Teufel! brauchen Sie denn die 19 Cents?« fragte er amüsiert.
»Soviel kostet das neue Winkel-Zeichengerät, das ich brauche«, erklärte der schlanke Schullehrer temperamentvoll.
Damit hatte Holland den jungen Anwalt gewonnen.
»Also«, sagte dieser, »wenn Sie schon so genau wissen, was Sie alles benötigen, dann denke ich mir, daß Sie auch alles andere genau ausgerechnet haben. Ich werde Ihnen das Geld leihen.«
Der junge Anwalt sollte diese Investition nicht bereuen. John Holland konstruierte das neue Boot; er rechnete es bis ins letzte Detail durch und – gewann damit die Ausschreibung. Im Jahr darauf bewilligte der Kongreß der Vereinigten Staaten die Bausumme für Hollands erstes Kriegs-U-Boot. Als aber Benjamin Harrison im Spätherbst 1889 als 23. Präsident der USA neu gewählt wurde, strich dieser die Mittel für den U-Boots-Bau.
John P. Holland, klein, mit Brille und großem Schnauzbart, fast ständig mit einer Melone auf dem Kopf, war wütend und wie ein wütender Ire eben gebaut

war, nun erst recht darauf aus, ein Tauchboot für die Navy zu bauen. Viele Marineoffiziere waren von seinen Ideen begeistert und bestärkten den jähzornigen Iren in seinem Vorhaben. So blieb es nicht aus, daß endlich, im Jahre 1895, der US-Kongreß die Mittel für den Bau des »Plunger« bewilligte. Diese neueste Konstruktion Hollands hatte eine Gesamtlänge von 26 Meter und einen Durchmesser von 3,5 Meter. Das Boot hatte ein Gewicht von 149 Tonnen aufgetaucht und 165 Tonnen unter Wasser. Es war mit einem Turm ausgestattet, der eine Panzerung von 10 Zentimeter hatte. Vorn befanden sich zwei Bug-Torpedorohre. Zwei Dampfmaschinen von je 600 Pferdestärken waren über zwei Seitenschrauben als Antrieb für die Überwasserfahrt vorgesehen. Sie gaben dem Boot 15 Knoten Fahrt. Ein 70-PS-Elektromotor gab dem »Plunger« 8 Knoten Unterwasserfahrt. Auf einer dritten, der Mittelschraube, konnte im Überwassermarsch eine dritte Maschine mit 300-PS-Leistung angeschlossen werden. Der Elektromotor für die Unterwasserfahrt konnte an jeder der drei Schrauben wirksam werden.

Als für Holland feststand, daß dieses Boot eine viel zu lange Bauzeit haben würde, weil die Marinekommission immer neue Änderungswünsche hatte, ließ er zur gleichen Zeit ein weiteres Boot mit der Bezeichnung »Holland« auf der Crescent Schiffswerft in Elisabethport bauen. Beide Boote gingen gleichzeitig 1897 in Bau. Das Boot »Holland« hatte nur ein Torpedorohr, das zum Ausstoß der drei mitgeführten Whitehead-Torpedos diente.

Während der Erprobung beider Boote zeigte sich, daß die »Holland« besser war als die »Plunger«. Am 11. April 1900 wurde die »Holland« von einer Marinekommission übernommen und am 12. Oktober 1900 für die US-Navy in Dienst gestellt. Es war das erste U-Boot, das von der Kriegsmarine eines Landes in Dienst gestellt wurde. Viele weitere Boote folgten. Die »Holland« lief bereits 7 Knoten im Unterwassermarsch und konnte 80 Meilen zurücklegen, ehe die Batterien verbraucht waren.

Simon Lake – Die ersten Unterwasserfotos

Der große Konkurrent Hollands in den USA war Simon Lake. Bereits im Jahre 1894 lief dessen »Argonaut I« vom Stapel. Dieses Boot wurde mit einem Gasolinmotor für die Überwasserfahrt und mit einer Akkumulatoren-Batterie für die Unterwasserfahrt ausgerüstet. Beide Motoren hatten eine Antriebskraft von jeweils 30 Pferdestärken. Bauwerft war die Columbian Iron Works and Dry Docks.

Das Boot erhielt vorn und achtern je ein zwei Meter großes gußeisernes Rad, mit dem es über den Meeresboden rollen sollte. Das Bemerkenswerte an der

»Argonaut I« war die Druckkammer, durch die ein Taucher das Boot verlassen konnte. Während der ersten Tauchfahrten und der Taucherprobung gelang es einem eingeschifften Fotografen, die ersten Unterwasserfotos der Geschichte zu schießen.
Mit seiner » Argonaut I« ging Simon Lake, der vom Kongreß nicht unterstützt wurde, mit fünf Besatzungsmitgliedern auf die erste große Fahrt eines U-Bootes, die über 2000 Seemeilen von Norfolk in Virginia in die Chesapeake-Bay und bis New York führen sollte. Damit war dieses U-Boot das erste, das in der offenen See navigierte und gut mit allem fertig wurde. Wie sicher das Boot zu handhaben und zu steuern war, das zeigte sich wenig später unterwegs. Und zwar geriet die »Argonaut I« genau in jene Sturmzeit hinein, der im Oktober-November 1898 über 200 Schiffe vor der Ostküste der USA zum Opfer fielen. Simon Lake machte hier den größten Traum seines Lebens wahr. Er lief mit seinem Boot über Wasser und getaucht, immer wieder neuen Brennstoff an Bord nehmend und weiterfahrend, über See. Als er schließlich im Dezember im Hafen von New York anlegte, kannte der Jubel keine Grenzen. Die Zeitungen überschlugen sich in sensationellen Meldungen. Schließlich kam ein Brief aus Amiens für Simon Lake von – Jules Verne, dem Autor des Buches »20000 Meilen unter dem Meer«. Zuvor aber gab der Schriftsteller, der die weltweite Unterwasserfahrt so plastisch und packend voraussah, ein Telegramm auf. Sein Inhalt lautete:
»Obwohl mein Buch ›20 000 Meilen unter dem Meer‹ nur ein phantasievoller Zukunftsroman ist, bin ich überzeugt, daß alles darin Geschriebene einmal geschehen wird. Ihre großartige Reise in dem Baltimore-U-Boot über 1000 Meilen ist ein erster Beweis dafür. Der hervorragende Erfolg der amerikanischen U-Boote wird die Unterwasserschiffahrt und Unterwasserforschung über die ganze Erde verbreiten . . .
Der nächste Krieg wird ein großer Kampf zwischen U-Booten werden!«
Simon Lake hatte mit seinen Geräten und Waffen zum Durchschneiden von Unterseekabeln und mit einer großen Zerstörermine in diesem Zweihüllenboot ein gefährliches Kampfboot zur See geschaffen, das jeden Feind zu höchster Wachsamkeit aufforderte.
Damit nicht genug! Nach dieser großen Reise konstruierte er ein zweites Unterwasserboot, dem er den Namen »Protector« gab. Es wurde im Jahre 1901 zu Wasser gelassen. Auch dieses Boot bot er der US-Navy an. Doch diese verwarf es abermals. Nun wandte sich Lake an Rußland und Japan, die beide Interesse an U-Booten zeigten.
Doch Japan entschied sich schließlich anders und kaufte einige Hollandboote, die ihm sicherer schienen.

Im Jahre 1901 erhielt Holland den Auftrag, fünf seiner Boote für die Navy zu liefern. Lakes Boote hatten wieder einmal mehr das Nachsehen gehabt. War nun Amerika im Bau der Unterwasser-Fahrzeuge gegenüber Europa vorgeprellt? Hatte man in den Vereinigten Staaten von Amerika den gewünschten Vorsprung vor allen anderen seefahrenden Nationen errungen?

Gustave Zédé – Ein Wegbereiter der französischen Unterseeboote

Gustave Zédé baute als erster ein voll funktionsfähiges U-Boot. Es gelang ihm 1887, Admiral Aubé davon zu überzeugen, daß ein großes U-Boot gebaut werden müsse. Um dies zu unterstreichen, legte er ihm sofort eine Zeichnung von Dupuy de Lôme über ein solches Boot vor, das er »Gymnote – Zitteraal« nannte. Der Admiral gab die »Gymnote« in Auftrag, und Zédé ließ sie auf der Werft Mourillon in Toulon unter der Bauleitung des Ingenieurs Romazotti bauen.
Am 20. 4. 1887 lief das Boot vom Stapel, kam aber erst am 24. 9. 1888 zu Wasser. Vom 17. 11. 1888 bis weit in das Jahr 1889 hinein erfolgten die Probefahrten.
Die »Gymnote« lief im Überwassermarsch 8 und im Unterwassermarsch 5 Knoten. Da das Sehrohr bei größerer Wassertiefe abgebaut werden mußte, ließ Zédé als erster ein Gyroskop – einen Kreiselkompaß – einbauen.
Da dieses Boot noch nicht Zédés Vorstellungen entsprach, und auch Admiral Aubé nicht damit zufrieden war, entstand eine verbesserte und größere »Gymnote«. Sie hatte eine Länge von 48 Meter und 266 Tonnen Gewicht. Damit war das größte U-Boot der Welt entstanden, dessen Bau eine Summe von 600000 Goldfrancs verschlang. Zwei Jahre wurde an dieser »Gymnote III« gearbeitet, die schließlich den Namen »Gustave Zédé« erhielt. Das Boot war mit zwei Torpedorohren ausgerüstet.
Die »Morse«, die nach Zédés Tod ebenfalls von Romazotti konstruiert wurde, war schließlich das voll funktionstüchtige U-Boot, der Prototyp aller französischen Einhüllenboote.

Lauboef baut das erste Zweihüllen-Hochsee-U-Boot – Ein Wettbewerb und der »Narval«

Die französische Flotte, die von 1886 an systematische Versuche mit den Tauchbooten der Konstrukteure Goubet und Zédé anstellte, beschloß im Jahre 1895, einen Wettbewerb auszuschreiben mit dem Ziel, neue U-Boot-Konstrukteure zu entdecken und – vielleicht – einen ganz neuen Typ des Unterwasserfahrzeuges zu finden.

Der Aufruf wandte sich an alle in Frankreich lebenden Konstrukteure. Zu diesem Zweck nahm die Marineverwaltung auch Kontakt zu großen französischen Firmen auf. Eine dieser Firmen, die sich später als »Waffenschmiede Frankreichs« einen Namen machen sollte, war Schneider und Co. in Creusot. Diese Firma versicherte sich der Mitarbeit des Schiffsbauingenieurs Lauboef. Lauboef hatte 1896 in dem Wettbewerb der Regierung für die beste Konstruktionszeichnung eines Tauchbootes mit nicht mehr als 200 Tonnen Verdrängung von 29 Konstrukteuren den ersten Preis erhalten. Nach diesen preisgekrönten Plänen wurde nun bei Schneider Lauboefs »Narval« gebaut.
Dieses Boot wurde – das sei vorausgeschickt – zum Prototyp sämtlicher Zweihüllen-Boote der Welt. Seine Vorteile waren: sehr große Seeausdauer und eine überragende Seetüchtigkeit. Lauboef war es, der die Tauchfahrt eines U-Bootes nur als letztes Mittel ansah, wenn es darauf ankam, den Gegner ungesehen zu erreichen, oder ihm zu entkommen. »Ansonsten«, so argumentierte er, »muß ein U-Boot auch über Wasser sehr schnell fahren können.«
Lauboefs erstes Boot, der »Narval«, lief am 26. 10. 1899 in Cherbourg vom Stapel. Es hatte eine Länge von 34 Metern, seine Breite betrug 3,75 Meter; das Boot verdrängte über Wasser nur 106 Tonnen, unter Wasser genau 200 Tonnen, die geforderte Maximalgröße. Der »Narval« war ganz aus Stahl erbaut. Mit der 250-PS-Dampfmaschine erzielte das Boot eine Fahrt von 11 Knoten. Die E-Maschine für den Unterwasserantrieb bestand in einer Batterie aus 158 Zellen. Mit ihr wurden 8 Knoten Fahrt erreicht. Das Boot war mit vier Torpedorohren ausgestattet, die zu je zweien am Bug, backbords und steuerbords, angebracht waren.
Die Besatzung bestand aus zwei Offizieren und neun Mann. Während der Erprobungsfahrt von Cherbourg nach St. Malo am 22. 5. 1901 kämpfte sich das Boot die 260 Seemeilen bei steifem Nordostwind in 40 Stunden bis ans Ziel. Dies entsprach einer Durchschnittsmarschfahrt von 6,5 Knoten. Dabei tauchte das Boot einige Male und lud nach dem Auftauchen die Batterie wieder auf. Auf der Rückfahrt schoß es vier Torpedos ab. Der »Narval« erhielt ausgezeichnete Kritiken.
Lauboef hatte damit eine völlig neue Art von Unterseebooten geschaffen, die für den Seekrieg besonders geeignet waren. Danach gab die französische Regierung eine ganze Bauserie »Triton-U-Boote« nach dem Muster der »Naval« in Auftrag. Mit diesem Boot sicherte sich die französische Marine ihre Vormachtstellung in bezug auf den U-Boots-Bau über einen langen Zeitraum hinweg. Diesem Beispiel folgten auch England, die USA, Italien und das zaristische Rußland.
Was aber hatte sich in der Zwischenzeit nach Wilhelm Bauers Vorstoß in die

Unterwasserwelt auf diesem Gebiet in Deutschland getan? Nachdem sich selbst ein Zahnarzt aus Venezuela in die Liste der U-Boots-Konstrukteure eingeschrieben hatte, sollte doch eigentlich auch in Deutschland der U-Boots-Bau vorangeschritten sein?
Die Kaiserliche Marine, die allein den Bau eines solchen Bootes hätte in Auftrag geben können, verharrte in Untätigkeit. Ihr erschien dieses Fahrzeug zu unerprobt und sein Wert zu zweifelhaft gegenüber anderen Kriegsschiffstypen. Es kam also auf die Eigeninitiative deutscher Werften an.

Das erste deutsche Unterwasserfahrzeug

Auf der Howaldtswerft in Kiel wurde im Jahre 1897 unter der Baunummer 333 ein »Versuchsschiff« gebaut, das als Unterwasserboot konzipiert war. Es war 14 Meter lang, hatte 2,40 Meter Höhe und wurde von einem 120-PS-Elektromotor angetrieben. Es hatte im Bug ein Torpedorohr für einen Schwartzkopf-Torpedo, der mit Preßluft angetrieben wurde. Dieses Boot kam jedoch über eine kurze Erprobung nicht hinaus, ehe es in einem Holzverschlag eingemottet und später verschrottet wurde. Dennoch ist dieses Boot auch zu Wasser gekommen und hat einige Probefahrten erfolgreich unternommen und dabei Geschwindigkeiten bis zu 7 Knoten in der Stunde im Überwassermarsch erzielt. Der Kapitän der Howaldtswerft, Arp, fuhr das Boot. Sein Ausblick bestand in einem auf der Mitte des Bootskörpers aufgenieteten Taucherhelm, der nach allen vier Seiten eingebaute Glasausblicke besaß. Immer wenn die Preßluft verbraucht war, mußte das Boot zum Torpedoschießstand der Firma Schwartzkopf nach Düsternbrook laufen, um dort Preßluft zu ergänzen. Zu Unterwasserfahrten ist es jedoch nicht gekommen.
Erst als im Januar 1902 der Ingenieur und Konstrukteur Raimondo d'Equevilley aus Berlin nach Essen kam und dem Firmenchef, Friedrich Krupp, eine Reihe von Vorschlägen über den Bau von U-Booten machte und außerdem gleich die fertigen Konstruktionspläne vorlegte, wurde in Deutschland der U-Boots-Bau wieder aufgegriffen.
Friedrich Krupp genehmigte den Bau eines ersten Versuchsfahrzeuges, und so begann im Juli 1902 der Bau des ersten Versuchsbootes. Damit wurde der Franzose Equevilley zum Topkonstrukteur der deutschen U-Boote, und in dieser Eigenschaft hat er wirkliche Pionierarbeit in Deutschland geleistet. Von seiten Frankreichs wurde Equevilley angegriffen, aber er konnte wie so viele andere vor ihm darauf hinweisen, daß er ja in Frankreich nicht gehört worden war, daß also auch in seinem Falle der Prophet in seinem eigenen Vaterland nichts galt.

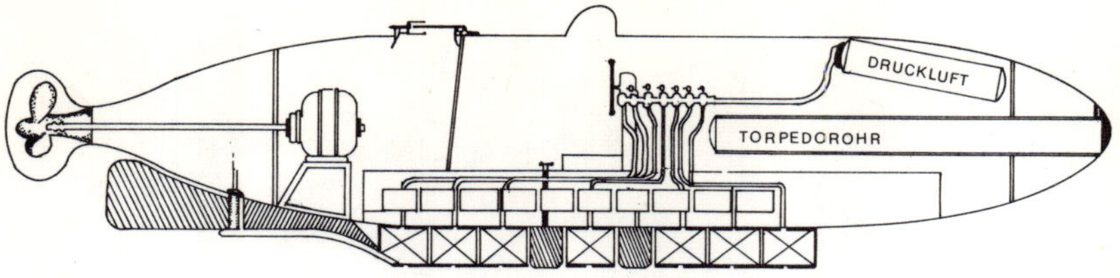

Es ist nicht geklärt, ob der flacheiserne Propellerschutzbügel horizontal oder vertikal angenietet war!

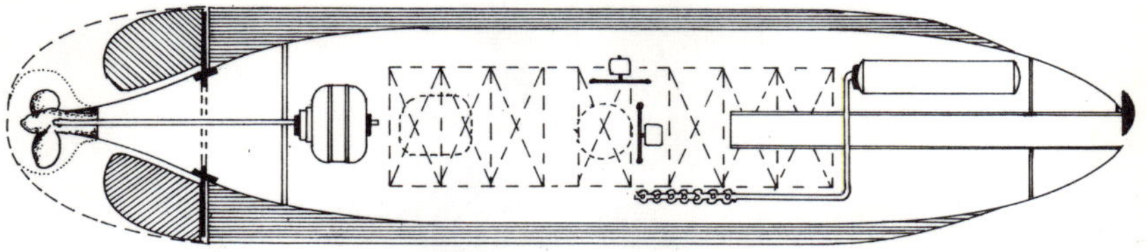

Schnitt durch ein Howaldt-Tauchboot mit der Baunummer 333.

Unter dem Codenamen »Leuchtboje« begann im Juli 1902 der Bau eines ersten Versuchsbootes. Dieses Boot, das später »Forelle« getauft wurde, war 13 Meter lang und verdrängte etwa 16 Tonnen. Es sollte der Werft gewissermaßen das Anschauungsmaterial für den Bau geplanter größerer Boote liefern. Im Juni 1903 fand die erste Probefahrt statt. Drei Wochen später führte dieses winzige Boot aus 3 Seemeilen Distanz einen Angriff auf ein vor Anker liegendes Fahrzeug und zog sich nach erfolgreichem Abschuß eines Manövertorpedos unbemerkt wieder zurück.

Wenig später besichtigte Kaiser Wilhelm II. das Boot, und am 23. September 1903 nahm Prinz Heinrich von Preußen als erster Gast an einer Tauchfahrt dieses kleinen Bootes teil.

Am 25. März 1904 besichtigte eine russische Kommission die »Forelle« in Eckernförde und – kaufte sie nach der Probefahrt auf der Stelle, nicht ohne auch die Pläne der größeren Boote gesehen und auf Anhieb auch davon sofort drei Stück zu bestellen.

U-1 – Das erste deutsche U-Boot der Marine

Diese drei neuen Boote mit den Namen »Kambala«, »Karass« und »Karp« wurden gebaut und geliefert. Während die »Forelle« noch über St. Petersburg nach Wladiwostock befördert wurde, wurden die drei übrigen Boote nacheinander fertig und ausgeliefert.

In dieser Phase der Entwicklung entschloß sich im September 1904 auch die Kaiserliche Marine zur Bestellung eines Unterseebootes bei der Krupp-Ger-

Maschinenraum von Unterseeboot »U 1« aus dem Jahre 1906.

maniawerft. Dieses Boot, das 237 Tonnen verdrängte und 42 Meter lang war, sollte eine Überwassergeschwindigkeit von 10,8 Knoten und getaucht 8,7 Knoten haben. Sein Fahrbereich wurde mit 1200 Seemeilen gefordert.

Noch während des Baus dieses U-Bootes, das die Bezeichnung U 1 am Turm trug und damit den U-Booten aller Marinen der Erde die Bezeichnung U-Boot gab, wurden auf der reichseigenen Werft der Marine in Danzig die ersten Vorarbeiten zum Bau eigener U-Boote in Angriff genommen. Die ersten dieser Bootstypen waren für die Überwasserfahrt noch mit Petroleummotoren ausgerüstet. Am 4. 8. 1906 lief U 1 vom Stapel.

Bei der Erprobung von U 1 ging man sehr vorsichtig vor. Und zwar wurde das Boot, das mit einem 13 Tonnen schweren Bleikiel versehen war, unter die Hebekräne des Bergungsschiffes »Oberelbe« gelegt, das in die Ostsee geholt worden war, und dann senkte man U 1 in 30 Meter Tiefe ab; ohne Besatzung.

Dies geschah auf Veranlassung des Chefs des Kruppschen Konstruktionsbüros, Gustav Berling. Man wollte feststellen, ob das Boot dicht blieb und ob es irgendwelche Formveränderungen zeigte. Dies war nicht der Fall. Anschließend

»U 5« (links) und «U 6« im Bau. Bauzustand am 29. 6. 1910.

wurde das Boot abermals auf 30 Meter Tiefe gebracht. An Bord befanden sich nun Oberingenieur Berling und drei Mann Besatzung. Wasser wurde auf die Tanks gegeben und mittels Preßluft wieder ausgedrückt.
Im September wurde auf der Kieler Förde die erste See-Erprobung des Bootes durchgeführt. Gustav Berling führte das Boot. Am 1. November 1906 erhielt das Boot jene Bezeichnung U 1. Am 14. 12. 1906 wurde dieses Boot, das nun Kapitänleutnant von Boehm-Zezing als ersten Kommandanten erhielt, feierlich für die Kaiserliche Marine in Dienst gestellt. Von diesem Zeitpunkt an gab es eine Kaiserliche U-Waffe.
Um den sich häufenden Anforderungen an sein Büro und an sich selbst besser begegnen zu können, berief Gustav Berling Ingenieur Hans Techel am 1. 7. 1907 als Ressortchef U-Boots-Bau in die Firma Krupp. Hans Techel war es dann, der von U 5 an bis zu den größten Untersee-Kreuzern über 170 U-Boote in der Germaniawerft in Kiel baute. Ihm wurde im Dezember 1917 von der Technischen Hochschule Charlottenburg die Würde eines Doktor-Ingenieurs ehrenhalber verliehen.

Eine tödliche Waffe

Wie bei so vielen epochalen Erfindungen wurde das U-Boot durch die Suche nach einer Waffe zur See weiterentwickelt. Was zuerst lediglich Forscherdrang war, unter die Oberfläche des Meeres zu gehen und den Weg in die Tiefe zu erkunden, wurde mehr und mehr zum Suchen nach einer Waffe, die auf See den Sieg über große Kriegsschiffe zu erringen imstande war.

Nachdem sich überall in der Welt die Marinen der jeweiligen Staaten an der Konstruktion und Erprobung solcher U-Boote beteiligt hatten, war bald auch das Tauchboot zu einem perfekten Vernichtungsinstrument entwickelt. In den Marinen der modernen Staaten standen zu Beginn des Jahres 1914 bereits mehrere U-Flottillen einsatzbereit.

In der dritten Morgenstunde des 31. Juli 1914 trat die 1. deutsche U-Flottille unter dem damaligen Korvettenkapitän Wilhelm Bauer den Marsch in die Nordsee an. Sie erreichte mit ihren neun Booten eine Auffanglinie von 26 Seemeilen Radius um das Feuerschiff Elbe I herum. Am 1. August 1914 brach der Erste Weltkrieg aus, und am 5. 8. erhielten diese neun U-Boote ihren Einsatzbefehl Nr. 1, dessen Kernsatz lautete: »Alles angreifen! Gegner mit allen Mitteln schädigen!«

U 18 drang daraufhin bis auf 60 Grad Nord vor. U 13, unter dem Kommando von Kapitänleutnant Graf Schweinitz stieß südostwärts von Fair Island auf die Grand Fleet der Engländer. Das, was Jules Verne in seinem Telegramm an Simon Lake lange Jahre vorausgesehen hatte, trat ein: der Kampf der U-Boote gegen einen vielfach überlegenen Gegner. U 13 schoß einen Torpedo auf das Linienschiff »Monarch« ab und wurde wenig später von allen anderen Schiffen gejagt. Es tauchte nie wieder auf. Der Kommandant und seine 24 Mann Besatzung waren die ersten Kriegsopfer der U-Boots-Waffe.

U 15 – von dem 60 Jahre nach seinem Untergang im Februar 1974 alle Zeitungen berichteten, weil Taucher glaubten, aus diesem Boot Goldbarren an die Oberfläche geholt zu haben – wurde von dem kleinen Kreuzer »Birmingham«

Das U-Boot »U 39« auf der Helling am 25. 8. 1914. Ansicht von Steuerbord hinten.

gesichtet und in schnellem Spurt nach vorn gerammt. Das Boot sank. Mit ihm gingen Kapitänleutnant Pohle und seine 24 Männer unter. So begann der erste U-Boots-Einsatz nicht etwa mit einem großen Erfolg der U-Boote, sondern mit dem Verlust von U 13 und U 15.

U 21 unter Kapitänleutnant Hersing legte übrigens kurz vor Kriegsausbruch im Ausmarsch von Helgoland über Stavanger nach Peterhead eine Strecke von 1300 Seemeilen zurück, die längste Strecke, die ein U-Boot je gefahren war. Dieses Boot, das am Morgen des 5. September 1914 nur fünf Seemeilen südsüdostwärts von May Osland stand, kam auf einen englischen Kreuzer zum Schuß. Um 16.45 Uhr dieses Tages wurde von U 21 der erste scharfe Torpedoschuß des Krieges abgeschossen. Er traf den englischen Kreuzer »Pathfinder« schwer. Vier Minuten nach den Detonationen der Munition sank das Führerschiff der Bewacherflotte für den Firth of Forth. Am Abend des 7. 9. lief U 21 in den Helgoländer Hafen ein.

Damit war das erste große Kriegsschiff von einem winzigen U-Boot versenkt worden. Denn im Gegensatz zu dem rund 8000 BRT großen Kreuzer hatte

Unterseeboote »U 25« (links) und »U 26« auf der Germaniawerft in Kiel.

dieses U-Boot, das als Hochsee-Zweihüllen-Boot entwickelt worden war, eine Größe von 650/837 Tonnen und war über alles 64,15 Meter lang und 6,10 Meter breit. Das Boot lief bei 1700 PS Antriebsleistung im Überwassermarsch 15,4 Knoten, während es bei 1200 PS unter Wasser 9,5 Knoten erzielte. Es konnte 50 Meter tief tauchen und hatte eine Gesamtfahrtstrecke von 8420 Seemeilen bei sparsamer Marschfahrt. Es gehörte zu jenen Booten, die als erste mit Dieselmotoren als Antrieb für die Überwasserfahrt ausgerüstet waren. Die Besatzung bestand aus drei Offizieren und 31 Mann.

Kapitänleutnant Otto Weddigen – Ein Mann, der Kriegsgeschichte machte

Nach diesem ersten Paukenschlag der U-Boote gegen große Schiffe folgte Schlag auf Schlag. Am 21. 9. 1914 sichtete Kapitänleutnant Otto Weddigen um 8.30 Uhr bei Ameland die Küste. Er kreuzte hier bis zum anderen Morgen. Als die avisierte Gruppe Feindschiffe auftauchte, ging U 9 auf Sehrohrtiefe. Durch das

Periskop sah der Kommandant drei große Vierschornsteinkreuzer, die in zwei Seemeilen Abstand zueinander in Dwarslinie liefen. Dahinter vermutete Kapitänleutnant Weddigen einen Schlachtschiffsverband. Diesen wollte er angreifen. Als er eine Stunde später erkannte, daß diese drei Kreuzer allein durch die See liefen, gab er den Befehl zum Angriff: »Alle Mann auf Gefechtsstationen!«
Die beiden Bug- sowie die zwei Hecktorpedorohre wurden zum Unterwasserschuß klargemacht. Vier Torpedos lagen in den Rohren. Das U-Boot, 493 Tonnen über und 611 Tonnen unter Wasser schwer, mit vier Offizieren und 25 Mann Besatzung, lief in die günstige Schußposition. Immer wieder ließ Weddigen das Sehrohr zu kurzem Ausblick ausfahren. Dann war es soweit. Um 7.20 Uhr befahl Weddigen: »Backbordrohr vorn klar zum Unterwasserschuß! — Torpedo looos!«
Der erste Torpedo flitzte dem Panzerkreuzer »Aboukir« entgegen, schlug mittschiffs ein, wie die haushohe emporsteigende Torpedoeinschlag-Fontäne zeigte. Die »Aboukir« legte sich sofort auf die Seite. Munition detonierte, Stahlplatten wurden zerfetzt, Geschütztürme zerstört. Und dann – kenterte der Panzerkreuzer und nahm den Großteil seiner Besatzung mit in die Tiefe. U 9 drehte bereits auf den zweiten Kreuzer ein.
Um 7.55 Uhr – das leergeschossene Rohr war nachgeladen – erfolgte der Befehl zum zweiten Torpedoschuß. Diesmal ließ Weddigen einen Fächer – also beide Torpedos gleichzeitig – aus nur 350 Meter Distanz auf die »Hogue« schießen. Beide Torpedos trafen, und sehr schnell sackte der Kreuzer »Houge« tiefer und verschwand schließlich in einem gewaltigen Sinkstrudel von der Wasseroberfläche.
Fünf Minuten darauf ereilte den dritten Panzerkreuzer das gleiche Schicksal. Ein Torpedo, abgegeben durch einen Heckrohr-Fächerschuß, traf die »Cressy« in die Munitionskammer. Detonationen brüllten, Wrackteile wurden hoch emporgeschleudert. Doch dieses Schiff hielt sich noch.
Als U 9 vier Minuten nach dem Fächerschuß auf Sehrohrtiefe auftauchte, schwamm die »Cressy« noch immer. Um 8.35 Uhr ließ Weddigen einen Fangschuß abfeuern. Die »Cressy« sank 35 Minuten später. Damit hatte ein Boot von nicht einmal 500 Tonnen binnen zweier Stunden drei Panzerkreuzer von jeweils 12000 Tonnen versenkt. 1398 britische Seeleute kamen in den Fluten ums Leben. Die U-Boots-Waffe hatte sich als schärfstes Schwert der deutschen Marine erwiesen.
In England war man bestürzt, ja entsetzt. Die Zeitungen berichteten:
»Sechs deutsche U-Boote haben den Schiffsverband angegriffen. Fünf von ihnen wurden versenkt und nur einem gelang es, seinen deutschen Stützpunkt wieder zu erreichen.«

Otto Weddigen versenkte einen Monat später 60 Seemeilen ostwärts von Petershead den englischen Kreuzer »Hawke«. Als erster Angehöriger der Kaiserlichen Marine erhielt dieser U-Boots-Kommandant den Pour le mérite, den höchsten deutschen Orden des Ersten Weltkrieges.
Das erste Handelsschiff in diesem über vierjährigen Ringen versenkte U 17 unter Oberleutnant zur See Feldkirchner am 20. Oktober 1914. Das Schiff hieß »Glitra«.
Diesen Erfolgen standen allerdings auch Verluste entgegen. U 18 unter Kapitänleutnant von Henning wurde vor der Bucht von Scapa Flow – nachdem es von dem Fischdampfer »Dorothy Grey« gerammt und einige Male, unter Wasser fahrend, gegen die Felsen der Pentland Skerries gelaufen war – vom Kommandanten selbst versenkt. U 11 ereilte im Hafen von Dover das gleiche Schicksal, und von U 5 fehlt seit dem 18. 12. 1914 jede Spur.
Kapitänleutnant Weddigen, der mit U 29 ein neues größeres Boot erhalten hatte, versenkte in der Irischen See fünf Handelsschiffe. Auf dem Rückmarsch wurde es von dem britischen Schlachtschiff »Dreadnought« gerammt und ging mit allen Soldaten unter.
Der Kampf tobte hin und her. Eines der bemerkenswertesten Ereignisse dieses Ersten Weltkrieges aber, das zugleich ein Meilenstein der U-Boots-Geschichte war, begann am 14. 6. 1916.

Mit »U-Deutschland« über den Atlantik nach New York

Am 14. 6. 1916 lief das U-Boot »U-Deutschland«, das in der Atlantikreederei in Bremen erbaut worden war, unter Führung von Kapitän König aus Wilhelmshaven aus. Dieses Boot, das von dem Schiffsbauingenieur Lohmann als Handels-U-Boot gebaut worden war, sollte den Handelsverkehr mit Amerika aufnehmen, um wichtige Rohstoffe über den Atlantik nach Deutschland zu bringen. Vor allem sollten Gummi, Nickel und Zinn in den USA gekauft und durch die Blockade heimgebracht werden.
»U-Deutschland« passierte im Unterwassermarsch ungesehen die Sperrketten des Gegners und lief nun allein über den Atlantik. Am Abend des 8. Juli 1916 sichtete die Brückenwache die Lichter von Kap Henry. Mit einem Lotsen an Bord lief »U-Deutschland« in die Chesapeake-Bay ein, wo es von allen neutralen und auch von den amerikanischen Dampfern mit wildem Sirenengeheul empfangen wurde. Ein Teil von Jules Vernes Zukunftsvision war in Erfüllung gegangen. Ein U-Boot hatte den Atlantik überwunden und dabei die Strecke von 3800 Seemeilen zurückgelegt.
Kapitän König, der vorher beim Norddeutschen Lloyd ein Handelsschiff

Die U-Boote »U 40« (links) und »U 39« beim Bau auf der Germaniawerft in Kiel.

geführt hatte, brachte »U-Deutschland« sicher in den Hafen von New York. Hier wurde das Boot mit 350 Tonnen Gummi, 343 Tonnen Nickel, 83 Tonnen Zinn und 0,5 Tonnen Jutesäcken bis unter die Halskrause vollgeladen.

Am 1. August 1916 lief »U-Deutschland« zur Rückreise aus. In 23 Tagen, vier Tage weniger als auf der Hinreise, war der Atlantik abermals bezwungen. »U-Deutschland« lief in den Hafen von Helgoland ein, wo schon die »U-Bremen«, das Schwesterboot der »U-Deutschland«, zum Auslaufen bereit lag.

Am 24. 8. verließ »U-Bremen« Helgoland mit dem Ziel Amerika. Vom Zeitpunkt des Auslaufens an hat niemand mehr dieses U-Boot gesehen, und kein Gegner meldete vorerst Gefechtsberührung mit ihm. Es war verschollen.

Zunächst jedoch wußte man naturgemäß nichts davon und U 53 unter Kapitänleutnant Rose, der dazu ausersehen war, das Handels-U-Boot während seiner Fahrt nach Amerika zu schützen, ging in See. Da das Boot nur 5600 Seemeilen Fahrtstrecke laufen konnte, der Weg nach den USA und zurück

U-Boot »U 53« beim Abschleppen.

jedoch 7600 Seemeilen betrug, mußten Tauchtanks für die Aufnahme weiterer Brennstoff-Vorräte umgebaut werden. Zusätzliches Trinkwasser wurde in die größten Reglerzellen aufgenommen. Damit war U 53, ein serienmäßig gebautes Boot in die Lage versetzt, ohne aufzutanken 11 000 Seemeilen zurückzulegen. Der Auftrag, den der Führer der U-Boote, Kommodore Bauer, Rose mitgab, lautete:
»Nach Eintreffen des Handels-U-Bootes ›Bremen‹, das etwa am 15. 9. in New York erwartet wird, werden voraussichtlich feindliche Seestreitkräfte die östlichen Zugänge zum Long-Island-Sound bewachen. Sie sollen diese Streitkräfte aufsuchen und sie angreifen, sofern sie sich außerhalb des US-Hoheitsgewässers befinden. Danach laufen Sie Newport-Rhode-Island an und geben den amerikanischen Marinebehörden Gelegenheit, das Boot zu besuchen. Nach Erledigung dieser beiden Aufgaben führen Sie Handelskrieg nach der Prisenordnung.
Für Ihre und der ›U-Bremen‹ Heimreise ist eine U-Boots-Auffangstellung südlich der Färöer-Insel vorgesehen.«
Am 17. 9. lief U 53 aus dem Helgoländer Hafen aus. Das Boot erreichte

Das U-Boot »U 73« auf der Kaiserlichen Werft in Danzig.

in der Morgendämmerung des 2. Oktober den Hafen von New London und lief im Unterwassermarsch ein. Zwei Tage vorher, auf See, hatte der Funkraum des Boots einen amerikanischen Funkspruch aufgefangen:
»U-Boot ›Bremen‹ ist von den Alliierten vernichtet. Ein zweites U-Boot mit demselben Namen befindet sich auf der Fahrt über den Ozean.«
Dieser Funkspruch bestätigte die Vernichtung des Bootes, denn U 53 entdeckte in New London keine Spur von »U-Bremen«. Am 7. 10. lief das Boot befehlsgemäß in den amerikanischen Kriegshafen Newport ein. Ein Besucherstrom ergoß sich über das »landfein« gemachte U-Boot. Kapitän Rose berichtete später darüber, wie er von Admiral Knight empfangen wurde. Der Befehlshaber des Hafens Newport fragte Rose, ob er interniert zu werden wünsche oder ob er Kranke von Bord geben wolle. Rose verneinte beides und erklärte, daß er lediglich einen Besuch machen wolle.
Nach zweieinhalb Stunden, während derer auch der Kommandant des Kreuzers »Birmingham«, Admiral Gleavas, mit Frau und Tochter an Bord von U 53 kam und mit Sekt und Kuchen bewirtet wurde, ging U 53 ankerauf und trat den Rückmarsch an. Trotz der Nähe von 16 amerikanischen Zerstörern

führte Kapitän Rose Krieg nach Prisenordnung durch und versenkte vier Schiffe mit zusammen 16 896 BRT. Am 28. 10. 1916 machte das Boot in Wilhelmshaven fest. Damit hatte das erste serienmäßig gebaute U-Boot den Atlantik nach beiden Richtungen hin überquert.

Der Kampf zur See ging weiter. Mit 42 Booten, von denen ein Teil noch im Bau war, war Deutschland in den Ersten Weltkrieg gegangen. 811 weitere Boote kamen während des Krieges hinzu. Ein Teil davon befand sich bei Kriegsende noch in Bau. Auf 178 U-Booten, die während des Krieges sanken, gingen 5132 Soldaten in den Tod. Von den insgesamt 343 Booten, die zum Feindeinsatz ausliefen, kehrte also über die Hälfte nicht zurück. Sie versenkten 5554 Schiffe mit insgesamt 12 191 996 BRT.

Kommandanten wie Otto Ritter von Weddigen, Lothar von Arnauld de la Perière, Kapitänleutnant Forstmann, Kapitänleutnant Valentiner und Kapitänleutnant Steinbrink standen an der Spitze jener U-Boot-Fahrer, welche die größten Erfolge erzielten.

Die Höchstzahl der gleichzeitig vorhandenen einsatzbereiten U-Boote betrug 140; 457 U-Boote, darunter über 30 U-Kreuzer, die Ende 1918 fertig geworden wären, mußten ausgeliefert werden.

Der Erste Weltkrieg hatte gezeigt, daß die U-Boote eine tödliche Waffe waren, und es war anzunehmen, daß in aller Welt mit Hochdruck an der Verbesserung der U-Boote gearbeitet werden würde.

U-Boote der Gegner im Ersten Weltkrieg

Die britischen U-Boote waren während des Ersten Weltkrieges nicht so erfolgreich wie die deutschen, weil sich England auf die Schlagkraft seiner Hochseeflotte verließ. Dennoch wurden von britischen U-Booten 17 deutsche U-Boote vernichtet. Sie versenkten insgesamt 54 deutsche Kriegs- und 274 Handelsschiffe. Von den insgesamt 203 U-Booten der Engländer gingen während des Krieges 54 verloren.

Einige amerikanische U-Boote waren während der Zeit des Ersten Weltkriegs in Queenstown, Irland, und auf den Azoren stationiert, nachdem Amerika in den Krieg eingetreten war. Zwanzig dieser Boote erreichten das Kriegsgebiet, aber sie kamen nur zu kleinen Einsätzen, denn die britische Blockade ließ das Auslaufen deutscher Handelsschiffe nicht zu, auf die sich die US-U-Boote hätten stürzen können. Außerdem war die deutsche Hochseeflotte zu dieser Zeit bereits von der Hochsee vertrieben.

Eines der besten britischen U-Boote während dieser Zeit war die 1916 in Dienst gestellte »Swordfish«, ein dampfgetriebenes Boot, das 69,5 Meter lang

Ein deutsches U-Boot vom Typ UC II aus dem Jahre 1916 im Dock.

war, 904 Tonnen verdrängte und 19 Knoten Fahrt machte. Damit war es fast so schnell wie die englischen Überwasser-Streitkräfte, die im Schnitt 21 Knoten laufen konnten. Im Jahre 1917 kamen in England jene Boote zur Front, die als »K-Klasse« bekannt wurden. Es waren die Boote mit 102 Meter Länge und einer Verdrängung von 1780 Tonnen. Die beiden Dampfmaschinen gaben ihnen eine Geschwindigkeit von 23,5 Knoten – zu dieser Zeit eine sensationelle Fahrtstufe. Damit konnte dieses Boot *jedem* Verfolger im Überwassermarsch davonlaufen und ebenso *jeden* Gegner erreichen, den es sichtete. Eine Gruppe dieser Boote geriet am 31. Januar 1918 in die größte U-Boots-Tragödie der Unterwassergeschichte.
In der Nacht zum 31. 1. 1918 liefen zehn Boote der »K-Klasse« im Überwassermarsch ineinander; zugleich näherten sich ihnen mehrere Überwasserschiffe. Es kam zu einer Massenkarambolage zur See. Schiffe fuhren auf U-Boote und U-Boote bohrten sich in die Flanken der Kameradenboote. Gellende Hilferufe hallten durch die Nacht, Scheinwerfer suchten das Wasser ab, Explosionen ertönten, Brände flackerten auf, immer wieder kam es zu neuen Zusammenstößen. Notrufe heulten aus Dampfpfeifen, Signalsterne wurden geschossen. Das Tohuwabohu war vollständig. Die ersten Schiffe sanken. U-Boote kenterten, schwammen kieloben und sackten dann als stählerne Särge in die Tiefe. Ein Kreuzer wurde so schwer beschädigt, daß er liegenblieb und starke Schlagseite bekam. Als das Getöse verhallt war, waren zwei Boote gesunken, zwei weitere waren schwer, drei leicht beschädigt. Ein Kreuzer und ein Destroyer waren ebenfalls schwer beschädigt worden. Über 100 Seeleute fanden in der Nacht der Karambolagen den Tod.
Eines der letzten konstruierten K-Boote wurde nach dem Krieg erst fertiggestellt. Es war K 26, das mit 109,5 Meter Länge und 2140 Tonnen Verdrängung das größte englische Boot dieser Zeit war. Es hatte vier Kanonen an Deck und war mit acht Torpedorohren ausgerüstet.

U-Boots-Bau nach dem Krieg

Nach dem Krieg war Deutschland der U-Boots-Bau verboten worden. Um so mehr stürzten sich die Siegermächte auf den Bau von U-Booten. So baute England zwischen 1918 und 1920 vier weitere große U-Boote, die 88,8 Meter lang waren und 1650 Tonnen über Wasser verdrängten. Die dieselelektrischen Anlagen ermöglichten diesen Booten eine 14-Knoten-Fahrt über und 8 Knoten Fahrt unter Wasser. Die Bewaffnung bestand in vier Bugtorpedorohren, zwei 4-Zoll-Kanonen und einer Flugabwehrkanone. Es waren die Boote M 1, M 2 und M 3. M 1 sank nach einer Kollision, M 2 ging verloren, als es tauchte;

nur M 3 blieb erhalten. Dieses Boot war zur Mitnahme von 100 Minen ausgerüstet.
Mit X 1, das 1925 fertig wurde, bauten die Engländer ein Boot von 110 m Länge und 3050 Tonnen. Es hatte sechs Torpedorohre sowie vier 5,2-Zoll-Kanonen.
Die französische Marine baute 1934 den Unterwasserkreuzer »Surcouf«. Dieses Boot hatte 108,3 Meter Länge und verdrängte 2880 Tonnen. Es hatte zehn Torpedorohre und zwei 8-Zoll-Kanonen auf Deck. Dieses Boot sank während des Zweiten Weltkriegs nach einer Kollision mit einem Handelsschiff in der Karibischen See.

In den späten zwanziger Jahren versuchten sich auch die USA im Bau von Unterwasserkreuzern. Es waren dies zunächst die Schwestern-U-Boote »Narwhal« und »Nautilus«; wenig später kam die »Argonaut« hinzu. Damit hatte man traditionelle Namen des U-Boots-Baus benutzt. N 1 und N 2 waren 111 Meter lang und verdrängten 2730 Tonnen. Die »Argonaut« war um rund 4 Meter länger. Auch diese Boote hatten sechs Torpedorohre. Das Anti-U-Boot, das auf britischen Werften gebaut wurde, war kleiner, sein Antrieb im Überwassermarsch mit nur 9 Knoten gering. Aber die Elektromotoren mit den großen Batterien gaben 15 Knoten Unterwasserfahrt her. Damit waren diese U-Boote allen anderen Booten in bezug auf die Schnelligkeit in der Unterwasserfahrt überlegen. Sie waren sehr manövrierfähig und damit auch perfekte Boote zur U-Boots-Bekämpfung.
Insgesamt ist zur U-Boots-Entwicklung zwischen den Kriegen zu sagen, daß die Boote zwischen 60 und 90 Meter lang waren, Dieselanlagen für den Überwasserantrieb und Elektromotoren für den Unterwasserantrieb besaßen.

Die ersten deutschen U-Boote

Mit dem deutsch-englischen Flottenabkommen vom 18. 6. 1935 wurde dem Deutschen Reich erlaubt, seine Flottenrüstung auf 35 Prozent der britischen zu bringen. Diese 35-Prozent-Klausel war in bezug auf den Bau von U-Booten auf 45 Prozent erhöht worden. Das war ein gewaltiger »Fortschritt«, denn bis dahin war nach dem Versailler Vertrag der U-Boots-Bau allgemein verboten gewesen. Allerdings waren 45 Prozent der kleinen englischen U-Boots-Flotte nicht mehr als 24 000 BRT.
Bereits im Jahr 1930 und 1931 waren deutsche Seeoffiziere in der finnischen Hafenstadt Abo und im südspanischen Kriegshafen Cadiz als Gäste auf U-Booten gefahren. Diese U-Boote waren bei holländischen Firmen von

deutschen Konstrukteuren nach deutschen Unterlagen erbaut worden. 1932, ein Jahr nach diesen Ereignissen, bereitete die Reichsregierung den Bau von U-Booten vor. Abermals wurden deutsche Seeoffiziere und Matrosen im Jahr 1934 in Abo auf einem solchen U-Boot geschult. Es waren die beiden U-Boots-Konstrukteure Techel und Schürer, die bereits im Ersten Weltkrieg U-Boote gebaut hatten, die nun auch für die neue U-Boots-Waffe weitere Boote konstruierten.

Zu der Zeit, da in Abo deutsche Seeleute auf dem 250-Tonnen-U-Boot übten, liefen auf der Germaniawerft in Kiel die Vorarbeiten zum Bau eigener Boote an. Als das deutsch-englische Flottenabkommen unter Dach und Fach war, fielen die deckenden Bretterwände eines Schuppens auf der Werft, und am Haken eines großen Schwimmkranes schwebte das erste deutsche U-Boot der Nachkriegszeit zu Wasser: U 1, ein 250-Tonnen-Boot, als Küstenboot konzipiert. Es wurde am 28. 6. 1935 in Dienst gestellt. Im Zeitraum von 14 Tagen folgten elf weitere U-Boote der gleichen Klasse.

Es waren dies die Boote der U-Boot-Abwehrschule. Mit den Booten U 7, U 8 und U 9 wurde die U-Flottille Weddigen in Dienst gestellt. Ihr Chef wurde der damalige Fregattenkapitän Dönitz, ein U-Boots-Kommandant des Ersten Weltkrieges, der bis dahin den Kreuzer »Emden« geführt hatte.

Im Herbst 1936 wurde Kapitän zur See Dönitz zum Führer der U-Boote ernannt. Mehr Boote kamen hinzu, größere Typen wurden gebaut; der Typ VII-C, mit einer Größe von 769 Tonnen sollte zum Haupttyp des U-Boots-Kampfes im Zweiten Weltkrieg werden.

Als der Zweite Weltkrieg begann, waren in Deutschland 57 U-Boote in Dienst gestellt worden. Von diesen Booten waren 46 einsatzbereit, jedoch nur 22 für die Atlantikfahrt. Die übrigen 24 Boote waren kleine »Einbäume« der Typen II-A-D.

Der Zweite Weltkrieg

»Beginn der Feindseligkeiten gegen England sofort!«

Mit diesem Funkspruch der deutschen Seekriegsleitung vom 3. 9. 1939 um 13.30 Uhr begann der Krieg der U-Boote, wenige Stunden nachdem England und Frankreich Deutschland den Krieg erklärt hatten.

Ein mörderisches Ringen begann. Der Kampf der U-Boote gegen Handelsschiffe, U-Boote gegen andere Kriegsschiffe, U-Boote gegen Flugzeuge und U-Boote gegen Zerstörergeleite forderte hohe Opfer. Er war gekennzeichnet von Günther Priens Fahrt auf U 47 in den britischen Kriegshafen Scapa Flow, von den Fahrten der Tonnagekönige Prien, Kretschmer und Schepke und

von den Verlusten der U-Boots-Waffe, die sich im ersten Kriegsjahr auf 28 Boote beliefen. Diese Verluste wurden durch genau 28 Boote ausgeglichen, die neu zur Front gekommen waren. Während dieser Zeit waren von deutschen U-Booten versenkt worden: ein Schlachtschiff, ein Flugzeugträger, drei Zerstörer, zwei U-Boote, fünf Hilfskreuzer und 440 Handelsschiffe mit 2 350 000 BRT.
»Die Langsamkeit im deutschen U-Boots-Bau«, so urteilte Captain Roskill, der Historiker der britischen Marinegeschichte, »hatte für Großbritannien höchst glückliche Folgen.«
Zu Weihnachten 1940 standen ganze zwei deutsche U-Boote in See. Mit nur 19 verlorengegangenen U-Booten war das zweite Kriegsjahr das Jahr mit den geringsten U-Boots-Verlusten.
Neue Torpedos wurden entwickelt, darunter der lagenunabhängige Torpedo und der Feder-Apparate-Torpedo. Die Verluste der Alliierten stiegen rapide an. Captain Roskill schrieb im amtlichen englischen Seekriegswerk »The War at Sea«:
»Es ist keine Übertreibung, wenn man sagt, daß Sieg oder Niederlage für die Alliierten auf allen Kriegsschauplätzen letztlich vom Ausgang des Kampfes abhing, der nun in den Weiten des Nordatlantik ausgefochten wurde. Hätte Großbritannien sich dort den Erfolg aus den Händen winden lassen, hätte es sehr bald der endgültigen Katastrophe gegenübergestanden.«
60 U-Boote gingen im dritten Kriegsjahr verloren. Allein im ersten Halbjahr 1942 waren 585 Schiffe mit 3 080 943 BRT versenkt worden. Deutsche U-Boote operierten nunmehr im Atlantik, im Mittelmeer, im Nordmeer und im Schwarzen Meer. Große Geleitzugschlachten wurden geschlagen. Im März 1943 versenkten deutsche U-Boote 108 Schiffe mit insgesamt 627 000 BRT.
»Das war ein bitterer Rückschlag für die Alliierten, der Churchill einen Wutschrei entlockte. Dem Gegner ist es damals beinahe gelungen, die Verbindung zwischen der Alten und der Neuen Welt zu unterbrechen.« (Roskill a. a. O.).
Doch dies sollte der letzte deutsche Erfolg im Geleitzugkampf gewesen sein. Radar und High Frequency Directions Finders ermöglichten den Geleitzug-Kommodores den Einsatz von Zerstörern und Flugzeugen auf angreifende U-Boote. Neue Wasserbomben für tiefste Tiefen und mit gigantischer Sprengkraft wurden eingesetzt. Geleitfahrzeugträger waren imstande, sofort nach Sichtung deutscher U-Boote ihre Maschinen einzusetzen.
Vom 1. bis 22. Mai 1943 gingen nicht weniger als 31 deutsche U-Boote verloren. Am 24. Mai befahl Karl Dönitz, der inzwischen zum Großadmiral befördert und Führer der Kriegsmarine geworden war, den Seenraum südwestlich der Azoren anzulaufen. Die 48 Monate andauernde Schlacht im Atlantik war damit verloren. Bis Ende Mai gingen weitere zehn U-Boote

verloren. Damit wurde der Monat Mai 1943 zum verlustreichsten Monat des Zweiten Weltkriegs. 41 deutsche U-Boote waren den inzwischen entwickelten Abwehrwaffen des Gegners zum Opfer gefallen.
Die U-Boots-Waffe mußte weiter auslaufen. Ein neuer Torpedo – der T 5, »Zaunkönig« – wurde eingesetzt. Im folgenden Jahr gingen abermals 248 deutsche U-Boote verloren.
Im letzten Kriegsjahr erlitten die deutschen U-Boots-Flottillen weitere große Verluste. Sir Winston Churchill schrieb über den Einsatz der U-Boots-Fahrer: »Mit erstaunlicher Standhaftigkeit und ungeachtet aller Verluste harrten sechzig bis siebzig U-Boote bis zum Schluß an der Front aus. – Als Dönitz die Kapitulation anordnete, standen immer noch 49 U-Boote in See. So groß war die Hartnäckigkeit des deutschen Widerstandes, so unerschütterlich die Tapferkeit der deutschen U-Boots-Fahrer.«
Nach Kriegsschluß ergab sich folgende Bilanz:
57 Boote standen bei Kriegsausbruch zur Verfügung, 1099 Neubauten waren hinzugekommen, und 14 Beute-U-Boote brachten die Zahl der insgesamt für die Kriegsmarine in Dienst gestellten U-Boote auf 1170 Boote. Von diesen kamen 863 zum Feindeinsatz. Von ihnen wurden folgende Erfolge erzielt: 148 Kriegsschiffe versenkt, 45 Kriegsschiffe torpediert, 2779 Handelsschiffe mit 14119413 BRT versenkt.

Amerikanische U-Boote gegen Nippons Flotte

Die Vereinigten Staaten traten nach dem Überfall durch die Japaner auf Pearl Harbour am 7. Dezember 1941 in den Krieg ein. Sie besaßen zu dieser Zeit im Pazifik 51 U-Boote. Weitere 74 Boote waren auf den Werften in Bau und 111 Boote befanden sich im Konstruktionsstadium. Mit dem Überfall der Japaner auf die US-Flottenbasis erhielten sämtliche U-Boote den Befehl zum uneingeschränkten U-Boots-Krieg gegen Japan. Am 10. Dezember verloren sowohl die Amerikaner als auch die Japaner ihr erstes U-Boot. Es war der US-»Sealion«, der den nachfolgenden 51 weiteren U-Booten in die Tiefe vorauslief, aus der es kein Zurück gab. Die »Swordfish« versenkte den ersten Handelsdampfer, ein 8662 Tonnen großes Gefrierschiff, vor der Küste von Indochina. US-U-Boote versenkten insgesamt 1178 japanische Handelsschiffe und 214 Kriegsschiffe. Die U-Boote »Sealion« und »Archerfish« versenkten große Kriegsschiffe des Gegners. So gelang es der »Sealion«, in einem Angriff gleichzeitig das japanische Schlachtschiff »Kongo« und einen Zerstörer zu versenken, während die »Archerfish« das größte Kriegsschiff des Zweiten Weltkrieges versenkten: den japanischen Großflugzeugträger »Shinano« mit 68059 BRT.

Vom Elektroboot zum Atom-U-Boot

Als im Frühjahr 1942 die gegnerische Ortungstechnik so weit entwickelt war, daß die deutschen U-Boote mehr und mehr von Jägern zu Gejagten wurden, erarbeitete der damalige Befehlshaber der U-Boote, Dönitz, eine Denkschrift, in der er zum Ausdruck brachte, daß die U-Boote von der Wasseroberfläche verschwinden müßten, wenn sie nicht zu sehr gefährdet werden sollten. »Wir müssen mit dem totalen U-Boot ins Wasser hinein!« formulierte Dönitz den Aufruf.

Es mußten also U-Boote gebaut werden, die unter Wasser so schnell waren, daß sie den Geleitzerstörern ebenbürtig waren. Der Idealfall sei ein U-Boot, das überhaupt nicht an die Wasseroberfläche zu kommen brauche.

Ein solches Boot hätte zu dieser Zeit schon einsatzbereit sein können, denn der Ingenieur Helmuth Walter, der bei der Germaniawerft in Kiel als Konstrukteur arbeitete, hatte bereits im Jahre 1934 dem Oberkommando der Kriegsmarine eine Ideenskizze vorgelegt, in welcher die technischen Möglichkeiten und die Wirkungsweise einer Gasturbine beschrieben war, mit deren Leistung es gelingen würde, ein U-Boot bedeutend schneller unter Wasser fahren zu lassen als alle anderen Antriebe. Zwei Dinge hatte Ingenieur Walter vorgesehen.

Beim Antrieb einer Turbine mit Wasserstoffsuperoxyd wurde bei dessen Zersetzung Sauerstoff frei. Dieser Sauerstoff sollte die notwendige Sauerstoffzufuhr bei Dieselmaschinen während des Unterwassermarsches bewirken. Das bedeutet, daß nun auch Dieselmotoren im Unterwassermarsch gefahren werden konnten und daß man nur die Abgase aus dem Boot zu leiten brauchte.

Sein zweiter Vorschlag war noch interessanter. Und zwar schlug Walter vor, die bei einem gesteuerten Zerfall von Perhydrol anfallenden, mit Sauerstoff angereicherten Gase und deren thermische Energie zum Antrieb einer Turbine zu nutzen. Da der Zerfall von Wasserstoffsuperoxyd unabhängig von der Außenluft vor sich geht, konnte sich eine Turbine, die mit den Zerfallsgasen

von Perhydrol betrieben wurde, als Antriebsmittel für ein getaucht fahrendes U-Boot eignen. (Dieser Walter-Antrieb beruht auf der Zersetzung von hochprozentigem Wasserstoffperoxyd, H_2O_2. Bei dem kalten Verfahren wird das H_2O_2 von einer Pumpe zu einem Zersetzer gefördert. In diesem wiederum wird es durch das Einspritzen einer Permanganatlösung in Wasser und Sauerstoff zersetzt. Das nunmehr entstandene Gemisch läßt sich als Vortriebsstrahl bei Raketen oder zum Antrieb von Turbinen benutzen. Beim heißen Verfahren jedoch wird der entstehende Sauerstoff zusätzlich mit einem Kraftstoff verbrannt. Die Verbrennungsgase können wiederum entweder Schub erzeugen oder Raketen treiben, oder eine zum Antrieb eines U-Bootes installierte Turbine in Gang setzen). Doch zurück zu Helmuth Walter.
Das Oberkommando der Kriegsmarine lächelte über Walters Vorschlag. Es legte ihn zu den Akten, obwohl die beiden zuständigen Referenten beim OKM, Dr. Piening und Marineoberbaurat Waas, nach langem Studium sagten, daß diese Pläne durchaus realisierbar seien.
Helmuth Walter arbeitete weiter an seinem Projekt. Er führte die ersten praktischen Versuche durch, benutzte Dieselmotoren als Antrieb. Dazu aber zersetzte er 80prozentiges Perhydrol über einen Braunstein-Katalysator in Wasser und Sauerstoff. Die bei diesem Zersetzungsprozeß anfallende Wärme ließ das frei gewordene Wasser aufdampfen. So entstand aus dem Wasserdampf und dem Sauerstoff ein Gemisch aus Dampfsauerstoff. Dieses Gemisch leitete Walter in den Zylinder des Verbrauchs-Dieselmotors. Der Motor arbeitete, wenn die Ventile richtig eingestellt waren.
Walter hatte damit bewiesen, daß ein Motor mit diesem Gemisch wie mit Zuführung von Luft arbeitete. Doch eine wesentlich bessere Leistung erzielte er nicht. Eher überwogen die negativen Folgen dieses Antriebsmittels: das Wasser verunreinigte das Schmieröl im Zylinder, denn Teile des kondensierten Wassers sickerten durch die Kolbenringe in den Zylinder ein. Eines war Walter jedoch gelungen: Er hatte den Nachweis erbracht, daß ein Dieselmotor ohne Zufuhr von Frischluft auskommen konnte.
Daneben arbeitete dieser geniale Techniker und Erfinder auch an Versuchen mit einer Turbine. Hierbei stellte er durch lange Untersuchungsreihen fest, daß die thermische Energie des Zersetzungsprozesses und der frei werdende Sauerstoff wirkungsvoll als Antriebsleistung von der Turbine weitergegeben wurde.
Drei Jahre nach seiner ersten Eingabe an das OKM legte Walter seine verbesserten Pläne vor, die von Dr. Piening und Oberbaurat Waas wärmstens befürwortet wurden. Insbesondere Waas war es, der – entgegen der Einwände des Kriegsmarineamtes – persönlich zu Großadmiral Raeder, dem Oberbefehlshaber

der Kriegsmarine, ging und ihm diese sensationelle Erfindung vortrug. Großadmiral Raeder setzte sich nun auch für Walter ein, und diesmal wurden Mittel für weitergehende Versuche bewilligt. Auch dem damaligen Kapitän zur See Dönitz legte Walter diese Pläne vor.
»Dies, Walter«, sagte Dönitz seinerzeit, »ist das Ei des Kolumbus! Damit würden wir einen U-Boots-Antrieb erhalten, der alle Boote an Schnelligkeit überträfe.« Dönitz setzte sich voll für Walter ein. Im Kieler Vorort Tannenberg wurde ein kleines Walter-Werk errichtet. Hier gingen die Arbeiten an der Walter-Turbine weiter; doch sie kamen nur langsam vorwärts. Den Wissenschaftler Walter, der die tollsten Versuche anstellte und immer neue Details mit leichter Hand zu Papier brachte, befriedigte der Weiterbau allein nicht. Er mußte weiterforschen. Er brachte Vorschläge für einen Torpedoantrieb, der dem Torpedo eine »affenartige Geschwindigkeit« geben sollte, wie er selbst sagte. Was Helmuth Walter in seinem Werk fehlte, waren erfahrene U-Boots-Ingenieure und Fachleute auf diesem Gebiet, die seine epochemachenden Ideen in die U-Boots-Wirklichkeit umzusetzen verstanden.
»So wurde bei uns ›weiter gewurschtelt‹«, sagte Walter später. »Als ich zu Beginn des Zweiten Weltkriegs den praktischen Beweis dafür antrat, daß ein U-Boot mit meinem Antrieb fahren konnte und das unter Wasser schneller als alle anderen, erhielt ich immer noch nicht die Mitarbeiter, die ich so dringend brauchte.«
Die erste Versuchsturbine lief und erbrachte enorme Leistungen. Was aber das wichtigste war: Diese Anlage arbeitete ohne jede Sauerstoffzufuhr von außen. Der Zweite Weltkrieg tobte in der ersten Phase des U-Boots-Krieges im Atlantik, als das erste Walter-Versuchsboot mit der Baubezeichnung V 80 – ein 80-Tonnen-Boot – fertig war und im Frühjahr 1940 von Ingenieuren der Kieler Germaniawerft erprobt wurde. Das Boot erzielte Unterwassergeschwindigkeiten von 26 Knoten. Alle bekannten Typen der Kriegsmarine fuhren höchstens 9 Knoten in der Stunde.
Sofort waren Walter und Waas wieder beim OKM. In einer Denkschrift wiesen sie auf die Dringlichkeit eines solchen U-Bootes hin. Doch das OKM lehnte mit folgender Begründung ab:
»Jedes zu bauende neue Boot – von dem wir immer noch nicht wissen, ob es überhaupt zum Einsatz gelangen wird – verhindert den Bau von zwei bewährten U-Booten des Typs VII-C.«
Die Boote des Typs VII-C waren die meistgebauten U-Boote, die den Tonnagekampf im Atlantik führten und von denen mehr und mehr benötigt wurden. Man wollte eine sichere Sache nicht zugunsten einer so unsicheren, wie sie der Walter-Antrieb noch immer war, aufgeben.

Dennoch konnte Walter eine weitere Anlage für ein Musterboot bauen. Es war das Boot V 300. In dieses Boot mit der Baunummer U 791 baute Walter eine Doppelanlage ein, denn es war als Zweischraubenboot konzipiert worden. Das Antriebsmittel für diese V-300-Anlage bestand in einer Mischung von Dieselöl, Kesselspeisewasser und Perhydrol. Eine als Dreistoffpumpe gebaute Kreiselpumpe führte die drei Stoffe in genauer Bemessung unter Druck in die Anlage. Dabei floß Perhydrol von oben in den Katalysator und verwandelte sich hier in Wasserdampf und Sauerstoff. Das nun entstandene heiße Gemisch strömte durch ein Verbindungsrohr in die Brennkammer. Über Düsen, die in den Brennkammerdeckel eingelassen waren, wurde der durch eine Dreistoffpumpe herangeschaffte Dieseltreibstoff fein zerstäubt eingespritzt. Auf ein Kilogramm Perhydrol-Treibstoff kamen genau 108 Gramm Gasöl. Das war genau soviel Öl, wie notwendig war, um die erzielte Sauerstoffmenge zu verbrennen.

Die komplizierte Anlage war so klein, daß sie leicht in ein U-Boot hätte eingebaut werden können. Allerdings gab es ein Problem. Ein damit ausgerüstetes Boot mußte große Mengen Perhydrol mitnehmen. Dieses Problem hatte Walter bereits vorher gelöst, indem er den U-Boots-Körper anders gestaltete. Sein U-Boots-Körper sah aus wie eine senkrecht stehende Acht. Der obere Kreis dieser Acht sollte der übliche Druckkörper sein, mit allen Anlagen und Räumen. Die darunter liegende Rundung der Acht jedoch war als weiterer Druckkörper zur Aufnahme des Perhydrol ausgerüstet. Um die Treibstoffbunker zu sichern, sollte das Perhydrol in Mipolamsäcken eingefüllt werden.

Das Versuchsboot V 300 wurde ein unbrauchbarer Entwurf, weil weder Walter noch Waas direkten Einfluß auf die Endkonstruktion hatten.

Es wurde Frühjahr 1942, und der Befehlshaber der U-Boote, Admiral Dönitz, der in Paris saß, bekam immer deutlicher zu spüren, daß durch die zu geringe Unterwassergeschwindigkeit der Verlust der U-Boote stieg. Als sich im Frühjahr 1942 Helmuth Walter bei Dönitz melden ließ und ihm die Situation vortrug, stellte dieser den Antrag, den Weiterbau des nutzlos gewordenen Versuchsmodells V 300 einzustellen und Walter an seinem neuen Boot weiterarbeiten zu lassen. Größere Unterwassergeschwindigkeit sei die einzige Alternative gegenüber den neuen Ortungsmitteln des Gegners und seiner neuen Verteidigungstaktik der Geleitzüge, stellte Dönitz am Ende seines Berichtes fest.

Im Juni kam der BdU noch einmal in einer Denkschrift an das OKM auf die Walter-Boote zurück. Danach reisten Waas und Walter abermals im Juli 1942 nach Paris zur Berichterstattung. Waas trug vor, daß ihnen Ingenieure fehlten, die im U-Boots-Bau Erfahrung besaßen. Dönitz handelte sofort und ließ die

U-Boots-Konstrukteure und Ingenieure Möller, Heep und Gabler zum Walter-Werk versetzen. Großadmiral Raeder ordnete selbst den Weiterbau an den Walterbooten an. Und zwar sollten jeweils vier Boote des Typs XVII und zwei des Typs XVIII gebaut werden. Den entscheidenden Anstoß aber erhielt die beschleunigte Fertigstellung dieser Boote, die unter Wasser doppelt so schnell sein würden wie über Wasser, als im November 1942 die besten U-Boots-Konstrukteure Deutschlands nach Paris kamen und das Haus auf dem Boulevard Suchet Nr. 28 betraten, in dem der Befehlshaber der U-Boote mit seinem Stab untergebracht war.

Diese Fachleute waren: Ministerialdirektor Scheurer, Ministerialdirigent Bröcking, Marinebaudirektor Oelfken und Marine-Oberbaurat Waas. Den Schluß bildete Helmuth Walter, der inzwischen zum Professor ernannt worden war. Im großen Lagenzimmer des BdU fand jene denkwürdige Besprechung statt, die eine Revolutionierung im U-Boots-Bau brachte.

Neue Boote, die ganz ins Wasser hinein müßten, waren die Forderungen der U-Boots-Führung. Der Schritt vom reinen Tauchboot zum wirklichen Unterwasserboot, das auch schnell genug war, jedem Zerstörer davonzulaufen, war die erhobene Forderung. Alles, was für oder gegen Walters Pläne sprach, wurde an diesem Tag besprochen. Schließlich führte Professor Walter über die Betriebsweise seines Bootes aus:

»In kaltem Zustand, wenn das Boot ablegt und ausläuft, muß das Öl durch eine Zündkerze entzündet werden. Danach jedoch erhöht sich die Temperatur des Dampf-Kohlendioxyd-Gemisches im oberen Teil der Brennkammer sehr schnell von 485 Grad auf 2350 Grad. Das ist die Temperatur, die ausreicht, um den Verbrennungsprozeß, der ja durch den beim Perhydrolzerfall frei werdenden Sauerstoff ermöglicht wird, selbständig weiterzuführen. Da wir mit diesen hohen Temperaturen nichts anfangen können, wird das Gasgemisch durch das Kesselspeisewasser, das in Spiralen von oben nach unten dem Gemisch zugeführt wird, wieder auf 550 Grad Temperatur heruntergedrückt und tritt sofort aus dem unteren Brennkammerteil über einen Stauabscheider in die Turbine ein.

Bei einer Drehzahl von 14100 Umdrehungen entwickelt die Turbine eine Leistung von 2500 PS. Durch einen Gasabscheider wird sodann der letzte Gasrückstand, der aus 99prozentigem CO_2 besteht, über einen besonderen Kompressor aus dem Boot gedrückt! Dabei ist die gesamte Turbinenanlage so klein, daß sie einen bedeutend geringeren Platz als die Dieselanlage einnimmt.«

Der Vortrag des Professors war schon beeindruckend. Aber Konteradmiral Thedsen, der leitende Techniker des BdU, meldete sich sofort zu Wort.

»Wenn wir in der unteren Hälfte der Walter-8 anstelle der Wasserstoff-

Peroxydtanks E-Maschinen einbauten, würden wir ein Elektroboot erhalten, das ebenfalls die doppelte Geschwindigkeit der heutigen Boote im Unterwassermarsch erreichen würde.«
Ministerialdirektor Scheurer sekundierte sofort: »Wenn wir mit einer vergrößerten Batterie auch nicht die Geschwindigkeit eines Walter-Bootes erreichten, so könnte doch ein solches Elektroboot gegenüber den bisherigen Typen eine bedeutende Beschleunigung erfahren. Und dies schon bald.«
Als es schließlich darum ging, in der Zwischenphase die vorhandenen Boote durch zusätzliche Anlagen zu verbessern, zum Beispiel länger unter Wasser zu bleiben, oder getaucht lange Strecken zurückzulegen, entwarf Professor Walter – gewissermaßen aus dem Handgelenk – den ersten U-Boots-Schnorchel. Durch ihn sollte die Dieselmaschine über eine Schlauchanlage auch im Unterwassermarsch den notwendigen Sauerstoff erhalten. Die Dieselabgase sollten durch denselben Schlauch nach oben geleitet werden.
Die Arbeit an zwei neuen Booten setzte ein. Im Juni 1943, die deutschen U-Boote waren inzwischen dezimiert worden, erhielt Dönitz, der am 31. 1. 1943 Oberbefehlshaber der Kriegsmarine geworden war, die ersten Konstruktionszeichnungen eines großen Elektrobootes des Typs XXI. Dieses Boot erzielte unter Wasser 18 Knoten Geschwindigkeit. Vier Walter-Boote wurden weitergebaut und eine Serie von 26 dieser Boote auf Stapel gelegt. Alle diese Boote kamen während des Krieges nicht mehr zum Einsatz. Das einzige Boot, das einen Scheinangriff auf einen britischen Kreuzer führte, war U 2511 unter dem Befehl von Korvettenkapitän Adalbert Schnee. Schnee hatte am 6. Mai 1945 einen Funkspruch erhalten:
»Feindseligkeiten gegen England einstellen!«
Deshalb fuhr er nur einen Scheinangriff. Dieser Angriff des neuen Elektrobootes mit der AEG-Doppelmaschine von insgesamt 4200 PS, die dem Boot eine Unterwassergeschwindigkeit von 18 Knoten gab, war der erste und letzte Angriff eines solchen neuen Bootes.
Als U 2511 wenig später in den Hafen von Bergen einlief, und Korvettenkapitän Schnee dem Kommandanten des von ihm angegriffenen britischen Kreuzers gegenübersaß und ihm erklärte, daß ein einziger Knopfdruck genügt hätte, den Kreuzer zu vernichten, schüttelte dieser ungläubig den Kopf. Doch nachdem der Vergleich der Kriegstagebücher die Wirklichkeit untermauerte, war Captain Burrows überzeugt davon, daß ihn nur der vorher erwähnte Funkspruch gerettet hatte. Am selben Abend gab auch er einen Funkspruch mit der größten Dringlichkeitsstufe an das britische Marineministerium auf: »German submarine with high speed found. Send experts to Bergen, Norway!«

Die Kriegsbeute wird geteilt

Als sich nach Ende des Zweiten Weltkriegs Churchill, Truman und Stalin in Potsdam versammelten, um die Beute zu teilen, die sie gemeinsam errungen hatten, ging es auch um die 154 einsatzbereiten deutschen U-Boote.

Generalissimus Stalin erklärte: »Wir wollen vor allem unseren Anteil an den neuen U-Boots-Typen.« Dies wurde ihm zugestanden.

In der Operation »Deadlight« wurden 114 deutsche U-Boote konventioneller Bauart vernichtet. Die 36 übrigen Boote wurden geteilt. Die Walter-U-Boote U 792, U 793, U 794 und U 795 versenkten sich selbst. Sie wurden – bis auf U 794, das sich in der Geltiner Bucht versenkte und nicht gefunden werden konnte – gehoben.

Außerdem standen 181 Boote der Typen XXI und XXIII zur Verfügung. Die letzteren waren kleine Elektroboote, von denen einige noch zum Einsatz gekommen waren.

Die gehobenen Walter-Boote wurden nach England überführt, denn inzwischen hatten die Engländer Professor Walter »gefangengenommen« und nach England gebracht. Mit einigen seiner Mitarbeiter, die ebenfalls festgesetzt wurden, mußte Walter bis 1949 in England in der britischen U-Boots-Forschung arbeiten. Erst als er sämtliche Vorarbeiten für den Bau eines britischen Atom-U-Bootes beendet hatte, wurde er auf freien Fuß gesetzt. Helmuth Walter ging nach den USA, wo er noch heute als Konstrukteur für Raketentriebwerke, Raumkapseln und U-Boots-Antriebe arbeitet.

Durch das Potsdamer Abkommen fiel England auch ein Boot des Typs XVII-B zu. Dieses Boot, das mit Walterturbinen ausgerüstet war, wurde unter englischer Flagge als »HMS Meteorite« in Dienst gestellt. Commander James S. Launders erprobte das Boot. Aus der Weiterentwicklung dieses Typs entstanden 1950 die britischen U-Boote »Explorer« und »Exalibur«. Beide Boote machten mit dem Walter-Antrieb mehr als 25 Knoten Fahrt.

Commander Lascelles, der später die »HMS Meteorite« übernahm, sagte: »Dieses Boot ließ sich bestens handhaben. Alle Geschwindigkeiten waren rasch zu erzielen!«

Die beiden U-Boote »Explorer« und »Exalibur« waren wiederum Vorläufer der »Dreadnought«, dem ersten Atom-U-Boot Englands, das am Trafalgar-Day, dem 21. 10. 1960, vom Stapel lief.

Der Umschwung zum Atomantrieb

In den Vereinigten Staaten von Amerika, die ebenfalls einige der neuen deutschen Boote erhielten, wurden sowohl das Walter-Boot wie auch das Elektroboot getestet und geprüft. Neben den fertigen Booten hatten die Amerikaner in Blankenburg, Harz, Holzmodelle und sämtliche Konstruktionszeichnungen des Bootes vom Typ XXVI gefunden. Es war dies der serienreife Typ des Walter-Front-Bootes.

Aus dem Typ des hochseegehenden Elektrobootes wurde in den USA das Guppy-Projekt entwickelt. Diese Bezeichnung geht nicht etwa auf den Warmwasserfisch Guppy zurück, sondern ist die Abkürzung für »Greater Underwater Propulsive Pober«. (Das »y« am Ende wurde nur wegen des guten Klanges hinzugefügt.)

Die beiden Boote U 2513 und U 3008 wurden von der U-Boots-Abwehr der US-Navy als »Jagdobjekte« genutzt, mit dem Erfolg, daß keine der herkömmlichen U-Boots-Gruppen diese Boote je erreichten. Admiral Chester W. Nimitz, Chef der Seekriegsoperationen der Navy, ordnete an, daß diese beiden Boote den U-Jagdflottillen zugeführt wurden.

Mit U 1406 hatte man ebenfalls einen frontreifen Hochseetyp des Walter-Bootes erhalten. Dieses Boot war mit zwei Walter-Turbinen ausgestattet und erzielte Unterwassergeschwindigkeiten von 25 Knoten. In der Marine-Ingenieurabteilung von Annapolis wurden fünf dieser Walter-Turbinenanlagen getestet. Mit »X 1« baute schließlich die US-Navy das einzige Zwerg-U-Boot mit einem Antrieb aus Wasserstoff-Peroxyd. Das Boot war 15 Meter lang und hatte 29 Tonnen Gewicht. Wie aber vollzog sich nun der Umschwung zum Nuklearantrieb?

Das Interesse der Marine der USA an einem solchen Nuklearantrieb für U-Boote setzte bereits in den dreißiger Jahren ein, als das US-Marineforschungslabor ein neues Antriebssystem für Torpedos suchte. Dr. Ross Gunn führte seinerzeit Experimente mit Wasserstoffperoxyd-Alkohol-Dampfturbinen durch. Aber er beendete diese Versuche nicht.

Als Otto Hahn 1938 zusammen mit Professor Fritz Straßmann die Kernspaltung beim Uran entdeckte, war die Realisierung des Antriebes von Land-, Luft- und Seefahrzeugen – einschließlich von Unterseebooten – durch Atomkraft möglich geworden.

Es war Dr. Abelson, der Ende 1946 in den USA seine Untersuchung am Walter-Boot des Typs XXVI beendet hatte und in einem 27-Seiten-Report einen genialen Plan niederlegte. Und zwar entfernte er aus diesem Bootstyp (der übrigens zum erstenmal in der Geschichte der U-Waffe zehn Torpedorohre besaß, wovon vier Bugrohre waren, während die übrigen sechs jeweils drei übereinander zu beiden Seiten mittschiffs am Boot angebracht waren. Es war dies die sogenannte »Schneeorgel«, beim Stand der Technik der lagenunabhängigen Torpedos eine absolut tödliche Waffe für jedes Kriegsschiff bis zum Superschlachtschiff –) den Wasserstoffperoxyd-Antrieb und plazierte – noch auf dem Papier, aber schon möglich – seine Konzeption einer Nuklearanlage hinein.

Der Report von Dr. Abelson war das, was man einen »Augenöffner« nennt. Schon im ersten Absatz dieses revolutionierenden Berichtes hatte der Wissenschaftler dargelegt:

»Mit einem geeigneten Bauprogramm wird es möglich sein, binnen 48 Monaten ein durch Atomkraft getriebenes Unterseeboot zu bauen, das eine Dauergeschwindigkeit von 30 Knoten über Monate hinaus einhalten könnte. Es müßte sogar möglich sein, mit diesem Boot Monate unter Wasser bleiben zu können.

Dieses Projekt läßt sich jedoch nur verwirklichen, wenn Mister Präsident ihm die Priorität vor allen anderen Bauprogrammen einräumt und wenn die Navy es in ihre Obhut nimmt!«

Der Bericht endete mit den prophetischen Worten: »Binnen fünf bis zehn Jahren können Düsenantriebe entwickelt werden, die Unterwasserfahrzeugen Geschwindigkeiten von 60 Knoten – das sind 114 km/h – geben.«

Dr. Abelson setzte noch einen Trumpf darauf: »Dieses schnelle, getaucht fahrende U-Boot wird als ideales Transportfahrzeug und zugleich als Abschußbasis für Atomraketen Verwendung finden können. Diese Raketen können selbst in getauchtem Zustand abgeschossen werden!«

Damit hatte der Wissenschaftler eine Lawine ins Rollen gebracht. Der erste U-Boot-Atomantrieb wurde von der Firma Westinghouse gemeinsam mit der Atomenergie-Kommission konstruiert. Seine Bezeichnung lautete: THERMAL REACTOR – STR-MARK I.

Projektleiter wurde Captain USN Rickover. Die Electric Boat Company in Groton baute das Boot.

Im August 1950 gab Präsident Truman diesem ersten Atom-U-Boot zugleich mit Erteilung des Bauauftrages den Namen »Nautilus«. Die Kiellegung erfolgte am US-Flaggentag, dem 14. Juni 1952. An diesem Tage sagte der Präsident der USA:

»Die Nautilus wird mit einer Geschwindigkeit von mehr als 20 Knoten unter Wasser fahren. Einige Pfund Uranium werden ihr jene Antriebskraft geben, die sie befähigt, Reisen von Zehntausenden von Kilometern mit Höchstgeschwindigkeit zu fahren und eine beliebige Zeit unter Wasser zu bleiben.«

Rickover, inzwischen Chef des Naval Reactors Branch geworden, erhielt den »Golden Star«, eine der höchsten amerikanischen Auszeichnungen.

Am 30. 3. 1953 wurde um 11.17 Uhr der erste an Land stationierte U-Boots-Reaktor »kritisch«. 56 Tage darauf hatte er die volle Leistung erreicht und arbeitete für 48 Stunden mit »alle alle!«. Dann wurde der Probelauf auf vorläufig 60 Stunden heraufgesetzt. Unmittelbar vor Ablauf dieser Zeit drang plötzlich Rauch aus den elektrischen Generatoren. Einige Meßgeräte registrierten Druckabfall. Dann begann eine der Pumpen, bedrohliche Geräusche von sich zu geben. Es war die wichtigste der Pumpen, die das Kühlwasser zwischen den Uranium-Reaktorstäben umlaufen ließ. Der Schaden wurde beseitigt, ohne daß die Anlage ganz abgeschaltet werden mußte.

Einige Stunden später geriet das Projekt in die kritische Phase. Ein Rohr im Hauptdampfkondensator platzte mit hartem Knall auseinander. Zischend blies kochender Dampf aus.

»Wir müssen die Anlage stillsetzen!« sagten die Westinghouse-Ingenieure.

»Wir fahren mit halber Kraft weiter und reparieren den Schaden!« entschied Rickover so kaltblütig, wie er während des Krieges sein U-Boot geführt hatte.

»Ironhead« Rickover spielte Hasard und – gewann!

Wenn dieser Schaden nicht hätte behoben werden können, dann wäre die gesamte Anlage, die 30 Millionen Dollar gekostet hatte, in die Luft geflogen. Und dann wären auch die Innenwände des Reaktors zerrissen worden und – das radioaktive Wasser wäre ausgelaufen.

Nach 96 Probestunden hatte die Anlage, die wieder voll lief, ein U-Boot theoretisch 2500 Meilen weit befördert. Hinter der vorgehaltenen Hand aber sprach man von Sabotage bei der Montage des Reaktors. Und diese Gerüchte bekamen später mehr und mehr Nahrung.

Am 21. Januar 1954 schleuderte die »First Lady« die traditionelle Champagnerflasche gegen den Bug der »Nautilus«.

Beinahe auf den Tag ein Jahr später gab Commander Wilkinson zum erstenmal den Befehl zum Ablegen. Das Atom-U-Boot löste sich von der Pier, passierte den Hauptkanal des New Londoner Thames River, und auf der Brücke setzte Signalmaat Wough den historischen Blinkspruch in der Geschichte der Unterwasserfahrt ab: »Unterwegs mit Atomkraft!«

Die »Nautilus« legte in den nächsten Wochen und Monaten 62562 Seemeilen zurück, bevor die Uran-Brennstäbe der Reaktoranlage ausgewechselt wurden. Die Kosten des Nuklearbrennstoffs betrugen vier Millionen Dollar. Hätte das Boot die gleiche Strecke mit Dieselöl als Brennstoff zurückgelegt, würde dies 190000 Dollar gekostet haben.

Nach der Neuausrüstung legte die »Nautilus« zum erstenmal in der Ge-

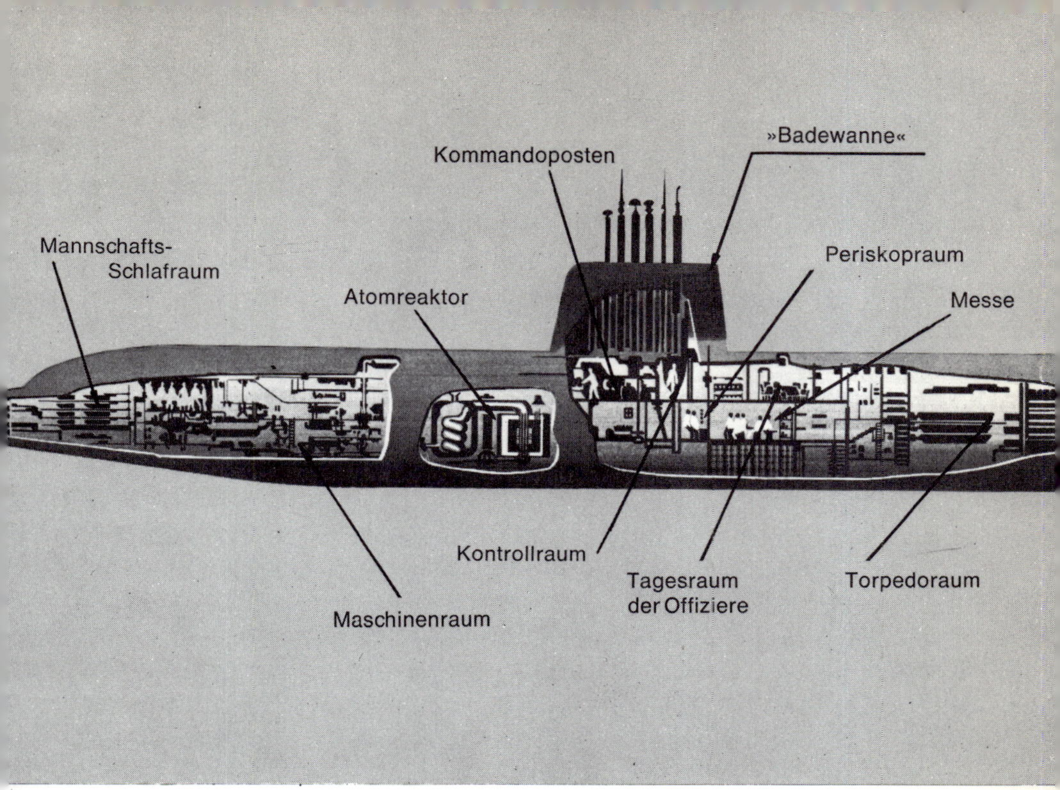

Querschnitt durch die »Nautilus«, das erste Atom-U-Boot der Welt.

schichte 3049 Seemeilen getaucht zurück. Bis dahin hatte nur ein einziges U-Boot auf der Welt eine ähnlich lange Unterwasserfahrt durchgeführt. Das war Ende des Zweiten Weltkrieges gewesen, als U 977 sich in 66 Tagen Unterwasserfahrt bis nach Amerika durchschnorchelte.
Nunmehr sollte die »Nautilus« jene Fahrt antreten, an deren Ziel sie wieder den Funkspruch: »Wir stehen auf 90 Grad Nord!« senden würde.
Sie sollte – unter dem neuen Kommandanten Anderson – unter dem Packeis her zum Nordpol laufen. Endlich sollte ein U-Boot jenes Ziel erreichen, von dem der englische Bischof John Wilkins bereits im 17. Jahrhundert geschrieben hatte. Das gleiche Ziel, das Kapitän Nemo mit seiner »Nautilus« im Roman von Jules Verne erreichte und von dem der U-Boots-Pionier Simon Lake als Junge träumte, um seinen Traum später zu verwirklichen. Sir Hubert Wilkins, ein Namensvetter des berühmten englischen Bischofs, war 1931 mit Simon Lakes Boot an dieser Aufgabe gescheitert.
Zusammen mit dem konventionellen U-Boot »Trigger« wurde die erste Probefahrt der »Nautilus« unter das Packeis durchgeführt. 74 Stunden blieb das Atom-U-Boot unter dem Eis. Dann wurde das Sehrohr durch einen schwim-

menden Eisblock beschädigt. Das Boot lief zur Überholung in die Werft zurück.
Am 25. 4. 1958 trat die »Nautilus« ihre Fahrt erneut an. Als sie den Panamakanal passierte, entstand ein kleines Salzwasserleck in einem der Dampfkondensatoren. Das Leck wurde nicht gefunden. Dann drang ganz plötzlich Rauch von irgendwoher durch das Boot. Binnen weniger Minuten war der Rauch so dicht geworden, daß Commander Anderson den Hafen von Panama anlaufen mußte.

Feuer im Maschinenraum!

Die »Nautilus« hatte an der Sonderpier festgemacht. Der Ingenieur der Maschinenanlage stellte fest, daß der Rauch von einer der Antriebsturbinen kam. Dort mußte eine Verschraubung undicht geworden sein.
»Baker«, befahl er dem Bootsmannsmaat, »Sie gehen hinunter, ziehen die Verschraubung fest und wischen das ausgelaufene Öl auf!«
»Aye, aye Sir!« erwiderte der Maat und enterte ab.
Als Baker das Schott zum Maschinenraum erreichte, zögerte er, denn hier sah er erst, wie dicht der Qualm war, der durch das Schott drang. Er griff nach dem Verschlußrad, es war – heiß. Nun drehte er die Verriegelung auf und öffnete das Schott. Eine dicke Rauchwolke waberte Baker entgegen. Dann sprang förmlich eine lange Flamme aus dem Hintergrund vor, schien ihn aufspießen zu wollen. Baker rettete sich durch einen langen Satz zurück und spürte, wie die Flamme ihm über das Gesicht sengte.
Er schlug das Schott dicht, roch den Gestank von brennendem Haar, wischte sich über den Schädel, und dann brüllte er: »Feuer im Maschinenraum!«
Wie eine Bombe schlug diese Alarmmeldung ein und pflanzte sich von Station zu Station, von Mund zu Mund fort.
»Backbordmaschine stop!« befahl Commander Anderson, der eben das Boot an eine andere, neu zugewiesene Pier, verholen wollte. »Zwei Männer mit Rauchmasken hinunter. Vier Mann folgen mit Feuerlöschern!«
Die Männer stülpten sich die Rauchmasken über. Sie, die nun hinuntergingen, wußten: wenn es dort unten kracht, dann sind wir nicht mehr am Leben!
Die Feuerlöscher in den Fäusten, folgten die vier Löschmänner den beiden Maschinenmaaten. Noch während sie hinunterstiegen, ließ der Leitende Ingenieur das Boot auf Sehrohrtiefe gehen. Wenn nun die »Nautilus« explodierte, war nicht nur der ganze Hafen in Gefahr.
»Schnorchelmast ausfahren!« befahl Commander Anderson. »Der Rauch muß aus dem Boot!«

Der Mast wurde ausgefahren, doch der Erfolg war gleich Null. Die vier Männer hatten die Schaumlöscher in Tätigkeit gesetzt. Doch der Qualm wurde nur noch größer.
»Auftauchen! – Maschinenraum-Schott wieder öffnen. Hilfsdiesel einschalten und Rauch aus dem Maschinenraum absaugen!«
Vier Stunden kämpfte die Crew. Jeden Augenblick konnte das Unheil über sie hereinbrechen. Dann war das Feuer gestoppt. Es war an den Isolierungen um die Turbine entstanden. Die Isolation hatte sich voll Öl gesogen und die hohe Fahrtstufe in dem warmen Gewässer hatte diesen »Lampendocht« zur Selbstzündung gebracht.

»Nautilus« am Nordpol

In San Francisco erhielt die »Nautilus« neue Isolationen. Die Weiterfahrt nach Pearl Harbour wurde angetreten, dieser Hafen am 28. 6. 1958 erreicht und 25 Tage später zur Fahrt nach dem Nordpol wieder verlassen.
Wenig später lief, von einer japanischen Station vorzeitig bekannt gegeben, die den Sprechfunkverkehr der »Nautilus« aufgefangen hatte, die sensationelle Meldung um die Welt: Nautilus auf neunzig Grad Nord!
Das Boot hatte jene historische Stelle der Erde erreicht, von wo aus jede Fahrt zuerst nach Süden führt.
Bis zur dritten Neuausrüstung mit Uran-Brennstäben hatte das Boot 153886 Meilen zurückgelegt, davon 115383 Meilen getaucht.
Inzwischen war längst das zweite Atom-U-Boot Amerikas, die »Seawolf«, in See gegangen, die eine Sodium-Reaktoranlage erhalten hatte.
Diese neue Anlage war Grund zu mehreren langwierigen Reparaturen. Doch am 5. 8. 1957 lief die »Seawolf« unter ihrem Kommandanten Richard B. Laning mit elf Offizieren und 94 Mann Besatzung zur ersten Großfahrt aus. Und zwar in einer geschlossenen Atmosphäre 60 Tage lang im Unterwassermarsch. Auf dieser Fahrt wurden 13761 Meilen getaucht zurückgelegt.
Auf diese Weise machten »Nautilus« und »Seawolf« die Atomkraft als Antrieb für Unterwasserfahrzeuge salonfähig.

Neue Atom-U-Boote

Die USA hatten bereits sechs Monate nach jenem Winkspruch der »Nautilus« die Massenproduktion von Atom-U-Booten angeordnet. Sechzehn Jahre waren seit jenem Tag vergangen, da Dr. Gunn zum erstenmal die beiden Worte U-Boot und Atomkraft in engstem Zusammenhang benutzte.

Die ersten U-Boote der »Skate«-Klasse – neben der »Skate« war dies zunächst noch die »Swordfish« – gingen 1955 in Bau, die »Sargo« und die »Seadragon« folgten. In einer 176stündigen Überführungsfahrt von New London nach Portland in England stellte die »Skate« einen neuen Rekord der Atlantiküberquerung unter Wasser auf.

Auch die »Skate« erreichte den Pol und lief wenig später zur US-Forschungsstation »Alpha« weiter, die als »treibende« Station im Packeis lag. Zehn Tage und 14 Stunden blieb die »Skate« unter dem Eis und legte in dieser Zeit 2405 Meilen zurück.

Auf der Rückreise legte dieses Atom-U-Boot als erstes in einem ausländischen Hafen – in Oslo – an, und König Olav V. besuchte als erster Landeschef ein solches U-Boot. Das war um so bemerkenswerter, als die dänische Regierung das Einlaufen von Atom-Schiffen in dänischen Häfen kurz und bündig verboten hatte.

Die nächste Fahrt der »Skate« galt der Klärung jener wichtigen Frage, ob Froschmänner in arktischen Gewässern operieren konnten. Es wurde der Nachweis erbracht, daß dies möglich ist.

Als drittes Boot unternahm die »Sargo« eine Fahrt zum Nordpol. Dies ist aus dem einen Grund bemerkenswert, weil sie als erstes U-Boot mit Raketen bewaffnet war. Am 19. 2. 1960 tauchte sie dicht am Pol auf, durchbrach eine 1,2 Meter dicke Eisdecke und schoß die ersten Raketen ab. Als die »Sargo« nach Pearl Harbour zurückgekehrt war und eben an der U-Boots-Pier der Pazific-U-Boots-Basis festgemacht hatte, brandete in aller Frühe eine gewaltige Explosion aus dem Boot. Flammen stoben gen Himmel. Sie kamen aus dem offenen Schott zum achteren Torpedoraum. In diesem Raum lagerte eine Reihe hochexplosiver Torpedos. Wenn sie sich entzündeten, dann flog nicht nur das Boot in die Luft, sondern dann war auch die gesamte Basis erledigt.

Commander Nicholson, der eben bei der Morgenrasur war, stürmte mit dem Seifenschaum auf dem Gesicht nach oben.

»Schott zum achteren Torpedoraum schließen!« befahl er.

»Aber da ist doch noch Matrose Millies drin!« rief der Maat der Wache verzweifelt.

Das Schott wurde dichtgedreht. Eine Stunde darauf war das Feuer unter Kontrolle gebracht. Matrose Millies wurde nicht mehr gefunden.

Die Explosion war verursacht worden, als man Sauerstoff für die Atemluft des getaucht fahrenden Bootes in flüssiger Form zur Pier und von dort aus gasförmig über eine Schlauchleitung in die Tanks der »Sargo« geleitet hatte. Dabei war der Leitungsschlauch – ein mit Metallfäden durchzogener Gummischlauch – von dem unter Hochdruck stehenden Gas zerfetzt worden.

Die Tragödie der »Thresher«

Die »Seadragon« fand auf einer ihrer Testfahrten heraus, daß ein U-Boot auch in einem von Eisbergen »verseuchten« Wasser mit Höchstfahrt operieren konnte. Dieses Boot war es, das die Nordwestdurchfahrt bewältigte. Am Nordpol traf sich dieses Boot mit der »Skate«. Dies war das erste Rendezvous zweier U-Boote am Pol.

Die Bauten der »Skipjak«-Klasse folgten. Nach der »Skipjak« folgten die »Sculpin« und die »Shark«. Unter ihnen war auch die »Scorpion«, von der noch die Rede sein wird.

Mit dem Bau der »Snook« wurde das erste Tieftauch-U-Boot fertiggestellt. Seine verbesserte Ausführung wurde die »Thresher«, die am 9. 7. 1960 vom Stapel lief. Dieses Boot sollte nach Ansicht der Fachleute das »sicherste, tiefsttauchende und leiseste Atom-U-Boot« werden, das es gab.

Nach Testfahrten, Überholungen und Reparaturen aller Art, die einen erschreckenden Stand der Facharbeiter in den Werften dokumentierten, lief die »Thresher« am frühen Morgen des 9. 4. 1963 aus, um gemeinsam mit dem U-Boots-Bergungsschiff »Skylark« die Tieftauchversuche fortzusetzen. Kommandant an Bord war John W. Harvey, der vor drei Monaten das Kommando der »Thresher« übernommen hatte.

Von wo kein Weg zurückführt

»Kommandant an Kommandant«, schallte die Stimme von Korvettenkapitän Harvey durch die Funksprechverbindung nach oben, wo Korvettenkapitän Hecker in der Funkkabine der »Skylark« hockte. »Ich beginne die Operation und gehe im bekannten Zug auf Testtiefe!«

»K an K: Verstanden – over!« rief Hecker, der Kommandant des U-Boots-Bergungsschiffes zurück.

Auf der Brücke der »Skylark« standen die Wachgänger auf ihren Positionen. Obermaat Gilby, einer der Navigatoren, wandte sich seinem Nebenmann zu.

»Wir stehen im Wilkinson-Gebiet, 220 Seemeilen vor Cap Cod. Sieh nur, Jock, wie ruhig die See ist.«

»Kaum Wind! Ausgezeichnete Sicht und für die ›Thresher‹ genügend Wasser unter dem Kiel, um die größte Tauchtiefe zu erreichen. Schätze, daß es hier 2500 Meter sind.«

»Vielleicht dreißig Zoll mehr«, ulkte Gilby und Petters grunzte leicht.

»Jetzt möchte ich den Alten sehen, wie der in der Funkenpusterbude die Ohren spitzt!«

Die Funkbude der »Skylark« war gestopft voll. Neben dem Kommandanten hockten hier noch Oberleutnant zur See Watson, der als Navigationsoffizier Dienst tat, und die beiden Maate der Wache, von denen Maat Anderson die Funkkladde führte, während Maat Hollister die Sprechfunkleitung bediente.
Maat Anderson hatte die letzte Meldung notiert. Die »Thresher« trat ihren Weg in die Tiefe an. Sie war das bisher größte Boot der Navy und konnte mit ihren 3700 Tonnen Verdrängung mit jedem großen Zerstörer konkurrieren. Dazu war sie mit Subroc-Anlagen ausgerüstet und konnte Atomraketen unter Wasser abschießen.
»K an K: Wir haben 120 Meter Tauchtiefe erreicht. Lecksicherungsgruppe macht Routineuntersuchung – over!«
Maat Hollister meldete dies laut, damit Anderson es in die Kladde eintragen konnte. Die anderen Männer hörten mit den Zusatzkopfhörern direkt mit.
Es war 7.52 Uhr. Zwei Minuten später meldete sich die »Thresher« erneut.
»Verweisen auf Geheimvorschrift. Haben ab sofort Tauchtiefen nach Marinecode anzugeben – Testtiefe minus X Fuß!«
Die Minuten schlichen dahin. Der Minutenzeiger wanderte langsam weiter. Er erreichte 8.35 Uhr.
Wieder meldete sich die »Thresher«: »Erreicht: Testtiefe X minus 300 Fuß!«
»Na, James, das klappt ja wie am Schnürchen«, ließ sich Hecker kameradschaftlich vernehmen.
Achtzehn weitere Minuten vergingen so schleppend wie ebenso viele Stunden in einem Wartesaal.
Endlich kam die nächste Meldung: »K an K: Stehen unmittelbar vor Erreichen der Tiefsttiefe!«
»Wie ist Ihre Fahrt und Ihr Kurs?« ließ sich Hecker um 9.02 Uhr vernehmen.
»Fahrt und Kurs wie vorgeschrieben, keine Änderung! Sie befinden sich über Kopf!«
»K an K: Frage Tauchtiefe?«
»Haben fast Tiefsttiefe erreicht!«
Das war um 9.12 Uhr. Und ganz plötzlich, wie ein Schlag aus heiterem Himmel, meldete sich eine Minute später die »Thresher« abermals.
Was sie meldete, klang für jeden Eingeweihten bedrohlich: »Haben kleine Schwierigkeit. Steigwinkel ist normal, versuche anzublasen!«
»Frage Testtiefe?« brüllte Hecker zurück. Dann fragte er weiter: »K an K: Haben Sie das Boot noch in der Hand?«
Sie warteten. Keine Antwort schallte von unten aus jener ungewissen Tiefe herauf. Doch dann hörten sie alle, durch den Kopfhörer verstärkt, blubbernde Geräusche, und dann eine Stimme, beinahe tonlos, nicht zu erkennen und

Aquanauten bei der Arbeit im Test-Tank.

auch nicht zu verstehen. Lediglich das letzte Wort wurde gut verstanden. Es lautete: Testtiefe!

Oberleutnant Watson spürte, wie die Furcht ihm an die Kehle sprang.

»Das war die ›Thresher‹, sie ist auseinandergebrochen!« rief er mit gepreßter Stimme. »Das sind die Geräusche, ich kenne sie nur zu genau . . .«

»Halten Sie den Mund, Watson!« rief Hecker, der Kommandant der »Skylark«. »Das war die Preßluft, die Harvey auf die Tanks gegeben hat.«

»Er hat um 9.13 Uhr durchgegeben, daß er anblasen wollte. Und als es blubberte, war es 9.17 Uhr«, erwiderte Watson.

Sie umkreisten 105 Minuten lang das Tauchgebiet. Obermaat Gilby schleuderte jede Minute eine Handgranate ins Wasser. Das war das akustische Zeichen, daß die »Thresher« unter allen Umständen die Tauchoperation abzubrechen habe. Im gleichen Abstand wurde die »Thresher« über Sprechfunk gerufen. Alles war vergebens. Kein Lebenszeichen war von dem U-Boot zu hören. Die »Thresher« meldete sich nicht mehr.

Oberfunkmeister Behmans mußte nun den Vermißten-Funkspruch an die

Admiralität aufgeben. Von dort ging er weiter zum Pentagon. Um 16 Uhr wurde Präsident Kennedy verständigt.

Unterdessen hatte die »Skylark« weitergesucht und einen riesigen Ölfleck gesichtet. Dann kamen Korkstücke und Kunststoff-Fetzen hoch.

»Hecker«, sagte einer der Zivilingenieure, die auch auf der »Skylark« eingeschifft waren, »die ›Thresher‹ ist nicht mehr!«

Trotzdem begann eine gewaltige Suchaktion. Dutzende von Schiffen, darunter das Forschungsschiff »Atlantis II«, erreichten das Seequadrat der Tauchoperation und suchten die See ab. Alles Suchen war vergebens. In 2500 Meter Tiefe mußte die »Thresher« liegen. Aber wo? Magnetometer wurden hinabgelassen. Sie fanden nichts. Geigerzähler fanden ebenso wenig.

Zwei Wochen lang wurde ununterbrochen gesucht. Erst eingangs Juni fand das Suchschiff »Conrad« nach vorhergegangenen 107 Funden, die nichts mit der »Thresher« zu tun hatten, auf dem Suchschirm des hinabgelassenen Fernseh-Monitors eine senkrecht bis zur Hälfte im Meeresboden steckende Preßluftflasche, die zur Ausrüstung der »Thresher« gehörte. Aber wann würde man irgendein Stück des Bootes heraufholen können? Ein Stück, das wirklich Aufschluß gab über das Ende dieses Atom-U-Bootes? Gab es denn überhaupt kein Fahrzeug, das in eine solche Tiefe hinuntergehen konnte? Hatte man da nichts von Versuchen jenes hageren Professors aus der Schweiz gehört? Wie hieß er noch? Auguste Piccard!

Ja, Auguste Piccard, der Weltrekordinhaber im Ballon-Höhenflug war auch in die Tiefe des Meeres hinuntergegangen. Er hatte das erste Bathyskaph erbaut, das als frei bewegliches Tauchboot im Marianengraben im Jahre 1960 bis in 10912 Meter Tiefe hinuntergegangen war. Sein Name war »Trieste«. Nur dieses Boot konnte helfen. Aber wo war dieses Batyhskaph jetzt?

Sofortige Nachforschungen begannen. Man erfuhr, daß sich die »Trieste« vor der Küste von Kalifornien bei San Diego auf Tauchfahrt befand. Professor Piccard wurde alarmiert, und so rasch es ging, wurde das Tieftauchboot mit einem großen Transportschiff zum Panama-Kanal geschafft und durch diesen in den Atlantik geschleust.

Die »Trieste« ging an der mit Bojen markierten Untergangsstelle des Atom-U-Bootes in die Tiefe hinunter und suchte mit ihrer geringen Geschwindigkeit von 0,9 bis 1,5 Kilometer in der Stunde den Meeresboden nach Trümmern der »Thresher« ab. Zweimal nacheinander wurde nicht das geringste gefunden. Auch beim dritten Tauchgang in die Tiefe von 2500 Meter hinunter sah es so aus, als sei es vergeblich.

Plötzlich, nach drei Stunden – vier Stunden konnte die »Trieste« nur unten bleiben – sah der Beobachter durch das vordere Ausblickglas etwas auf dem

Testtank-Studie eines Unterwasserfahrzeugs mit den Tauchern.

Meeresboden liegen: »Zehn Grad Steuerbord voraus ein Gegenstand!« meldete er dem Piloten, der die »Trieste« steuerte. »Sieht wie ein Schuh aus!«
Der Pilot drehte nach Steuerbord ein, und mehr und mehr schob sich dieser Gegenstand ins Blickfeld. Der Suchscheinwerfer blendete auf; er fand das Objekt und fing es ein. Bis auf drei Meter gingen sie heran. Es war ein – Schuh aus Gummi, wie sie vom Reaktorenteam der »Thresher« getragen wurden. Sie erkannten nun auch die Aufschrift: SSN 5 . . . Die letzten Ziffern fehlten, weil das Material hier abgeknickt war. Doch die beiden Männer im Tieftauchboot wußten, daß die ganze Zahl »SSN 593« hieß.
Sie mußten hinauf. Doch schon sehr bald gingen sie erneut auf Tiefe, und bei diesem vierten Versuch sichteten sie plötzlich auch Wrackteile des Atom-U-Bootes.
»Wenn wir jetzt Teile hinaufbringen könnten, würde das die Unfallursache klären helfen«, sagte der Beobachter zu seinem Piloten. Dieser nickte.
»Wir müßten einen mechanischen Arm haben, wie Professor Piccard ihn schon einmal vorgeschlagen hat«, entgegnete er.

Ingenieure der Marine bauten sofort einen solchen Greifarm, der provisorisch unter der »Trieste» angebracht wurde und aus dem Boot bedient werden konnte.
Wieder und wieder stieg das Tieftauchboot hinunter und als es zum achtenmal mit der zweiköpfigen Besatzung dicht über den Meeresboden glitt, fanden sie die Liegestelle der »Thresher«. Die beiden Männer im Boot sahen einen wüsten Haufen verbogenen Stahls. Mit dem Manipulator-Arm wurde ein langes verbogenes Rohr herangehievt und mit nach oben genommen.
Anhand dieses Rohrstückes konnte geklärt werden, daß der Untergang der »Thresher« durch den Bruch einer Rohrleitung verursacht worden sein mußte. Der hohe Druck in dieser Tiefe mußte dann gewaltige Wassermengen binnen kürzester Zeit ins Boot gepreßt haben. Durch die Sicherheitsapparatur wurde daraufhin sofort der Reaktor ausgeschaltet. Dadurch fiel die Hauptenergiequelle aus. Da nun das Wasser in einen Teil des Bootes gelaufen war, sackte es dort rasch tiefer und tiefer, um schließlich – dagegen half auch kein Ausblasen der Wasserballasttanks mit Preßluft mehr – beinahe senkrecht in die Tiefe zu jagen und auf dem Meeresgrund aufzuprallen. Nun erst war auch geklärt, warum die gefundene Preßluftflasche beinahe senkrecht über die Hälfte im Sedimentboden steckte.
Dieser Unfall forderte die Konstrukteure und Techniker heraus, U-Boote für die tiefsten Tiefen zu konstruieren, die als Rettungs-U-Boote in Aktion treten konnten. Doch darüber später. Zurück zu den Atom-U-Booten.
Eines dieser Stücke holte die »Trieste« mit ihrer Roboterhand herauf. Es war ein Rohr mit einem Flanschende. Darin eingeschlagen, fand man die Baunummer der »Thresher« – 593. Damit war der letzte Beweis gefunden. Die »Thresher« war hier gesunken und in einer Tiefe von 2500 Meter vom Wasserdruck auseinandergefetzt worden. Nach und nach erfuhr die Öffentlichkeit nun, was bereits seit der ersten Fahrt der »Thresher« allen Eingeweihten bekannt war:
Das Boot hatte »aus einem ganzen Haufen falsch zusammengebauter Teile« bestanden. Ein Sehrohr war beispielsweise falsch eingebaut. Wenn man den »Ein-Knopf« drückte, fuhr es aus.
20 Prozent aller Ventile waren ebenfalls verkehrt herum installiert. Wenn man »zudrehte«, öffneten sie sich. Doch diese Fehler waren vorher alle erkannt und ausgemerzt worden ... wirklich alle?
Männer, die es wissen mußten, raunten einander zu: »Das kann überhaupt nicht durch Nachlässigkeit entstanden sein. Das *muß* mit Absicht entstanden sein. Das waren Saboteure!« Diese Version hält sich auch heute noch in den USA.

Die Zeit der »Weißen Elefanten«

»Weiße Elefanten« waren jene Super-U-Boote, die zwischen 5662 Tonnen, wie die »Halibut« und die »Triton«, und 7000 Tonnen, wie die »Lafayette«, Verdrängung hatten.

Von diesen »Weißen Elefanten« erregte die »Triton« das größte Aufsehen. Mit ihr entstand das größte U-Boot der Welt. Als Radar-Wach-U-Boot konstruiert, wurde es mit den neuesten technischen Einrichtungen versehen, die der Früherkennung feindlicher Fahrzeuge dienten. Zu dem Seeradar kam ein Lufterforschungsradargerät. Das Boot war in einer Superstromlinienform gebaut. Es hatte sechs Torpedorohre vorn und vier achtern. Infolge seiner Struktur war es für lange Unterwasserfahrten bestens geeignet. Nach den Radar-Wach-U-Booten »Salmon« und »Sailfish«, die mit herkömmlichem Antrieb ausgestattet waren, wurde die »Triton« das erste atomgetriebene Radar-Wach-U-Boot.

Mit einer Länge von 134,25 Meter und einer Überwasser-Tonnage von 5662 Tonnen ist es das größte bis dahin gebaute U-Boot.

Als Kommandant wurde Captain Edward L. Beach ausersehen, ein ehemaliger Untergebener von Admiral Rickover, dem Chef des US-U-Boots-Baues. Beach war einer der meistdekorierten U-Boots-Kommandanten des Zweiten Weltkriegs gewesen und mit Unterwasserfahrzeugen bestens vertraut. Die Kosten des Baues der »Triton« beliefen sich auf 109 Millionen Dollar, das war so viel wie ein Schlachtschiff im Zweiten Weltkrieg gekostet hatte.

»Die ›Triton‹«, sagte Admiral Rickover nach ihrer Fertigstellung, »ist ein Pionier-U-Boot der neuen Unterwassertechnologie für die Zukunft, die überwiegend getaucht fahren. Es symbolisiert die großen Unterwasserschiffe der Zukunft.«

Der erste Atomreaktor der »Triton« wurde am 8. 2. 1959 kritisch, der zweite am 1. April. Am frühen Morgen des 27. 9. 1959 kam Admiral Rickover an Bord des Bootes, und 30 Minuten darauf legte die »Triton« zu ihrer ersten Fahrt ab. Am 10. November wurde die Flagge der US-Navy am obersten Periskop aufgezogen, und Mrs. John M. Will taufte das Boot auf den Namen »Triton«.

Hochinteressant ist die Tatsache, daß Vizeadmiral Bernard L. Austin in seiner Festrede die Verbindung von der »Triton« zu anderen großen Unterwasserfahrzeugen im allgemeinen Dienst herstellte, indem er ausführte:

»Dieses Unterwasserschiff soll das Demonstrationsbeispiel dafür sein, daß große U-Boote praktikabel sind. Dieses Experiment markiert einen Punkt auf dem Weg in die Zukunft der Marine-Forschung.

Seit vielen Jahren haben die Konstrukteure und Strategen die Möglichkeit von Unterwassertankern, Unterwasserhandelsschiffen und Unterwasserpassagierbooten erkundet, die ständig unter Wasser fahren könnten. Einige unserer Zukunftsträumer haben von ganzen Flotten geträumt, die getaucht zu jedem Punkt der Erde laufen können. Die ›Triton‹ ist ein kühnes Wagnis in dieser Richtung.«
Die weitere Fertigstellung und Probefahrt dauerten bis in die letzten Januartage des Jahres 1960. Dann wurde Captain Beach zur Berichterstattung nach Washington befohlen.

Mit der »Triton« unter Wasser um die Welt

In einer geheimen Konferenz im Pentagon wurde dem Kommandanten mitgeteilt, daß die »Triton« zu einer Unterwasserweltumrundung mit hoher Fahrt auslaufen würde und daß sie dabei ein großes Arbeitsfeld geophysikalischer und ozeanographischer Forschungen wahrzunehmen habe. Hinzu käme der Test für die gesamte Crew über die physikalische Anspannung und den psychologischen Streß, den eine so lange Unterwasserfahrt hervorrufen würde.
Abschließend sagte ihm der Vorsitzende der Planungsgruppe: »Sie haben 14 Tage Zeit, das Boot auslaufklar zu machen und alle Vorsorge für diese Fahrt zu treffen.«
Captain Beach kehrte nach dem Stützpunkt New London zurück und rief seine Offiziere zusammen. Er weihte sie in das Geheimprojekt ein. Der Mannschaft wurde gesagt, daß die »Triton« eine Europareise unternehmen würde, um die große Verproviantierung glaubhaft zu machen. Für 200 Menschen galt es, für 120 Tage Verpflegung mitzunehmen. Das waren insgesamt 70000 Mahlzeiten. Die Standardausrüstung für lange Unterwasserfahrten war eine Ladung für 90 Tage. Der Proviant-Offizier erhielt Weisung, die »Triton« bis unter die Halskrause vollzuladen.
Am Morgen des 16. Februar 1960 kamen noch einige Spezialpassagiere an Bord. Es waren Repräsentanten der Schiffsbauwerft General Dynamics: ein Experte für die Kreiselkompasse, ein Marine-Hydrographic-Team, ein Psychologe des Medical Research Laboratory und ein Offizier des Office of Navy Information. Diese neuen Männer erhöhten die absolute Zahl der Menschen an Bord auf 184.
Um 14.20 Uhr dieses Tages lief die »Triton« aus. Als das Boot von der Küste klar war, ging es auf Tiefe und lief mit südöstlichem Kurs in Richtung auf die St.-Peter-Paul-Felsen vor der Nordostküste Südamerikas, die am 24. 2. 1960 erreicht wurden. Für dreieinhalb Stunden lief das Boot um die Felsen herum

und machte durch das ausgefahrene Sehrohr Fotos davon. Am Abend lief das Boot über den Äquator. Als es sich im Südatlantik befand, begann der Psychologe Dr. Benjamin Weybrew mit den Untersuchungen, den Tests und den Experimenten. Als erstes Experiment wurde das Rauchen an Bord für 72 Stunden verboten. Leutnant Tom Thamm berichtete darüber, daß nach den ersten drei Verbotsstunden einige Seeleute reizbar wurden und andere Feindseligkeit gegeneinander zeigten. Nach diesen drei Tagen ging Captain Beach an Deck und rauchte eine dicke Zigarre und das rote Licht für »Feuer frei« erglomm wieder.
Auf dem weiteren Weg nach Süden litt einer der Seeleute an einer Nierenkolik. Das war ein Problem für den Arzt. Dem Kommandanten wurde ein anderes beschert, als der Tiefenmesser streikte. Dieses Gerät war im Augenblick noch nicht nötig, wurde aber gebraucht, sobald Kap Hoorn zu umrunden war.
Die Techniker beseitigten den Schaden am Tiefenmesser. Aber der Seemann hatte mehrere neue Anfälle, und es sah so aus, als würde er die ganze Reise »schmeißen«. Captain Beach ließ den Kurs auf den Hafen von Montevideo ändern, wo er den US-Kreuzer »Macon« auf Station wußte. Der Funkkontakt mit dem vor Anker liegenden Kreuzer wurde hergestellt. Die »Macon« ging ankerauf und lief auf einen Treffpunkt mit der »Triton« zu.
Wenn nun aufgetaucht wurde, um den Seemann an Bord des Kreuzers zu geben, war der Rekord dahin. Man tauchte deshalb nur so weit auf, daß der ganze Bootskörper im Wasser blieb und nur die oberste Turmspitze auftauchte. Der Seemann wurde hinausgelassen und von einem Boot des Kreuzers abgeholt. Anschließend ging die »Triton« auf Tiefe zurück und lief auf Kap Hoorn zu, das am 7. März umrundet wurde. Am 13. März wurde die Pazifikinsel Easter Island passiert. Eine Woche darauf lief das Boot an Hawaii vorüber, und als schließlich am 28. März Guam in Sicht kam, durfte der Steward Edward C. Carbullido, der von Guam stammte, durch das Periskop auf seine Heimat blicken.
Am 1. April wurde das Magellan-Denkmal zu Mactan gesichtet, das zu Ehren des ersten Weltumseglers Magellan auf den Philippinen an der Magellanstraße errichtet wurde. Durch die Lombok-Straße der indonesischen Inselwelt kehrte das Boot in den Indischen Ozean zurück, durchfuhr ihn und umrundete am 17. April das Kap der Guten Hoffnung. Wieder in den Atlantik hineinlaufend, wurde Kurs auf die St.-Peter-Paul-Felsen genommen, die am 25. April erreicht wurden. Damit hatte sich bereits der Kreis der Weltumrundung geschlossen. In 60 Tagen und 21 Stunden hatte das Boot eine Unterwasserstrecke von 26723 Seemeilen zurückgelegt, das waren 50773,7 Kilometer.

Jules Vernes theoretischer Rekord »Die Reise um die Erde in 80 Tagen«, war damit gebrochen. Doch noch kehrte die »Triton« nicht in die Heimat zurück. Sie lief vielmehr nach Norden und traf sich vor dem Hafen von Cadiz mit dem dort wartenden Zerstörer »John W. Weeks«. Zwei Männer sollten an Bord der »Triton« kommen. Abermals nur mit der Turmspitze hervorkommend, tauchte das Boot dazu kurz auf. Bei dem Manöver in dem hohen Wellengang stürzten zwei Seeleute des Zerstörers ins Wasser. Sie wurden aufgefischt, endlich kamen auch die beiden neuen Passagiere an Bord. Es war ein Offizier, der den Rückmarschbefehl für die »Triton« mitbrachte, und ein Marinearzt.
Das erste volle Auftauchen nach insgesamt 83 Tagen Unterwasserfahrt fand schließlich am Morgen des 10. Mai an der Küste von Delaware statt. Hier stieg Captain Beach in einen Hubschrauber, der ihn zur Berichterstattung ins Weiße Haus nach Washington flog. Der Kommandant der »Triton« meldete General Eisenhower die glückliche Rückkehr des Atom-U-Bootes von der Weltumrundung. Aus der Hand des Präsidenten erhielt er den höchsten Orden der USA, den »Legion of Merits«. Dann flog er zu seinem U-Boot zurück und führte es in den Hafen von New London, seinem Ausgangspunkt. Das Boot hatte damit insgesamt 69036,5 Kilometer zurückgelegt. In seiner Willkommensrede führte der Sekretär der Navy, William B. Franke, aus:
»Die ›Triton‹ hat demonstriert, daß amerikanische U-Boote überall hinfahren können, wohin sie wollen und daß sie so lange unter Wasser fahren können, wie sie zu fahren wünschen. Diese Reise hat die volle Wirksamkeit des Nuklearantriebs unter Beweis gestellt.«

Die »Scorpion« für immer verschollen

Man schrieb das Jahr 1968, als eines der neueren Atom-U-Boote, die »Scorpion«, zu einer Fahrt auslief. Sie meldete sich wie vorgeschrieben, doch auf einmal verstummte sie und ward nicht wieder gehört. 102 Männer befanden sich in Gefahr.
Wo die »Scorpion« zu finden sein würde, war nicht festzustellen. Schnelle Überwassereinheiten und dann auch Unterwasserfahrzeuge wurden zu den Positionen entsandt, von wo aus sich die »Scorpion« zum letztenmal gemeldet hatte.
Von dieser Position aus begann die Suche auf der vorgegebenen Route des Bootes. Monatelang wurde gesucht. Hunderte von Fahrzeugen waren an dieser Suche beteiligt.
Es war die »Mitzar«, ein Forschungsschiff der Navy, welche die »Scorpion«

in einem Seengebiet 400 Meilen südwestlich der Azoren in einer Wassertiefe von 3000 Meter fand. Die »Mitzar« stand unter der Führung von James G. Hobbs. Mit ihrer Tiefwasserkamera fand sie die Wrackteile der »Scorpion«.
Bei diesem Atom-U-Boot halten sich noch heute die Gerüchte, daß es – ob zufällig oder gewollt, das steht dahin – mit einem sowjetischen Atom-U-Boot kollidiert und dann ins Gefecht gekommen und von diesem U-Boot durch Torpedoschuß versenkt worden sei.
Anfragen bei der US-Navy, die mehrfach gestellt wurden, erfuhren alle die gleiche Antwort: »Über geheime Fragen der Navy wird keine Antwort erteilt!«
Diese bestürzenden Katastrophen rückten erneut die Frage und Forderung nach tiefsttauchenden Unterwasserfahrzeugen, die auch als Bergefahrzeuge dienen könnten, in den Blickpunkt des Interesses.
Eine Reihe solcher Fahrzeuge war bereits gebaut; andere, verbesserte und größere Typen, befanden sich in der Konstruktion oder gar schon in der Erprobung. Darunter sind zwei, die in alle Tiefen hinabtauchen und dort unten fahren können. Sie werden mit modernen Rettungsschleusen ausgerüstet sein, durch welche U-Boots-Besatzungen gerettet werden können, wenn – ja wenn die See ihr Fahrzeug noch nicht zerquetscht hat.

Gibt es russische Atom-U-Boote?

Die Sowjetunion, die in den dreißiger Jahren dieses Jahrhunderts damit begonnen hatte, die größte U-Flotte der Welt zu bauen, setzte ihre U-Boote im Zweiten Weltkrieg nur spärlich ein. Erst zu Kriegsende, als die deutschen Zerstörer in der Ostsee den Transport von Menschen aus dem Osten sicherten und dann selbst übernahmen, traten sie mehr in Aktion.
Im allgemeinen aber betrachtete sie die U-Boote als Verteidigungswaffe, die Landtruppentransporte begleiten und Küstenverteidigung betreiben sollten. Erst Mitte der fünfziger Jahre gingen sie von dieser Haltung ab und bauten U-Boote für offensive Operationen. Zu dieser Zeit besaß die Rote Flotte schätzungsweise 450 konventionelle U-Boote. Die meisten von ihnen waren ozeangehende – also seetüchtige Boote. Um die gleiche Zeit bauten die Russen Raketenabschußbasen auf U-Booten ein und zwar Abschußbasen mit drei senkrechten Abschußrohren. Um diese Raketen abzuschießen, mußten die Boote allerdings auftauchen. Die Raketen selbst hatten Reichweiten von 560 Kilometer. Dazu waren die Boote mit acht Torpedorohren ausgerüstet und konnten 24 Torpedos mitnehmen. Von diesem Bootstyp wurden rund 50 Stück gebaut.
Als die ersten US-Atom-U-Boote in See standen, bauten die Sowjets bereits

ebenfalls atomkraftgetriebene Fahrzeuge. In einer Meldung vom 5. Dezember 1957 berichteten sowjetische Zeitungen, daß der mit Atomkraft getriebene Eisbrecher »Lenin« in Leningrad vom Stapel gelaufen sei. Er war mit 15747 Tonnen der Welt größtes atomkraftgetriebenes Schiff. Admiral Rickover hatte noch während der Bauzeit Gelegenheit erhalten, diesen Eisbrecher-Riesen zu besichtigen. Er war es, der in den USA sagte: »Dieser Antrieb für den Eisbrecher ›Lenin‹ ist der Vorläufer für einen Unterseeboots-Antrieb. Es besteht für mich kein Zweifel, daß die Russen in kurzer Zeit auch Atomantriebe für U-Boote haben werden.«

Ende des Jahres 1959 erklärte Nikita Chruschtschow, der russische Ministerpräsident, daß die Rote Flotte Atom-U-Boote besitze, die den amerikanischen gleichwertig seien.

Im Oktober 1961 schließlich veröffentlichte die Zeitung Iswestija das Foto eines U-Bootes. Es hieß, daß dieses Atom-U-Boot schneller sei als der schnellste Ozeandampfer und 35 Knoten laufen könne. Der Kommandant des Bootes war Lew Schiltschow. Wenig später erklärte der US-Chef der Marine-Operationsabteilung, Admiral George W. Anderson, daß die Sowjets nach seiner Meinung eine Reihe von atomkraftgetriebenen U-Booten hätten.

Wieder einige Monate später berichtete der Zivil-Lord für die Britische Admiralität Ian Orr-Ewing vor dem Britischen Unterhaus: »Die Sowjetunion besitzt zehn mit Atomkraft getriebene U-Boote; einige von ihnen sind mit Kurzstreckenraketen ausgerüstet.«

Im Juli 1962 schließlich schloß sich der Ring der Vermutungen, als der Kommandant des ersten sowjetischen Atom-U-Bootes, Kapitän Lew Schiltschow, von Ministerpräsident Chruschtschow mit dem Orden eines Helden der Sowjetunion ausgezeichnet wurde.

Im Januar 1963 wiederum meldete die Iswestija, daß es einem sowjetischen Atom-U-Boot gelungen sei, unter dem Nordpol auf Gefechtsstation zu gehen und einige Geheimangriffe feindlicher raketenschießender Nuklear-U-Boote zu stoppen. Die Iswestija berichtete weiter, daß das Atom-U-Boot »Leninsky Komsomol« seine Reise zum Nordpol beendet habe und seine Manöver unter dem Eis der Arktis zur vollen Zufriedenheit verlaufen seien. Es habe ein feindliches Atom-U-Boot geortet und zerstört.

»Die Leninsky Komsomol kreuzte für mehrere Tage unter dem Eis«, beschloß die Iswestija diesen aufsehenerregenden Bericht.

In den nächsten Jahren sickerten weitere Neuigkeiten über sowjetische Atom-U-Boote durch. Man sprach davon, daß inzwischen 16 Atom-U-Boote in Dienst gestellt seien und daß eine Reihe weiterer Boote dieser Art konstruiert sei, ebenso viele befänden sich bereits im Baustadium.

Passierschein in den inneren Weltraum

Während der U-Boots-Bau nach dem Ersten Weltkrieg einem Höhepunkt zusteuerte und jede Marine der Welt U-Boote baute, befaßten sich andere Menschen mit den Möglichkeiten der Vervollkommnung des Tauchens. Einer von ihnen war der französische Seeoffizier Yves le Prieur. Der Korvettenkapitän des Ersten Weltkriegs hatte bereits im Jahre 1905 in Indochina Tauchversuche mit Helmtaucherausrüstungen unternommen. Er kannte die Gefahren der Unterwasserwelt ebenso wie die Möglichkeiten, ihnen zu begegnen. Als er 1925 zum erstenmal einen Fernez-Apparat sah, mit dessen Hilfe ein Taucher im Badeanzug Unterwasserschweißarbeiten ausführte, war er von dieser Möglichkeit fasziniert. Le Prieur sah, daß der Taucher ein T-förmiges Mundstück zwischen den Lippen hielt und daß von dem einen freien Ende des »T« das verbrauchte Atemgas ins Wasser entwich und perlend nach oben stieg, während über eine Schlauchleitung am anderen Ende des »T« ein Luftschlauch nach oben führte, über den ihm Luft zugeführt wurde.

Der Taucher trug eine Nasenklemme und eine dicht schließende Taucherbrille. Dieser Apparat faszinierte den Korvettenkapitän ebenso. Er dachte sich aus, was wäre, wenn er die Atemluft gleich in einer Preßluftflasche mitführte. Dann war er von der Schlauchleitung und von dem Überwasserstandort unabhängig, konnte umherschwimmen, wie er wollte.

Yves le Prieur ließ sich Fernez vorstellen und trug ihm seinen Plan vor, jene kleinen, im Handel vorrätigen Preßluftflaschen mitzunehmen, die drei Liter hochkomprimierte Luft enthielten. Wenn man sich zum Beispiel eine solche Flasche an Gurten auf den Rücken band und mit einem Handventil den Druck der Preßluft auf den Wasserdruck reduzierte, konnte man aus dieser Preßluftflasche ebenso atmen, wie aus dem T-Mundstück.

Am 26. August 1926 schwamm Yves le Prieur als erster Mensch der Welt unabhängig von einer von oben kommenden Leitung im Wasser umher. Dieses Gerät, das nun Fernez-Le-Prieur-Gerät hieß, wurde von dem Korvetten-

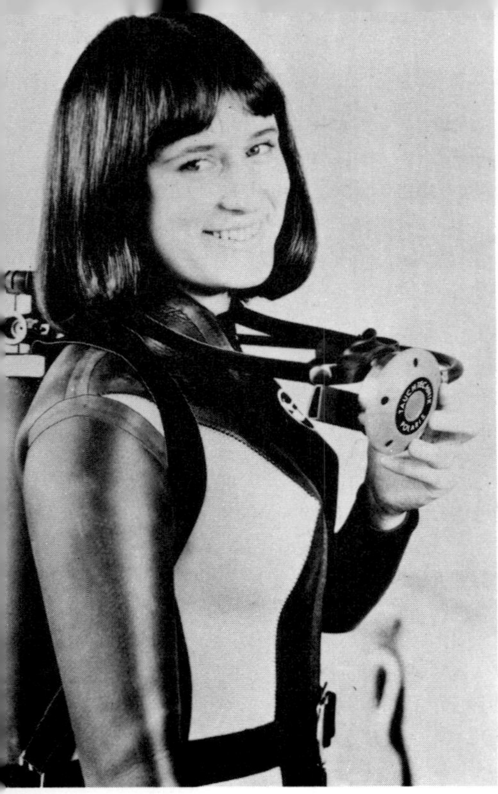

Links: Unterwassergerät der Tauchertechnik »Polaris«. Rechts: Taucher mit Kompressor zum Füllen der Preßluftflaschen.

kapitän weiterentwickelt und schließlich unter der Bezeichnung Le-Prieur-Gerät bekannt. Weitere Verbesserungen wurden angebracht. Die Nasenklemme wurde durch eine Gesichtsmaske mit einem großen Ausblickfenster ersetzt. Die Preßluftflasche hing vor der Brust, damit der Taucher rasch an die Ventile kommen konnte.

Le Prieur schwebte ein neues Rettungsgerät für die Marine vor. Er gründete die ersten Tauchervereine, die sich mit seinem Gerät autonom unter Wasser fortbewegen konnten. Im Jahre 1935 übernahm die französische Marine dieses Gerät.

Der Vorläufer der Aqualunge war entwickelt.

Nun trat ein junger Mann auf den Plan: Jacques-Yves Cousteau. Er unternahm zusammen mit einigen Freunden – unter ihnen Frédéric Dumas und Philippe Tailliez – Atemversuche unter Wasser. Sie besuchten auch Yves Le Prieur in St. Raphael, ihren bewunderten Meister.

Cousteau versuchte eine Atmung mit reinem Sauerstoff; das sich bei der Atmung bildende Kohlendioxydgas wollte er durch einen Absorber binden.

Doch diese Versuche schlugen fehl. Nun versuchte es Cousteau wie Prieur mit Preßluft. Die Handeinstellung des der jeweiligen Tauchtiefe angepaßten Drucks der Preßluft wollte er durch eine automatische Vorrichtung ersetzen. In Emile Gagnan fand Cousteau einen Ingenieur, der Jahre vorher ein Ventil zur Druckregulierung erfunden hatte, zwar nicht für die Atmung von Preßluft unter Wasser, sondern für die Druckregulierung des Holzgases beim Auto. Doch nach einigen Umbauten konnte dieser Druckregulierer ins Tauchergerät eingebaut werden. Nunmehr paßte sich der Druck automatisch dem Umgebungsdruck sowie dem Bedarf des Tauchers an. Damit war der Lungenautomat, die Aqualunge, erfunden. Bereits im Sommer 1943 tauchten Cousteau und Dumas, Tailliez und andere Freunde im Mittelmeer mit dieser Aqualunge. Binnen kurzer Zeit wurde der erste Tiefenrekord aufgestellt.
Cousteau selbst sagte zur erreichbaren Tiefe: »Sechzig Meter waren die Grenze der Vernunft. Hinter diesem kritischen Punkt begann der Wahnsinn. Die Gefahr wurde zur Wollust.«
Dennoch gingen er und Dumas tiefer und tiefer hinunter. Cousteau erreichte 90 Meter Tiefe und lernte hier die Symptome des Tiefenrausches kennen. Auch Dumas wurde in 96 Meter Tiefe gewarnt. Es war eine unüberhörbare Warnung! Dennoch versuchten andere Taucher, noch tiefer hinabzusteigen. Im November 1952 – Cousteau hatte bereits das Kommando über die »Calypso« übernommen – passierte der erste tödliche Unfall. Einer der Taucher an Bord, Jean-Pierre Serventi, ein Kampftaucher, der die Marine verlassen hatte, stieg am 6. 11. 1952 mit drei Stahlflaschen voll Preßluft zu einem Wrack bei Grand Congloué hinunter, das in 70 Meter Tiefe lag. Er blieb über die Zeit von zehn Minuten unten, die Cousteau ihm als äußerste Grenze gesetzt hatte. Ein anderer Taucher der Crew, Falco mit Namen, stieg ab und fand Serventi bewußtlos in 70 Meter Tiefe. Falco kam nach oben und meldete dies. Darauf holte der Taucher Gerault Serventi auf Cousteaus Weisung empor. Er wurde in eine Einmann-Druckkammer gelegt und so schnell wie möglich nach Marseille geschafft, wo er in eine große Druckkammer kam, in der ihn ein Arzt behandeln konnte. Aber Serventi war bereits tot.
Bereits fünf Jahre vorher war der erste Todesfall mit der Aqualunge passiert. Am 17. November 1947 unternahmen acht Aqualungentaucher unter der Führung von Philippe Tailliez auf dem Aviso »Elie-Monnier« vor dem Hafen von Toulon einen Tieftauchversuch, bei dem mit der Aqualunge Tiefen über 90 Meter erreicht werden sollten.
Die Reihenfolge der Tauchgänge wurde ausgelost. Als erster stieg der Marinemaat Maurice Fargues hinab, der als Helmtaucher schon oftmals den Bedingungen der Tiefe ausgesetzt gewesen und ein guter Mann war. Den Ballast

Das ist kein Zweikampf, sondern harmloses Spiel mit einem Oktapodia.

in der Hand, ein dünnes Seil um die Hüfte geschlungen, mit dem er Signale geben konnte, verschwand Fargues von der Wasseroberfläche, um an dem Führungsseil hinunterzusteigen. Auf den am Leitungsseil angebrachten Schreibpappen hinterließ er beim Abtauchen ab 60 Meter Tiefe seine Notizen. Innerhalb von drei Minuten stieg er von 60 auf 115 Meter hinunter. In 120 Meter Tiefe befand sich seine letzte Aufzeichnung. Es waren nur noch unzusammenhängende Buchstaben. Der Tiefenrausch hatte ihn in den Klauen. Als er von da an auf Signale nicht mehr antwortete, tauchte der Torpedomaat Pinard hinab, um ihn in 60 Meter Wassertiefe zu treffen. Fargues kam ihm, von den Helfern bis auf die vereinbarte Marke von 60 Meter emporgezogen, entgegen. Er hatte sein Mundstück verloren. Es hing über seinem Kopf und in dicken Blasen entquoll ihm die Atemluft. Der Taucher war tot. Alle Wiederbelebungsversuche waren erfolglos.

Maurice Fargues wurde damit das erste Opfer des Freien Tauchens. Nach dem bereits vorher geschilderten tödlichen Unfall eines Calypso-Tauchers, unternahm im Frühjahr 1953 der Anwalt Hope Root aus Miami einen weiteren

Eine antike Amphore wird geborgen.

Tieftauchversuch mit der Aqualungenausrüstung. Auch er erreichte 120 Meter Tiefe und – kam nicht mehr lebend nach oben.

All dies zeigt, daß die physiologischen Bedingungen der Tiefe nicht straflos außer acht gelassen werden konnten und, daß eine gründliche Ausbildung die Vorbedingung zum Tauchen mit der Aqualunge ist.

Die Aqualunge war zum Passierschein in den Inneren Weltraum geworden. Lediglich die physiologischen Probleme konnten den Menschen nun noch abhalten, diesen Weg tiefer und tiefer hinunterzugehen. Es sah so aus, als würde dieser Passierschein ab 120 Meter Tiefe zum Totenschein. Wenn man andere Möglichkeiten der Atmung fände, würde es vielleicht möglich sein, noch tiefer hinabzusteigen und das Meer genauer zu erkunden.

Die durchschnittliche Tiefe des Meeres beträgt 3800 Meter. Die tiefen Senken und Meeresgräben von 6000 bis 11000 Meter nehmen sechs Prozent der Meeresfläche ein. Zwischen der Tiefsee und dem Land aber befinden sich der Kontinentalabhang und der Kontinentalschelf.

Als im Jahre 1940 der dänische Professor August Krogh die gesamte Fachwelt mit der sensationellen Mitteilung überraschte, daß jeder Kubikmeter Meerwasser 1,5 Gramm Eiweiß und 3,9 Gramm Kohlehydrate enthalte, ahnte man bereits, daß das Meer eine riesige Schatzkammer war.
Als noch weitere Erkenntnisse gesammelt waren, erfolgten so überraschende Proklamationen wie die Schelf-Doktrin der Vereinigten Staaten. In diesem Papier verkündete der US-Präsident Harry S. Truman am 25. 9. 1945, daß die USA völligen Anspruch auf den Flachseegürtel erhebe, der den amerikanischen Kontinent umsäumt. Dieses Gebiet besitzt die vierfache Größe des Staates Texas mit seinen 692407 Quadratkilometer, also doppelt so groß wie die BRD.
Die USA beanspruchten in dieser Doktrin die Fischereirechte auf dem Schelf, die Rechte auf alle untermeerischen Rohstoffe und – selbst auf das Wasser dort. Dann gingen die Staaten daran, als erste Nation der Erde die Meeresforschung zum Schwerpunktprogramm zu erheben und ihr – in aller Stille – die gleichen Chancen einzuräumen wie der Weltraumfahrt. Seit 1946 wurde der gesamte Schelf, jenes Gebiet der Flachsee bis zu einer Tiefe von 200 Meter, systematisch untersucht. Als diese Untersuchung beendet war, wußte man, daß sowohl an der Atlantikküste wie auch an der Küste des Pazifik Bodenschätze aller Art vorhanden waren. Gold, Silber, Blei und Kupferlager wurden gefunden, ebenso Metallsandgebiete und Riesenfelder mit Phosphorit- und Manganknollen. Ölfelder in bisher nie geahnten Ausdehnungen wurden vor den Küsten Kaliforniens und Louisianas entdeckt. Fischfangmethoden konnten erheblich verbessert werden.
Vizeadmiral Mommsen fand in dieser Phase den passenden Satz: »Die Eroberung des Meeres ist lebenswichtiger als das Wettrennen zu anderen Planeten!«
Doch dieser Eroberung hatte das Weltmeer selbst ein Halt gesetzt, das mit der Aqualunge nicht überwunden werden konnte – die physiologischen Gefahren des Tieftauchens!

Physiologische Bedingungen für das Leben unter Wasser

Der Druck an der Wasseroberfläche und auf Land in Höhe Normalnull beträgt 1 at = 1,03 kp/cm² und steigt infolge des Wasserdrucks für je 10,06 Meter Wassertiefe um eine weitere Atmosphäre an. Bei 30,5 Meter Wassertiefe beträgt also der »Überdruck« 3,12 kp oder 4 ata.
Alle festen Körperteile des Menschen könnten das Vierzigfache dieses Druckes ohne Schaden aushalten. Anders ist es jedoch mit den gasgefüllten Hohlräumen des Körpers. Jeder dieser Hohlräume würde in dieser Tiefe bereits auf ein

Antike Tauchfunde — stolzer Erfolg der Schatztaucher im Mittelmeer.

Viertel seines ursprünglichen Volumens zusammengepreßt. Dies trifft beim Menschen auf die Ohren, Nebenhöhlen und die Lungen zu. Ein Viertel des Lungenvolumens aber, um bei diesem Beispiel zu bleiben, entspricht bei normalem Luftdruck dem Luftrest, der nach jeder vollen Ausatmung in ihnen zurückbleibt. Das hieße, daß jeder weitere Druckanstieg beim Tauchen mit angehaltenem Atem zu einem Überdruck führen würde. Durch diesen Überdruck würden das Blut sowie die Gewebeflüssigkeiten in jene Zellwände gedrückt, welche die angegebenen Hohlräume umgeben, um damit den Druck auszugleichen. Dadurch würde es zu Gewebeschädigungen kommen, die zum Tode führen können.

Um diese schädliche Wirkung der Druckdifferenzen zu verhindern, wird dem Taucher ein komprimiertes Luft-Gasgemisch zugeführt, das den vom Wasser ausgeübten Druck ausgleicht.

Und hier begegnen wir wieder einem neuen Gefahrenmoment, das in den physiologischen und biophysikalischen Wirkungen dieser Gasgemische liegt. Sie bilden eines der größten Probleme bei Tauchern. An ihm arbeiten viele Forscher.

In einem Sonderbericht für den Präsidenten der USA hat das vom US-Senat eingesetzte Panel on Oceanography, das Beratende Forschungskomitee des Präsidenten, diese Gefahren zusammengestellt. Der Bericht endet mit folgendem Resümee:

»Die biomedizinischen Probleme des Überlebens können in mehrere Kategorien unterteilt werden. Am schnellsten machen sich Nässe, Kälte, Dunkelheit und hoher Druck bemerkbar. Dazu gehören, aber nicht allein, die erschwerte Atmung sowohl bei anstrengender Tätigkeit als auch im Ruhezustand, eine durch Stickstoff und wahrscheinlich auch andere Inertgase verursachte Narkose des zentralen Nervensystems, die zur sicheren Ausscheidung überschüssiger Inertgase aus dem Körper notwendige, langandauernde und langsame Dekompression, die Giftigkeit des Sauerstoffs bei hohem Druck, der Verlust an Körperwärme bei längerem Aufenthalt unter Wasser und das komplexe Zusammenwirken aller dieser Faktoren.

Mit zunehmender Dauer des Aufenthaltes unter Wasser treten zusätzliche Probleme auf. Dazu gehören die Ernährung unter diesen harten Lebensbedingungen, die Zusammensetzung und Genießbarkeit der Speisen, die psychologische Wirkung des isolierten Zusammenlebens auf engstem Raum und die durch ungewöhnliche Atemgasgemische beeinträchtigte Sprache. Auch die Anwendung medizinischer Verfahren und die Wirkung von Drogen auf unter Wasser befindliche Menschen bedürfen einer eingehenden Untersuchung. Da für den bemannten Weltraumflug offensichtlich ähnliche Probleme bestehen, sollten die dabei gemachten Erfahrungen vorteilhaft genutzt werden.«

Aus diesen Sätzen geht die ganze Schwere eines Lebens und Wirkens unter Wasser eindeutig hervor. Dennoch gab und gibt es zu allen Zeiten Menschen, die sich diesen Strapazen und Gefahren aussetzen, zum Wohle aller. Es sind jene Forscher, die unter dem Einsatz ihres Lebens beispielsweise neue Atemgasgemische erkunden und benutzen.

Um von einer Unterwasserforschung zur Unterwassertätigkeit zu gelangen, die allein die Nutzung des Weltozeans für die Menschheit möglich machen würde, sind jedoch noch weitere Hürden zu überspringen. Da gibt es einmal das Problem der Konstruktion neuer Unterwasserwerkzeuge. Die Gefahren durch Raub- und Giftfische und durch giftige Unterwasserpflanzen darf nicht unterschätzt werden. Die Handhabung der Unterwasserkammern und der Fahrstühle, mit denen zum Beispiel Taucher in tiefer gelegene Unterwasserhäuser gebracht werden können, muß genau beherrscht werden. Es kommen hinzu: die Überwachung der Taucher von der Wasseroberfläche aus und die Probleme der Verständigung. Die Notwendigkeit einer genauen Orientierung

Unterwasserwelt in der Nordsee. Rechts: In der Eckernförder Bucht wachsen in 8 Meter Tiefe diese Seenelken.

unter Wasser ist ebenso lebensnotwendig wie eine genaue Positionsanzeige. Ein selbständig arbeitendes Langzeitatemgerät und ein ausreichender Wärmeschutz sind weitere wichtige Faktoren und Voraussetzungen zum Leben und Wirken unter Wasser.

Folgen wir jenen Pionieren, die diese Probleme angepackt haben. Gehen wir dabei in jene Zeit zurück, da man wissenschaftlich die Möglichkeiten anderer Atemgasgemische untersuchte.

Auf Rekordtiefe mit Helium

Als nach einer allgemeinen Untersuchung des Schelfgebietes um die USA-Küste im Jahre 1946 die Frage aufgeworfen wurde, wie man mit Tauchern den Schätzen des Meeres zu Leibe gehen könnte, wurde man auf Arbeiten aufmerksam gemacht, die bereits in den frühen dreißiger Jahren vom Medizinischen Institut der Universität Marquette angestellt worden waren. Dort hatte man sich mit den Fragen befaßt, welche Geräte und Fahrzeuge und vor allem welche Atemgasgemische notwendig sein würden, um Menschen in größere Tiefen hinuntergelangen zu lassen.

Diese ständigen Bemühungen darum, den Menschen in die Tiefe des Weltmeeres hinunterzubringen, wirft natürlich zuerst die Frage auf: »Warum sollen ausgerechnet Menschen in die Tiefe des Ozeans hinuntergehen? Gibt es nicht genügend mechanische Werkzeuge und Roboter dazu? Hat unsere hochtechnisierte Industrie nicht allerfeinste Geräte entwickelt, die unter Wasser ebenso einzusetzen sind, wie auf dem Lande?«

Die Industrie hat tatsächlich solche Geräte geschaffen! Doch so fein sie auch sind, es fehlt ihnen etwas, um so wirksam zu werden wie der Mensch. Heinz R. Schreiner, Chef der Biologischen Forschungsabteilung der Union Carbide Corporation, hat dies folgendermaßen artikuliert: »Der Hauptgrund, warum heute Menschen und nicht mechanische Geräte in immer größere Tiefen hinabtauchen und dort arbeiten sollen, sind die einzigartigen und unersetzlichen Fähigkeiten des geübten menschlichen Gehirns.« Indem er fortfuhr, sprach er auch eine Warnung aus: »Rekordtiefen, die man in offener See oder aber im Laboratorium in Simulatoren erzielt, stellen nur dann einen realen Fortschritt dar, wenn gleichzeitig eine angemessene intellektuelle und psychomotorische Leistung des Tauchers möglich ist. Und unser heutiges Wissen um die Gefahren der Tiefe ist noch immer unvollständig. Im großen und ganzen haben wir keine genauen Kenntnisse bei Druckeinwirkungen über 10 Atmosphären.« Soweit der Fachmann, der sich jahrelang mit diesen Problemen des Lebens unter Wasser beschäftigt hat. Zurück zu den Anfängen dieser Forschung und zur Marquette-Universität.

Marquette, eine kleine Stadt am Südufer des Oberen Sees hat einen berühmten Namen. Es waren die Forscher L. Jolliet und J. Marquette, die ab 1673 die drei großen amerikanischen Seen Oberer See, Michigansee und Huronsee erkundeten. Nach dem Forscher Marquette wurde die erste Ansiedlung am Südufer des Oberen Sees benannt. Hier wurden nach einigen Vorarbeiten ab 1935 die Auswirkungen verschiedener Gase auf den menschlichen Körper und insbesondere auf die menschliche Atmung untersucht. Der Ingenieur Max Gène Nohl erprobte mit dem Mediziner Dr. Edgar End seine theoretischen Ausarbeitungen praktisch auf dem Michigan See. Bei diesen Experimenten ging es darum, zu erkennen, daß der Stickstoffrausch allein durch die in der großen Tiefe um ein vielfaches vermehrte Atmung und die damit entsprechend höhere Stickstoffaufnahme entstand. Dieser Tiefenrausch, das stellten sie bei ihren Versuchen fest, konnte durch das Ersetzen des Stickstoffs im Atemgasgemisch durch Helium vermieden werden.

Bei diesen Versuchen Ende 1937 stellte Nohl einen neuen Tiefenweltrekord für Taucher auf, als er bis in eine Tiefe von 126 Meter hinunterging. Damit war die Theorie von Professor Thomsen, daß man mit Helium mindestens 50 Prozent tiefer tauchen könne als mit Sauerstoff-Stickstoff-Gemischen, bewiesen.

Im Jahre 1946 wurden diese Versuche, die danach eingestellt worden waren, wieder aufgenommen. Jack Brown, ein Taucher aus Milwaukee, ließ sich in einem Tank in eine simulierte Tiefe von 165 Meter hinunter, wobei er ein Gemisch aus Helium und Sauerstoff atmete.

Die praktische Verwirklichung dieses Testes führte aber der englische Kapitän W. O. Shelford durch. Dieser war 1948 in England Inspekteur für das Taucherwesen. Er war damit beauftragt worden, die unterste Tiefengrenze zur Bergung gesunkener U-Boote festzustellen. Die Bergung von gesunkenen U-Booten war mit ein Antrieb, diese Fragen zu klären. Es gab eine ganze Reihe gesunkener U-Boote, deren Besatzungen gerettet werden könnten, wenn es gelänge, Tiefen um 150 Meter zu erreichen und Geräte zur Bergung der U-Boots-Besatzungen zu entwickeln.

Mit dem Boot »Reclaim« lief Kapitän Shelford in den Loch Fyne aus und unternahm dort Tauchversuche. Bei mehreren Tauchgängen stellte sein Cheftaucher, William Barringthon, einen neuen Tieftauchrekord mit 135 Meter auf. Unmittelbar danach tauchte ein zweiter Taucher dieses Teams, es war der junge Jack Bollard, 162 Meter tief hinab und hatte damit den absoluten Weltrekord an sich gerissen. Um den Tauchern die vielstündige Dekompression zu erleichtern, wurde ihnen auf 50 Meter Wassertiefe eine versenkbare Dekompressionskammer entgegengeschickt. Auch diese Taucher benutzten ein Sauerstoff-Helium-Gasgemisch.

Dann kam ein Mann, der einen gänzlich anderen Weg ging: der Schwede Arne Zetterström.

Arne Zetterström – Der Tod taucht mit

Bereits drei Jahre vor Erreichen dieser Rekordtiefen hatte der schwedische Ingenieur Arne Zetterström in der Ostsee Tauchversuche unternommen, die eine Revolution in der Benutzung der Atemgase bedeuteten. Arne Zetterström hatte von J. B. S. Haldane erfahren, daß es möglich sei, Wasserstoff zu atmen und daß dieses hochexplosive Gas unter bestimmten Bedingungen nicht zur Explosion gelangen würde. Und zwar dann nicht, wenn ihm $\frac{1}{25}$ Sauerstoff beigemischt werde. John Scott Haldane, Viscount Haldane of Cloan, der englische Physiologe und Professor in Dublin, galt als Experte aller Fragen der menschlichen Atmung. Seine Theorie ließ den von seiner Aufgabe besessenen Forscher Zetterström nicht ruhen. Im königlichen Institut für Technik in Stockholm verwandte er vier Jahre an die Lösung der selbstgestellten Aufgabe. Sie lautete: Wie komme ich auf den ersten 30 Metern unter Wasser mit einem solchen Minimum von nur vier Prozent Sauerstoff aus? Sobald der Druck der vier Atmosphären nämlich erst erreicht war, würde, durch die um ein Vierfaches schnellere Atmung, der Körper genügend Sauerstoff erhalten.

Nach einem ersten Vorversuch, der bereits im Jahre 1944 gestartet wurde, und erfolgreich verlief, ging Arne Zetterström am 7. August 1945, genau einen Tag nach Abwurf der Atombombe auf Hiroshima, ans Werk. Er fuhr mit einigen Helfern auf die Ostsee hinaus und begann auf tiefem Wasser mit den Tauchversuchen.

Er ließ sich während der ersten 30 Meter des Abstiegs von seinem Schiff aus mit herkömmlicher Preßluft versorgen. In dieser Tiefe angelangt, wartete er etwas, bevor er die Atmung auf sein spezielles Sauerstoff-Wasserstoff-Gemisch umschaltete. Das hieß, daß er beim Umschalten zuerst für einige Sekunden ein Gemisch aus 4 Prozent Sauerstoff und 96 Prozent Stickstoff atmen mußte, um eine Explosionsgefahr zu verhindern. Anschließend konnte er auf sein Spezialgemisch umschalten. Auf diese Weise hatte er bei den ersten Versuchen 1944 eine Tiefe von 109 Metern erreicht. Damals hörten die an Bord seines Schiffes befindlichen Helfer zum erstenmal in der Geschichte der Taucherei jenen Stimmenklang, der später Donald-Duck-Effekt genannt wurde: den Umschlag der menschlichen Stimme in einen hohen nasal-klingenden Laut, der durch die Veränderung der Schall-Leitfähigkeit durch Wasserstoff (wie auch durch Helium) entsteht.

Der neue Versuch am 7. August 1945 sollte auch einen neuen Tiefenrekord erbringen. Zetterström wollte beweisen, daß Wasserstoff noch um ein Vielfaches besser sei als Helium. Zunächst verlief auch alles programmgemäß. Nachdem die Vorbereitungen beendet waren, kletterte Zetterström über die kleine Eisenleiter von Bord und ließ sich entlang der Richtleine auf den Grund hinunter. Das Umschalten klappte, und alle zehn Meter gab Zetterström seinen Bericht nach oben, wo die Journalisten eifrig auf jedes Wort des Forschers warteten, um es niederzuschreiben. Er erreichte bei 158,4 Meter Tiefe den Grund und hatte damit einen neuen Weltrekord erreicht. (Bollards Rekord von 162 Meter stammte ja aus dem Jahre 1948.)

Für den Wiederaufstieg hatte Zetterström eine ganz genau einzuhaltende Dekompressionstabelle angefertigt. Als er die erste Dekompressionsstufe erreichte, berichtete er: »Alles in Ordnung! Es klappt fabelhaft! Mir geht es gut!«

Die nächste Dekompressionsstufe erreichte er bei einer Tiefe von 49,5 Meter.

Aufenthaltsraum einer Deckdekompressionskammer mit Schlafstellen.

Als der Mann am Ladebaum die Winde abstellte, ließ der Mann an der Bugwinde das Halteseil weiter aufrollen. So hob man Zetterström über die entscheidende 50-Meter-Marke und dann sogar noch über jene 30-Meter-Marke hinaus empor, wo er die Atmung hätte umstellen müssen, um wieder Atemgas aus der Preßluftflasche zu erhalten. Der wenige Sauerstoff von 4 Prozent reichte nicht mehr aus, den Körper des Tauchers zu versorgen. Als Zetterström schließlich an Deck gehievt war, lag er im Sterben. Die Diagnose des Arztes lautete: »Akuter Sauerstoffmangel und heftiger Anfall von Taucherkrankheit.«

Wird es Wassermenschen geben?

Mit Zetterström war auch diese Versuchsreihe gestorben. Obgleich die Wasserstoff-Atmung nichts mit seinem Tod zu tun hatte, fürchtete man sich nunmehr davor. Dennoch stand eines nach diesem tollkühnen Tauchgang fest: Zetterström hatte in 158,4 Meter Tiefe ein Gemisch geatmet, das – wie das Wasser selbst – aus Sauerstoff und Wasserstoff bestand. Würde es nicht auch möglich sein, einfach – Wasser zu atmen? Damit wäre dann der biologische Kreislauf des Menschen geschlossen.

Vom Wunsch zur Wirklichkeit war es nicht mehr so sehr weit, wie die erstaunten Menschen glaubten. Im Februar 1963 traten drei Forscher auf einem Symposium für Unterwasserphysiologie auf den Plan und handelten das Thema »Atmen einer druckversetzten Sauerstoff-Flüssigkeit« ab. Es waren die Angehörigen des Medicinal Center des Forschungsinstitutes für Anästhesie an der Universität California, J. H. Pegg, T. L. Horner und E. A. Wahrenbrock.

Diese drei Forscher hatten anhand von Versuchen mit über 30 Ratten die Möglichkeiten der Wasseratmung erprobt. Diesen Ratten wurde durch eine in die Luftröhre eingeführte Leitung eine mit mehr Sauerstoff durchsetzte Flüssigkeit zugeführt und – die Tiere überlebten. Weiterführende Versuche stellte Professor Dr. Johannes Kylstra in den USA an. Er brachte weiße Mäuse und sogar Hunde, die allerdings betäubt waren, um sie nicht sinnlos zu quälen, in einen mit Wasser gefüllten Behälter und ließ Sauerstoff unter hohem Druck hindurch. Es war erstaunlich zu entdecken, daß immer dann, wenn die Flüssigkeit einen gleichen Salzgehalt aufwies wie das Blut der Versuchstiere, die Überlebenschancen bedeutend anstiegen. So konnten Mäuse bis zu 18 Stunden in diesem Wasser leben und überleben. Nachdem Professor Kylstra mittels feiner Apparaturen in der Lage war, die Luftwege der Tiere abzusaugen und diese anschließend mit Sauerstoffüberdruckbeatmung zu behandeln, überlebten sie vier Wochen.

Schließlich erbrachte Professor Kylstra anhand des Verhaltens dieser Tiere den Nachweis, daß auch Menschen in der Lage seien, den lebensnotwendigen Sauerstoff aus einer Flüssigkeit zu erhalten, die in ihrer Zusammensetzung der ihres Blutes ähnlich ist. Weitere Möglichkeiten wurden schließlich von ihm anläßlich einer Pressebesprechung erwähnt. Nach seiner Meinung wäre es möglich, daß ein Mensch in nicht zu ferner Zeit mit »eingebauter Wasserlunge« unter Wasser atmen könne. Dabei müsse dieser »Wassermensch« ein Gerät erhalten, mit dessen Hilfe das in die Lungen strömende Wasser genau dosiert werde. Ein zuverlässig arbeitendes Pumpensystem müsse den Bedarf genau zuführen. Um eine dabei mögliche Infektion der Atemwege zu verhindern, müsse allerdings das Wasser nicht nur gereinigt, sondern auch erwärmt werden. Eine Tauchermaske brauche dieser Wassermensch auch nicht mehr. Einfache Kontaktlinsen würden genügen. Dieser Wassermensch brauche sich auch nicht um Kompressions- und Dekompressionszeiten zu kümmern.

Ein Problem aber sei nach dem Tauchgang immer vorhanden. Die Lungen dieses »Wassermenschen« müßten völlig entleert werden, um ihn an Land mit Luft weiteratmen zu lassen. Und hierbei träten bisher die größten Schwierigkeiten auf. Dieser Professor, der vor den verblüfften und teilweise entsetzten Journalisten eine phantastische Zukunftswelt unter Wasser ausbreitete, sagte abschließend:

»Wenn wir erst einmal Unterwasserstädte haben werden, wenn Wassermenschen dort leben und auch Kinder zeugen können, besteht die Möglichkeit, diese Kinder zu reinen Wasserlebewesen zu machen. Dann braucht man nämlich nur ihre Lungen mit einer unschädlichen Flüssigkeit zu füllen und sie damit in ihrer Funktion völlig lahmlegen. Durch ein kompliziertes, aber durchaus mögliches Pumpenaggregat wird dann der lebensnotwendige Sauerstoff direkt dem Blutkreislauf zugeführt. Dann erst steht uns das Meer wirklich offen.«

Professor Dr. Kylstra kann bei seinen Versuchen, die er bis jetzt mit Tieren in Druckverhältnissen bis zu 160 Atmosphären durchgeführt hatte, nun auch auf Freiwillige zurückgreifen und einige dieser Freiwilligen haben bereits über einen Lungenflügel Wasser geatmet und dies ohne Komplikationen überstanden.

Einen anderen Weg zum Leben unter Wasser stellte die US-Firma General Electrics (Erbauer des Tiefentauchbootes »Aluminaut«) schon 1964 vor. Es ist die künstliche Kieme. Diese künstliche Kieme besteht in einer Membrane aus durchsichtigem Silicon-Gummi. Mit Silicon-Gummi ist es möglich, Wasser abzuhalten. Und dieses Material läßt Sauerstoff zu den Atemorganen herein und Kohlendioxyd wieder hinaus. Diese Schicht, vor eine Tauchermaske gespannt, könnte das Atemproblem unter Wasser lösen. Allerdings wäre eine

sehr große Membrane notwendig, und diese Membrane sei sehr empfindlich gegen Druck.
Zwei Jahre später erprobte der Ingenieur Ayres eine andere gasaustauschende Membrane mit Erfolg. Wie sich diese Sache weiterentwickeln wird, steht noch in den Sternen. Sicher ist jedoch, daß wir auf diesem Gebiet noch weitere Überraschungen erleben werden und daß wir am Ende dieses Jahrzehnts dem Leben im Meer und an untermeerischen Arbeitsstätten ein ganzes Stück nähergekommen sein werden. Doch zurück zum Weg in die Tiefe und der Erprobung der Atemgase.

Weitere Wege in die Tiefe durch Helium und Neongas

Bis heute hat man in den USA und auch in der UdSSR schon die technischen und wissenschaftlichen Erfordernisse für Arbeitstiefen bis 300 Meter erreicht. Damit ist die Forschung nach Proteinen und Rohstoffen auf dem Festlandschelf und ihre Förderung möglich. Mit den entwickelten Helium-Sauerstoff-Stickstoff-Atemgemischen ist man zunächst bis 465 Meter hinuntergegangen und hat die Gefahrlosigkeit des Atemgases erkannt. Danach sollte das Atmen eines Heliumgemisches problematisch werden, weil sich dann auch bei diesem Inertgas eine narkotische Wirkung einstellte. Das einzige Inertgas, das dann benutzt werden könne, sei das Wasserstoffgas. Dieses Gas sei praktisch frei von Narkosewirkungen auf den Menschen.
Es ist eine Ironie des Schicksals, daß Zetterström über 20 Jahre vorher diesen Weg bereits gewiesen hat. Die physikalischen Eigenschaften des Wasserstoffgases würden auch die Dekompressionszeiten herabsetzen und man könnte damit bis über 1000 Meter Tiefe erreichen, führte Zetterström damals aus.
Die praktischen Tierversuche, die mit Wasserstoffgas stattgefunden haben, wurden vor einiger Zeit durch Menschenversuche ergänzt. Und zwar war man darangegangen, die »Schallmauer« von 465 Meter Tiefe zu testen. Die Universität von Pennsylvania veranstaltete im Herbst 1972 einen Tieftauchversuch mit Helium-Atemgasgemischen und schließlich auch solche mit Atemgemischen aus Sauerstoff und Neon. Vier Taucher wurden in einer Hochdruckkammer auf 380 Meter Tiefe gebracht. Danach wurde den Tauchern das schwere Neongas zugeführt, das den vierfachen Atemwiderstand des Heliums ergibt und mit dem eine theoretische Kammertiefe von 1520 Meter erreicht wurde. Diese Versuche, die über einen Zeitraum von 24 Tagen unter der Leitung des Tauchwissenschaftlers und Physiologen Dr. C. Lambertson durchgeführt wurden, erbrachten den überraschenden Beweis, daß sich auch Neongas atmen ließ und daß es von Menschen unter sehr hohem Druck

Aquanautentraining mit dem Mark-VIII-Tauchgerät und dem Kirby-Morgan-Helm.

geatmet werden kann. Danach soll nun dieses Edelgas, das bisher als Füllgas in Leuchtröhren und Glimmanlagen benutzt wurde, auch als Atemgas für Unterwasserhäuser und Unterwasserbohranlagen sowie für Naßtaucher Verwendung finden.
Diese Versuche haben – wenn auch vorerst nur theoretisch – bewiesen, daß Tiefen von 1500 Meter, also dreimal soviel wie vorher angenommen wurde, mit Sauerstoff-Helium-Neon-Gemischen erreicht werden können. Aber erst wenn die unmittelbaren Folgen des Hochdrucks auf das Zentralnervensystem geklärt sind, können Taucher in der Praxis freitauchend bis in 1500 Meter hinuntergehen. Wissenschaftler, Ingenieure und Techniker sind – wie im folgenden dargestellt werden soll – allerorten dabei, den Weg in die bisher unerschlossenen Tiefen des Weltozeans zu finden und aus dieser dritten Dimension der Erde die Reichtümer für den Menschen heraufzuholen. Dazu ist aber eine Vorbedingung gestellt, und diese entscheidet über das Schicksal aller Meeresschätze: Wir dürfen nicht mehr das Weltmeer für unseren ureigensten Abfallkübel halten, denn dann würden wir alles Leben und alle Schätze des Meeres mit unserem Wohlstandsmüll und unseren Giftstoffen ersticken und uns letzten Endes selbst umbringen.

Neuere Tieftauch-Versuche in aller Welt

Daß zur Unterwasserfahrt auch das Leben unter Wasser gehört, versteht sich von selbst. Daß diesem Leben die besonderen physikalischen Bedingungen im Meer entgegenstehen, ist in dem vorausgegangenen Abschnitt deutlich geworden. Einige dieser »Behinderungen« wurden bereits mit speziellen Atemgasgemischen ausgeräumt. Doch diese Trägergase des Atemsauerstoffes wie Stickstoff, Helium, Wasserstoff und Neon haben durchaus auch ihre negativen Effekte. Und diesen Effekten will in den USA der Professor der Marine-Physiologie, Dr. Ralph W. Brauer von der Universität von North Carolina in Wilmington mit pharmazeutischen Mitteln entgegenwirken. Dr. Bauer hat ein Anticonvulsatin entwickelt, mit dem er das Zittern bei Tauchern in größeren Tiefen, das unter noch höheren Drucken in heftige Zuckungen übergehen kann, abstellen will.
Versuche bei Rhesusaffen haben ergeben, daß sie Drucke in 1420 Meter Tauchtiefe überstanden, ohne solche Zuckungen zu erleiden, während andere, die nicht behandelt worden waren, schon bei halber Tauchtiefe diese Zuckungen erlitten.
An diesen Pharmaka wird weiter gearbeitet. Allerdings ist in keiner Weise abschätzbar, welche Nebenwirkungen diese Behandlung haben kann.

Neue Tauchversuche mit Wasserstoffatmung wurden im Frühjahr 1973 in einer neuen Druckkammer der Michel Leclerc Inc. in Harvey, USA, durchgeführt. Dort waren fünf Taucher an 24 Tauchversuchen in einer simulierten Tiefe von 60 Metern beteiligt. Sie atmeten Atemgemische aus Wasserstoff-Sauerstoff, Helium-Sauerstoff und konventionellem Stickstoff-Sauerstoff. Während dieser Zeit führten Wissenschaftler des Medizinischen Marine-Unterwässer-Forschungslaboratoriums physiologische Versuche sowie Sprach- und Verhaltensstudien durch.

Eine Reihe weiterer Forschungszentren führen ebenfalls solche Tieftauchversuche durch. Dazu zählen auch Privatfirmen, die ihre Geräte testen wollen. Interessant hierbei sind die Verhältniszahlen von der Tauchzeit in Maximaltiefe zur Dekompressionszeit. So erzielten zwei Taucher der COMEX in Marseille in einer Trockentauchkammer einen neuen Rekord mit einer Tiefe von 550 Metern. Unter dem Maximaldruck blieben die Taucher genau eine Stunde. Für die Dekompression wurden dann neun Tage (!) benötigt. Dieser Test, der die Codebezeichnunge »Physalie V« trägt, brach einen vorher bestehenden Rekord englischer Taucher der Royal Navy, die 450 Meter erreichten.

Der nächste Trockentauchrekord von 610 Meter Tiefe wurde ebenfalls bei der COMEX durchgeführt und zwar im Versuch »Physalie VI«, vom 24. 5. bis 2. 6. 1972. Die zwei französischen Aquanauten hielten sich 1 Stunde und 20 Minuten in einer Tiefe von 610 Metern auf und benötigten neun Tage und 17½ Stunden Dekompressionszeit.

Alle diese Versuche der COMEX bauten auf einen vorangegangenen Großversuch auf. Dieser Versuch mit der Bezeichnung »Sagittaire II« wurde in 500 Meter Tiefe gefahren. Unter diesem Druck blieben die Aquanauten 100 Stunden.

Der neueste Rekord der beiden Aquanauten Patrice Chemin und Robert Gauret wurde von erfahrenen Tauchern durchgeführt, denn Chemin ist Rekordinhaber des 550-Meter-Rekordes. Als die beiden Taucher bis auf 565 Meter Druck gekommen waren, beschloß die Projektleitung, diesen Druck stündlich um 3 Meter bis auf 620 Meter zu erhöhen. Dann blieb der Druck 80 Minuten konstant auf 61,61 at Überdruck. Dabei atmeten die Aquanauten ein Gemisch aus 0,65 Prozent Sauerstoff, 0,17 Prozent Stickstoff und 99,15 Prozent Helium ein. Beide Taucher zeigten keine Anzeichen von Erschöpfung; die scharfe medizinische Überwachung schloß schädliche Folgen aus.

Daß dieser Versuch unternommen wurde, war lange Zeit strittig, denn im Spätherbst 1971 waren noch im Centre d'Etudes Marine Advancées zwei Schimpansen bei einem Testversuch in 620 Meter Tiefe ums Leben gekommen. Allerdings erfolgte ihr Tod erst während der Dekompression, als der Druck

bereits in einer Tiefe von 200 Metern zurückgegangen war. Die ersten Störungen hatten sich allerdings bei der 400-Meter-Dekompressionsstufe gezeigt.
Eine Entwicklung ist an dieser Stelle zu nennen, die sich mit der Reduzierung der Kompressionszeit befaßt und aufzeigt, daß noch längst nicht alle Möglichkeiten erschöpft sind und daß wir uns auf viele Neuerungen sensationeller Art vorzubereiten haben.
Die Oceaneering International, in Houston, Texas, hat ein Verfahren entwickelt, mit dessen Hilfe die Dekompressionszeit für 300 Meter Wassertiefe, die sonst etwa fünf bis sechs Tage dauern würde, auf 30 Minuten verringert werden kann. Dieses neue Verfahren basiert auf einer besonderen Tauchmethode und besonderen Atemgasgemischen. Die Firma hat diese Methode bei einem 220-Meter-Tauchversuch erprobt. Der Taucher, der diese simulierte Tiefe erreichte, benötigte zur Dekompression ganze 15 Minuten, ohne daß sich nachteilige Wirkungen für ihn einstellten. Damit würden Tauchoperationen in diesen Tiefen neben dem so wichtigen Sicherheitsfaktor zugleich eine gewaltige Zeit- und Geldersparnis erfahren. Offshore-Betriebsgesellschaften, Tauchdienste und andere Firmen sind bereit, dieses neue Verfahren zu erwerben, dessen Wirkungsweise noch völlig geheimgehalten wird.

Tote bei Tauchversuchen in der UdSSR

Daß nicht nur Tiere unter derartigem Druck gefährlich leben, sondern auch Menschen, das zeigte ein anderer Tieftauchversuch, der in der UdSSR durchgeführt wurde. Dort sollten vier Aquanauten in eine simulierte Tiefe von 920 Meter hinuntergehen. Das Versagen einer Dichtung verursachte eine massive Dekompression, an deren Folgen die vier sowjetischen Aquanauten starben.
Dies berichtete Captain George Foote Bond, der Chefmedizinal-Offizier der US-Marine bei den großen Unternehmen Sealab I–III. Er knüpfte an dieses Vorkommnis die Forderung an alle Instrumentenhersteller, daß sämtliche Anlagen zur genauen Überwachung und Regulierung des Sauerstoffes auf $\frac{1}{100}$ Prozent und des Kohlendioxyds auf $\frac{1}{4000}$ Prozent in Tiefenatemgas-Mischungen genau arbeiten müßten.
Aber auch mit den herkömmlichen Taucheranzügen werden weitere Versuche angestellt, die aufzeigen, daß man auf sie nicht verzichten kann. So erlebte das Panzertaucher-Gerät der Firma Hagenuk sein Comeback. Dieses Panzertaucher-Gerät von Hagenuk wurde im Kriegsjahr 1916 konstruiert und 1917 fertiggestellt. Mit ihm konnten zuerst 60 bis 70 Meter Tiefe erreicht werden. Eine britische Firma entwickelte diese Anzüge weiter. Der Tauchanzug wurde

aus einer Magnesiumlegierung hergestellt, in dem der Taucher mehr Bewegungsfreiheit hat. Für die ersten Seeversuche wurden 210 Meter Tauchtiefe angegeben und ausgeführt. Die britischen Sicherheitsbehörden wollen diesen Anzug für Tauchtiefen bis zu 420 Meter freigeben. Technisch ist es mit diesem Anzug nach Angaben der DHB-Konstruktion möglich, in Tiefen bis über 600 Meter hinabzutauchen. Dies ist die Tiefe, die in der Erdölexploration im nächsten Jahrzehnt erreicht sein wird.

In den Tauchlabor-Versuchen in aller Welt werden also zur Stunde jene Geräte und Anzüge konstruiert, werden jene Atemgasgemische entwickelt und erprobt, die den Menschen in die Tiefe bringen.

Das elektrische SCUBA-*Atem-Gerät*

SCUBA-Atemgeräte mit Helium-Sauerstoff-Atemgemischen haben bei der Eroberung des Inneren Weltraumes bereits ihren wirkungsvollen Beitrag geleistet. Mit diesen *S*elf-*C*ontained *U*nderwater *B*reathing *A*pparaten konnten bisher Tauchtiefen bis zu 200 Metern erreicht werden.

Nun hat jedoch die General Electric's Reentry and Environmental Systems Division eine neue SCUBA-Erfindung in der Produktion, die in der Lage ist, die bemannte Erforschung der See und der Tiefsee in dem Maß zu revolutionieren, wie dies vor rund dreißig Jahren durch die Entwicklung der Aqualunge der Fall war.

Im Gegensatz zum üblichen SCUBA-Gerät, bei dem der Taucher Preßluft in Tanks mitnimmt oder Helium-Sauerstoff-Gemische, die ins Wasser ausgeatmet werden, ist das neue Gerät eine Sauerstoff-Wiederatmungstype. Das ausgeatmete Atemgemisch fließt nach dem Ausatmen in eine Art von »Schrubber« zurück und kann, nachdem es ihn durchlaufen hat, neu geatmet werden, weil der »Schrubber« das tödliche Kohlendioxyd daraus entfernt.

Ein Elektronikgerät, das, über einen Monitor gelenkt, darauf programmiert ist, den Sauerstoffbedarf innerhalb der gewünschten Grenzen und Tiefen abzugeben, sichert mit größtmöglicher Sicherheit, daß der Taucher genau die erwünschte Menge Sauerstoff erhält. Dieses Sauerstoff-Wiederverwendungsprinzip ist nicht neu, war aber bis vor kurzem wegen der extremen Empfindlichkeit des Gehirns gegen Sauerstoffverlust und der Giftigkeit der Sauerstoff-Stickstoffatmung unter hohem Druck mit tödlichen Gefahren verbunden. Immer war der Taucher in Unruhe, ob sein Gerät nicht zuviel oder zuwenig Sauerstoff lieferte.

Die US-Navy hat bereits Tests mit simulierten Tiefen bis zu 1000 Fuß begonnen und die »General Electronics« konnte in ihren Untersuchungsreports

Der Medizinal-Monitor der Northrops Nortronics, der den Gesundheitszustand der Aquanauten überwacht.

zweitausend Stunden fehlerfreien Gebrauches festhalten. Die US-Navy Experimental Division Unit testet das Gerät nunmehr auf das Marine-Zeugnis »GE«. Wenn das Gerät diese Bezeichnung für einwandfreie Funktion erhält, wird noch 1974 mit der Produktion begonnen werden, um die damit veralteten Mark-X-Geräte gegen diese neuen Geräte umzutauschen. Andere US-Firmen wie z. B. »Westinghouse«, »Beckmanns-Instrumente« und die »Bio-Meeresindustrie« haben ähnliche Erfindungen in der Entwicklung. Wenn sie den Nachweis der Gebrauchsfähigkeit und 100prozentigen Sicherheit erbracht haben, werden Taucher in 350 bis 600 Meter Tiefe, freischwimmend, durch nichts behindert, die Tiefen der See weiter erforschen können. Wenn sie atmen, werden keine Luftblasen mehr aufsteigen, ihre Tauchzeit ist nicht – wie bei den bisherigen Geräten – auf rund 80 Minuten begrenzt.
Atom-Batterien sorgen dabei für die Erwärmung des Umgebungswassers. Dreißig Jahre nach der Aqualunge haben wir ein neues Atmungssystem im geschlossenen Kreislauf, das mithelfen wird, das Dunkel zu lichten, das in der abyssischen Tiefe der See auf seine Erhellung wartet.

Unterwasserhäuser – Das Leben im Meer

Am 5. Mai 1968 ließ ein amerikanischer Sanitätsoffizier, Captain George Foote Bond, Entdecker des Sättigungstauchens, die in Kiel versammelte Fachwelt der Marinemedizin aufhorchen. Damals führte er aus:

»Aus den biomedizinischen und technischen Daten, die wir durch zwei Versuche in offener See – Sealab I und Sealab II – erhielten, und aus Informationen, die wir durch vorhergehende und spätere Versuche in der Druckkammer in Erfahrung brachten, ergibt sich, daß die Grenze der Leistungsfähigkeit des Menschen unter Wasser noch nicht erreicht ist. Freies Tauchen bis in 1000 Meter Wassertiefe ist in Zukunft durch Wasserstoff-Sauerstoff-Gemische möglich. Über diese Grenze hinaus wird man wahrscheinlich wegen der Narkose und der Gasdichte zur Flüssigkeitsatmung übergehen müssen. Mit dieser Methode, bei der man eine Flüssigkeit mit überhöhtem Sauerstoffgehalt durch die Lungen der Taucher pumpt, wird man vielleicht kurze, nützliche Tauchgänge bis 4000 Meter Tiefe durchführen können. Für diese letzten Schritte wird aber noch eine erhebliche grundlegende physikalische und technische Arbeit notwendig sein. Dennoch bleibt das Tieftauchen von Menschen bis in die Tiefen der meisten Ozeane der Welt eine reale Möglichkeit.«

Wer ist George Foote Bond, daß er solche unglaublich erscheinenden Thesen vortragen kann? Bond ist Captain des Medicinal Corps der US-Navy, Hauptforscher des »Man-in-the-Sea-Programs« des »Deep-Submergence-Systems-Project-Department« der Marine der Vereinigten Staaten.

Die Gesamtführung dieses »Deep-Submergence-Systems-Project-Department« liegt in den Händen folgender Persönlichkeiten:

Project-Manager – Marine-Material-Kommando: Captain W. N. Nicholson.

Chef-Forscher für DSSP: Dr. J. P. Craven.

Chef der Technisch-Ozeanischen Abteilung: Commander Jack M. Tomsky.

Wissenschaftlicher Chefforscher: Captain George Foote Bond.

Captain George Foote Bond, Chef des »Man-in-the-Sea-Program«.

Das »Man-in-the-Sea-Program«

Die ersten Versuche des »Man-in-the-Sea-Program« war die Operation »Genesis«, die Captain Bond bereits 1957 startete. Ziel dieser Operation war es, am Verhalten von Tieren unter hohen Drucken mit verschiedenen Atemgemischen zu erkunden, ob Menschen diesen Drucken und Atemgemischen ebenfalls ausgesetzt werden könnten. Zur gleichen Zeit, da diese Versuche in den USA gestartet wurden mit dem Ziel, eine anwendbare Technik des Sättigungstauchens zu entwickeln, ging auch Commandant Jacques-Yves Cousteau vom Office Français des Recherches Sous Marines das gleiche Problem an. Gerade diese medizinisch-physiologischen Aspekte des Tieftauchens mußten gelöst werden, bevor Menschen ungefährdet in größere als in die bisher erreichten Tiefen vorstoßen konnten.

Nach einer Reihe von Druckkammerversuchen startete Bond seine Operation »Genesis«. Es begann mit Tierversuchen, bei denen verschiedene Atemgemische aus Helium und Sauerstoff verwendet wurden, bis zu Drucken von 7 Atmosphären. In Wassertiefen bis zu 61 Metern wurden weiße Mäuse, Meerschweinchen, Eichkatzen und Ziegen diesen Bedingungen ausgesetzt. Die Bedingungen des Sättigungstauchens, die Atemgemische, wurden erkundet und bis ins kleinste Detail getestet.

Ende 1958, als diese Studien abgeschlossen waren, stießen zwei Männer zu Bond: Captain Walter Mazzone und Captain Robert D. Workman. Dr. Bond unterbreitete der Navy nunmehr weitere Vorschläge für die Unterwasserforschung, »die es Menschen erlauben würden, als frei handelnde Wesen in 600 Fuß Tiefe zu leben (ca. 180 Meter) und in diesen Tiefen brauchbare Arbeit zu verrichten. Dies für einen Zeitraum bis zu dreißig Tagen.«

Hauptinteressenfelder dieser Arbeiten erstreckten sich von der Meeres-Biologie über die Ozeanographie und die Erdgas- und Erdölsuche zu Unterwasserfarmen, zum Aufbau von künftigen Unterwasserhäusern und – was für die Navy wichtig war – »Tiefsee-Bergungs-Operationen« wie etwa die Bergung gesunkener U-Boote.

Zwei U-Boots-Ärzte eröffneten im Frühjahr 1962 das Feld der Menschenversuche: Leutnant John C. Bull jr. und Leutnant Albert P. Fisher jr. Ein bewährter Marinetaucher, Robert A. Barth, kam hinzu. Diese drei Männer erprobten Atemgemische, die zu 79 Prozent aus Helium und zu 21 Prozent aus Sauerstoff bestanden, in einem sechstägigen Test unter normalem Druck.

Im April 1963 waren es die vier Maate Barth, Sanders, Manning und Lavoie der Navy, die in einer zweiteiligen Druckkammer mit einem neuen Atemgemisch von 6 Prozent Sauerstoff, 62 Prozent Helium und 32 Prozent Stickstoff unter 3 Atmosphären Druck sechs Tage lebten. Diese Kammer, EDU genannt, bestand aus einer trockenen Abteilung von 3,60 Meter Länge und 1,80 Meter Höhe und einem nassen Teil von 3,60 Meter Durchmesser und 1,80 Meter Höhe. Der Naßraum war zu drei Vierteln mit Wasser gefüllt. Periodisch gingen die Männer in diesen Naßraum, um eine spezielle energieverbrauchende Arbeit unter Wasser zu verrichten.

Diese Kammer war für die Phase D so eingerichtet, daß keine Gefahr für die Testpersonen bestand. Die Navy ging kein Risiko ein, deshalb war die Vorbereitungsphase für das Unternehmen Sealab I auch noch nicht beendet.

Im August/September 1963 lief die Phase E, die in einer Druck-Klimakammer in New London durchgeführt wurde. Diese zylindrische Kammer von 2,75 Meter Länge und einem Durchmesser von 2,13 Meter konnte in simulierte Tiefen von 75 bis 6100 Meter gesteuert werden.

Für 12 Tage blieben die drei Navy-Angehörigen, Leutnant Dr. Bull und die Maate Barth und Manning, in einer Tiefe von 61 Meter. Während dieses Experimentes wurde der Sauerstoff-Anteil der Testatmosphäre auf 3,5 Prozent

Konzeption einer Viermann-Deck-Dekompressionskammer, an die eine Personen-Transportkammer angedockt werden kann.

mit 79,5 Prozent Helium und 16 Prozent Stickstoff heruntergesenkt. Nach elf Tagen wurde die errechnete 27stündige Dekompressionszeit eingeleitet. Die Männer hatten keine Schädigungen erlitten.

»Précontinent I« und »Précontinent II«

Bevor jedoch in den USA »Sealab I« gestartet wurde, war man in Frankreich schon in diese Phase des Einsatzes von Menschen in einem Unterwasserprojekt eingetreten.

Im Jahre 1961 ist – viel zu spät für die Wissenschaftler, die diesen Zusammenschluß und die Zusammenfassung aller Kräfte gleichzeitig gefordert hatten – in Frankreich die Meeresforschung unter dem Namen Comité pour l'Exploitation des Océans (COMEXO) zusammengefaßt worden.

Bis dahin waren die in Frankreich existierenden über 100 Forschungsinstitute von sieben Ministerien betreut worden. Darüber hinaus nahm auch die Privatindustrie Einfluß auf diese Institute, die sie ja mitfinanzierte. Dem neuen

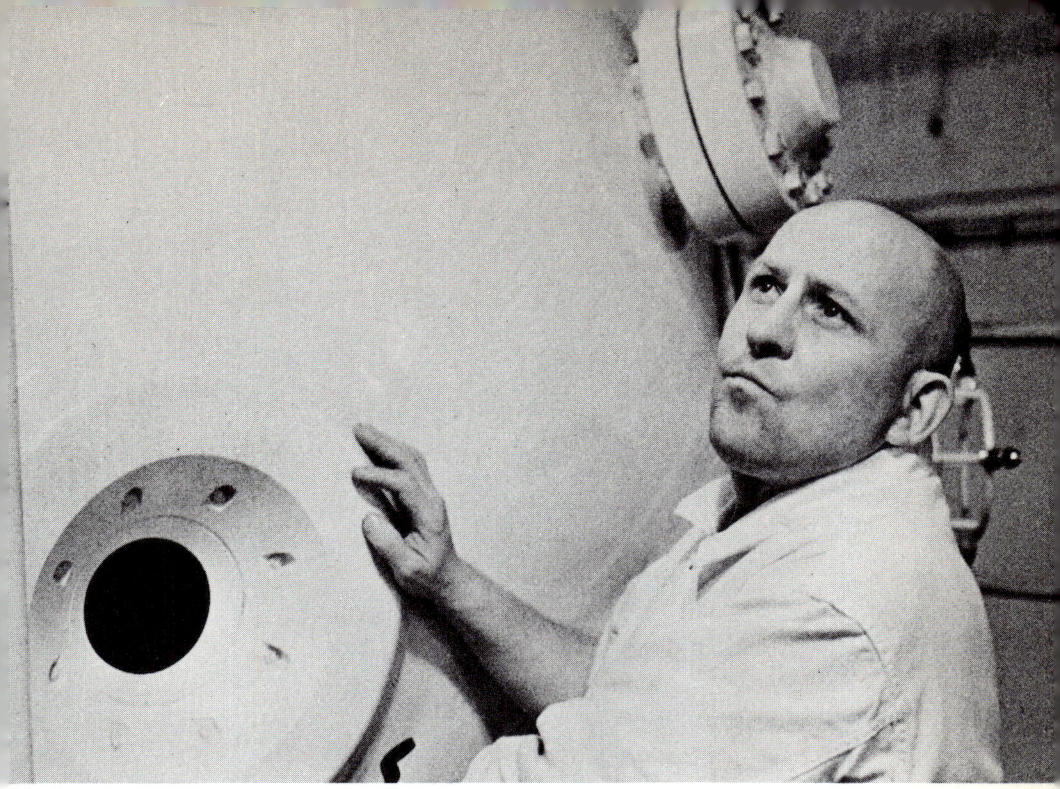

Professor Jacques Chouteau, Marseille, einer der führenden Männer der französischen Unterwasserforschung.

COMEXO wurden im IV. Plan für Meeresforschung (1961 bis 1965) 48 Millionen Francs zur Verfügung gestellt, einmal zur Grundlagenforschung und zum anderen für den Bau von Großgeräten.
Professor Jacques Chouteau, Kommandant Cousteau und Kommandant Jean Alinat hatten inzwischen ebenfalls das Problem des Sättigungstauchens gelöst. Hauptsatz und Kernstück der neuen Methode wurde von ihnen gemeinsam so formuliert:
»Die Dauer der Dekompression ist eine direkte Funktion der Menge des in den Geweben gelösten Gases. Diese Menge hängt von der Tiefe (oder dem Druck) und der Dauer des Tauchens ab. Aber sie wächst nicht unendlich, da eine Sättigung des Organismus mit dem gelösten Gas eintritt. Es folgt daraus, daß die Dauer der Dekompression, sobald einmal die Sättigung erreicht ist, konstant bleibt, ohne Rücksicht darauf, wie lange der Aufenthalt dauern mag: Stunden, Tage, Wochen, Monate.«
Auf dieser Grundlage begannen 1962 die von E. Link und Kommandant Cousteau durchgeführten Versuche mit dem Namen »Précontinent«.

»Précontinent I« – auch Unternehmen »Diogenes« genannt – fand vom 14. bis 21. 9. 1962 auf der Reede von Marseille statt. In einem zylindrischen Unterwasserhaus lebten zwei Forscher in 10,5 Meter Tiefe. Sie konnten dieses UWH durch einen Ausstieg am Boden verlassen und schwammen täglich ca. fünf Stunden in 5 bis 25 Meter Tiefe. Das UWH wurde von einem Versorgungsschiff im offenen Kreislauf mit Druckluft versorgt. Bei einem Druck von 2,06 atü und einem Sauerstoff-Partialdruck von 316 mmHG konnten die Taucher 25 Meter Wassertiefe mühelos erreichen. Nach einer dreistündigen Beatmung mit einem Gemisch aus 80 Prozent Sauerstoff und 20 Prozent Stickstoff konnten die Forscher am Ende dieser 7-Tage-Periode an die Oberfläche zurückgehen.

Knapp ein Jahr später wurde vom 14. Juni bis zum 14. Juli 1963 die Operation »Précontinent II« auf dem Riff von Shaab Rumi im Roten Meer durchgeführt. Zweck dieses neuen Versuches war es:

1. Durch Erweiterung auf 30 Tage und durch die Teilnahme von sechs Personen eine größere Anzahl Arbeits- und Prüfungsstunden zu erreichen.
2. Neben der normalen Wassertiefe von 9,5 Meter sollten zwei Personen einen Versuch in einer Tiefe von 26,5 Meter mit einer Aufenthaltsdauer von sechs Tagen durchführen – bei einer Atmosphäre von 50 Prozent normaler Luft und 50 Prozent Helium im geschlossenen Kreislauf mit Regeneration.
3. Mit diesem Versuch sollte der Nachweis erbracht werden, daß es logistisch möglich sein würde, eine Gruppe von Unterwasserstationen mit selbständiger Versorgung zu errichten.

Bei diesem Unternehmen sollten die »Schwimmenden Untertassen« – Soucoupe plongeante – eingesetzt werden, dazu Fernsehapparate, Ultraschall-Fernsprecher, Foto- und Filmaufnahmegeräte, Druckluftgeräte und anderes mehr. Die beiden Mutterschiffe »Calypso« und »Rosaldo« lieferten Energie, Druckluft und Verpflegung für dieses erste Unterwasserdorf der Geschichte der Meeresforschung.

Die Aquanauten führten vielschichtige Aufgaben der Ozeanographie durch. Es wurde von Kommandant Cousteau der Film »Die Welt ohne Sonne« gedreht, der im Juli 1970 im Deutschen Fernsehen gesendet worden ist.

Die Bewohner des oberen Hauses schwammen bis in 25 Meter Tiefe, während die des unteren Hauses sich in Tiefen bis zu 50 Meter bewegten und gelegentlich bis zu 80 und einmal bis zu 100 Meter tief hinunterschwammen. Das Experiment wurde ohne Schwierigkeiten durchgeführt. Es hatte sich erwiesen, daß die Daten für das Sättigungstauchen in Ordnung waren und daß noch größere Tiefen angegangen werden konnten.

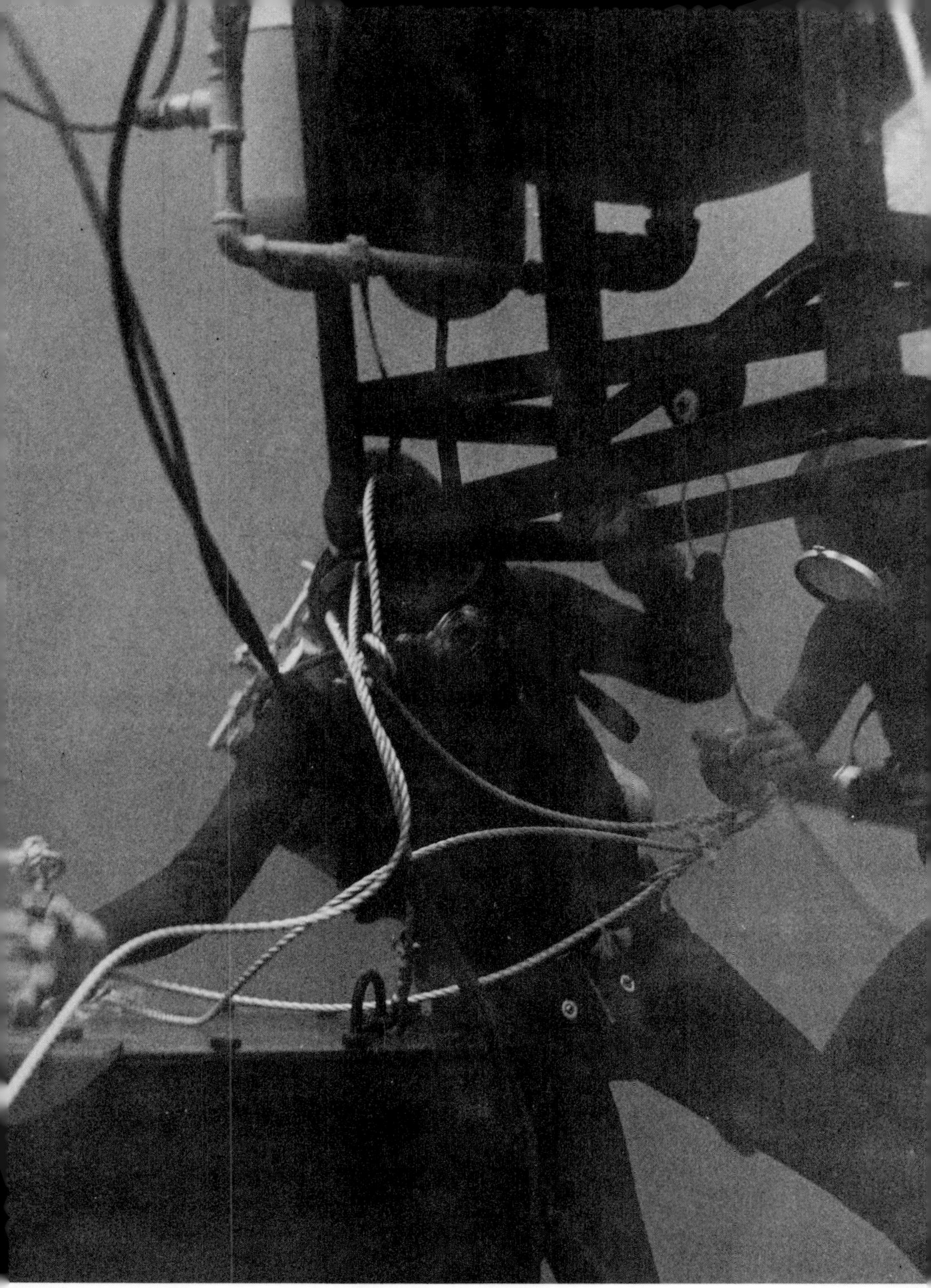

Taucher bei Probearbeiten zum Unternehmen »Sealab III«.

»Sealab I« – Gefahr für Aquanaut Manning

Das erste wirkliche Unterwasserexperiment der US-Marine begann, ein ganzes Jahr nach »Précontinent I und II«, am 20. Juli 1964 und dauerte zwölf Tage. Vier Taucher sollten im Experiment »Sealab I« in 61 Meter Wassertiefe leben. Es waren wieder die »Veteranen« des »Genesis-Programms« Barth und Manning. Hinzu kamen Maat Anderson und Leutnant Robert E. Thompson vom US-Navy-Medicinal-Corps.

Als Standort für das Unterwasserhaus wurde eine Stelle im Meer 26 Meilen vor den Bermudas ausgewählt, und zwar auf einem Teilstück der Plantagenet Bank, wo die Wassertiefe maximal 88,90 Meter beträgt. Dieser Platz, unmittelbar vor der künstlichen Insel Argus Island (der US-Navy) gelegen, bot sich für dieses Experiment an, weil er von klarem, warmem Wasser umgeben ist und dort nur selten Stürme zu verzeichnen waren.

»Sealab I« war aus zwei Schwimmern konstruiert, nahtlos geschweißt und hatte die Form einer Zigarre. Die Hauptkammer war 12,20 Meter lang und hatte einen Durchmesser von 4,05 Meter. Zwei Pfortluken von jeweils 31,2 Zentimeter waren an jeder Seite der Kammer angebracht. Im Zentrum dieser Kammer befand sich der 7,3 Meter lange Lebens- und Aufenthaltsraum. Verbindung mit der Außenwelt wurde durch ein TV-Monitor-System, einen Elektroschreiber und ein Ultraschall-Telefon sichergestellt. Das für »Sealab I« zusammengestellte Atemgemisch bestand aus 80 Prozent Helium, 16 Prozent Stickstoff und 4 Prozent Sauerstoff. Das Unterstützungsteam an der Wasseroberfläche war auf einem großen Leichter der Navy eingeschifft. An Deck des Leichters befand sich eine Untersee-Dekompressions-Kammer, die den Aquanauten auch als »Aufzug« diente. Auf einen Innendruck gebracht, welcher der Tiefe von 61 Meter entsprach, konnte sie auch als »Entkommenschance« benutzt werden, wenn im Unterwasserhaus ein Defekt auftrat. Darüber hinaus war die Dekompressionskammer mit einer Dekompressionsanlage versehen. Wenn die Aquanauten ihr Unterwasserhaus verließen, waren sie mit einem Marine-Standard-Atmungsgerät Mark VI ausgerüstet (ein halbschließendes Atemgerät). Ein anderes System, das verwandt werden sollte, war das HOOKAH-ARWAK-System, mit dem die Aquanauten über eine Nabelschnur mit Luft versorgt wurden, die aus dem Unterwasserhaus kam. Dieses letzte System konnte die Aquanauten in unbegrenztem Umfang mit Luft versorgen. Die Nabelschnur ließ ihnen dann einen Aktionsradius von 100 Meter außerhalb der Kammer.

Nach den vorbereitenden Tests, die im Marine-Laboratorium in Panama-City im Golf von Mexico durchgeführt wurden, wurde die Kammer am 18. Juli

Aquanauten bei Unterwasserarbeiten mit Unterwasserwerkzeug.

1964 nach Argus Island geschafft und von einem Kran am Marine-Beobachtungsturm zunächst in 18,8 Meter Tiefe hinabgelassen. Hier wurde am Morgen des 19. Juli das Haus ausgeblasen und das vereinbarte Atemgemisch hineingepumpt. Dann erst erfolgte das Absenken auf den Grund, wo die Kammer um 13.30 Uhr in 193 Fuß Tiefe aufsetzte.

Am 20. Juli schwammen Taucher mit SCUBA-Ausrüstung hinaus, um die Arbeit am Unterwasserhaus zu beenden. Dann wurden Dr. Bond und Captain Mazzone in eine Tiefe von 48,8 Meter hinuntergelassen. Hier verließen sie die Transportkapsel und schwammen frei zum Unterwasserhaus hinunter, um die abschließende Inspektion vorzunehmen. Es durfte keine Fehler geben, weil der kleinste den Tod der Aquanauten zur Folge haben konnte.

Um 17.30 Uhr enterten die Aquanauten ihr Unterwasserhaus. »Sealab I« hatte begonnen. Sie erlebten eine neue Welt, arbeiteten an der Montage von Überschall-Baken auf dem Meeresboden, brachten Strömungsmesser an und installierten Scheinwerfer für die Nachtfotografie.

Während des Besuches von »Star I« bei »Sealab I« ereignete sich ein Zwischen-

»Star II« in Aktion, durch das Bullauge eines Schwesternschiffes aufgenommen.

fall. »Star I«, ein Einmann-U-Boot (das erste Forschungs-U-Boot der General Dynamics Electro-Boat Division) hatte Auftrag erhalten, zu »Sealab I« hinunterzustoßen und zu untersuchen, ob Aquanauten in der Lage sind, durch ein Luk in das Boot einzusteigen. Aquanaut Manning sollte diese Versuche filmen. Als »Star I« auftauchte, begann er zu drehen. Plötzlich jedoch spürte er ein seltsames Gefühl schwebender Leichtigkeit. Ein Warnsignal blitzte in seinem Gehirn auf. Sein erster Gedanke: »Mein SCUBA-Gerät funktioniert nicht!«
Er löste den immer wieder geübten Rettungsreflex aus. Manning ließ die Kamera fallen und schwamm mit schwindenden Kräften zur Kammer zurück. Mit jedem Luftholen atmete er das ausgeatmete Gas wieder ein. Die Gasergänzung hatte ausgesetzt. Mit letzter Kraft erreichte er den Einstieg. Als er die Stufen emporkletterte, verlor er das Bewußtsein.
Aquanaut Anderson, der im Haus auf Wache saß, vernahm den Fall, und es gelang ihm, in letzter Sekunde Mannings schon abtreibenden Körper zu erwischen und in die Kammer zu bringen. Er wandte sofort die Beatmung an,

»Star III«, ein Tieftauchboot der General Dynamics, Groton/Connecticut.

Die führenden Aquanauten des Sealab-II-Unternehmens. Von links: Captain George F. Bond, Coffman, Scott Carpenter und Mazzone.

und Dr. Thompson untersuchte Manning sofort. Die kleinen Blutgefäße in den Augen des Aquanauten waren geplatzt. Das Weiße färbte sich zuerst rot, dann schwarz.

Am 31. Juli 1964, dem 11. Tag des Experiments, wurden die Aquanauten mitsamt ihrem Unterwasserhaus in die Höhe gehievt. Je höher sie kamen, desto härter wurden die Bewegungen der See, die Trossen drohten zu brechen. Der Chefingenieur entschied, daß die Aquanauten aussteigen müßten. In 24,5 Meter wurde die Kammer angehalten, die Aquanauten verließen sie und schwammen in die hinuntergeschickte SDC. Vier Stunden mußten sie dort bleiben, dann wurde die SDC aufgehievt und schließlich in horizontale Position gebracht.

Am 1. August 1964 um 8.45 Uhr kamen die Aquanauten aus der SDC heraus. Untersuchungen ergaben, daß alle vier Aquanauten wohlauf waren. Es wurden wichtige Erkenntnisse für die Weiterführung der Experimente gewonnen und fünf Monate später waren die Vorbereitungen für »Sealab II« abgeschlossen.

»Sealab II« – Tuffy und ein Astronaut als Aquanauten

In diesem neuen Experiment sollten drei Teams aus zehn Mann jeweils 15 Tage unter Wasser bleiben. Zwei dieser dreißig Taucher wollten in jeweils zwei Unterwasserperioden unten bleiben. Es waren einmal Leutnant Robert E. Sonnenburg vom Medicinal Corps, der im ersten und im dritten Törn dabeisein sollte und zum anderen war es Commander Scott Carpenter, von der NASA für dieses Experiment ausgeliehen. Er hatte als zweiter Astronaut 1962 in einer Weltraumkapsel die Erde umkreist und war bereits beim ersten Raumflug von John Glenn »Hintergrundpilot«, der einzuspringen hatte, wenn Glenn ausfiel. Nun wurde er Aquanaut.

Am 1. April 1965 begannen die drei Aquanauten ihr Training im Marine-Minenabwehr-Laboratorium in Panama-City, Florida. Dann übersiedelten sie zur Marine-Basis nach Long Beach. Hier lernten sie auch ihr neues Unterwasserhaus kennen. Dies war eine große Kammer, die in vier Räume unterteilt war. »Ein besserer Straßen-Wassertankwagen ohne Räder«, kommentierte einer der Aquanauten.

Als Begleitschiff wurde ein Gerüst-Fahrzeug – wie sie z. B. bei den Polaris-Raketenpop-up-Tests Verwendung fanden – ausgewählt, das aus zwei Schleppern zusammengesetzt war. Zwischen den beiden Schleppern lag ein Zwischenraum von 6,70 Meter, der mit einem U-förmigen Mantel überspannt wurde, welcher beide Schlepper verband. Hier waren auch der Kran und die Winschen untergebracht, durch deren Öffnung die diversen Unterwassergeräte hinuntergelassen wurden. An Deck befand sich die 10-Personen-Deck-Dekompressions-Kammer (DDC) und die Personen-Transport-Kapsel (PTC). Die PTC konnte zehn Personen von oben nach unten und von unten nach oben bringen. Sie konnte direkt an die DDC angeschlossen werden, um das Umsteigen der Aquanauten zur Dekompression in die bequemere DDC zu ermöglichen.

An Bord der »Berkone« (Zusammenfassung der beiden Namen Berkich und Mazzone) befanden sich noch die Kommandozentrale, sämtliche Verständigungsmittel, der Atemgemischlagerraum und Spezialeinrichtungen. Die Verbindung zwischen der »Berkone« und »Sealab II« stellte also die PTC her. Das auf dem Meeresgrund liegende Unterwasserhaus wurde von der nahegelegenen Pier des Scripps-Instituts mit Strom und Wasser versorgt. Vom Begleitschiff wurde in der Nabelschnur Atemgas nach unten gepumpt. Ein Schiffsbordkabel war als Sicherheitsquelle für die Elektroversorgung vorhanden; es konnte im Notfall das Haus ebenfalls mit Strom versorgen.

Das Bergungsschiff »Gear« schleppte das Seelaboratorium von der Schiffs-

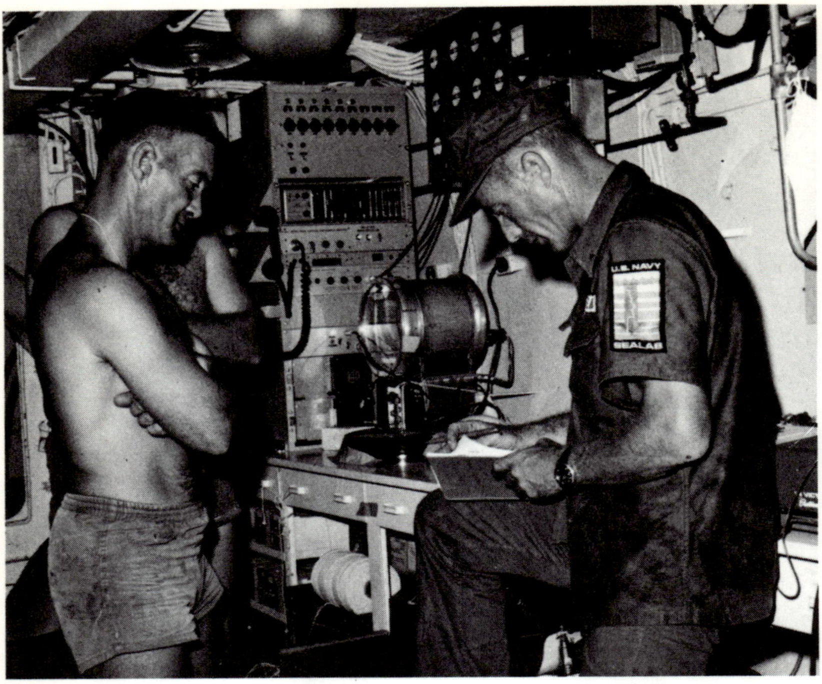

Die Aquanauten Carpenter und Eaton gehen die Checkliste der Experimente des ersten Teams von »Sealab II« durch.

werft in Long Beach bis zum Liegeplatz vor La Jolla. Hier wurde es am 26. August 1965 hinabgelassen. Die Aquanauten hatten es bereits mit dem Spitznamen »Tiltin-Hilton« belegt. In 205 Fuß Tiefe wurde es verankert, und am Morgen des 28. August begann das Experiment.

Als erste Tätigkeit wurde eine sensationelle Funksprech-Kette gebildet, die Commander Carpenter unter Wasser mit seinem Freund Gordon Cooper im Weltraum verband. Die ersten Glückwünsche aus dem Inneren Weltraum in den Äußeren Weltraum wurden ausgetauscht. Eine Sensation hatte stattgefunden.

Die Aquanauten wickelten ihr Arbeitspensum ab. Es würde den Rahmen dieses Berichtes sprengen, die Fülle der Tätigkeiten aufzuzählen. Wichtig ist, daß das neue Atemgemisch für »Sealab II« aus einem Anteil von 77 bis 79 Prozent Helium, 18 Prozent Stickstoff und 3 bis 4 Prozent Sauerstoff bestand. Für die Entfernung von Kohlendioxyd aus der Luft wurde Lithium-Wasserstoffoxyd verwandt. Holzkohlefilter beseitigten den Geruch.

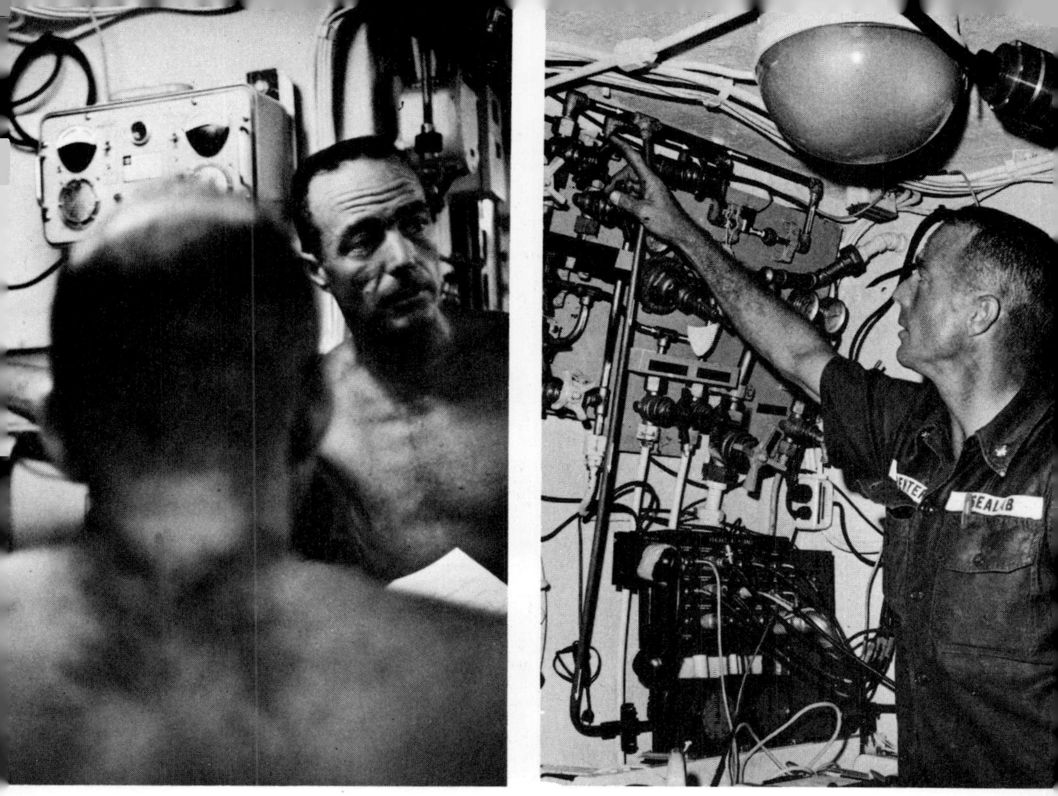

Links: Teamleiter Carpenter im abgetauchten »Sealab II«, dessen erstes Team er leitete. Rechts: Scott Carpenter checkt das Lebenssicherungssystem bei »Sealab II«.

Am 16. Tag der Operation wurden neun Aquanauten nach oben geholt und aus der PTC in die DDC gebracht. Neun Ablöser stiegen in die PTC und kamen hinunter. Scott Carpenter, der allein unten geblieben war, wurde während der Beobachtungen des Aufhievens von einem Skorpion gestochen. Binnen kurzem schwoll sein Arm auf den doppelten Umfang an.

Carpenter kommentierte dies folgendermaßen: »Dieses Vorkommnis lieferte uns einen realen Test der Wirkung von Giften in einer druckangereicherten Helium-Sauerstoff-Atmosphäre.«

Das zweite Team unternahm Tests mit Tuffy, einem zahmen Tümmler. Tuffy fungierte als Briefträger und Handlanger und wurde zum Liebling der Aquanauten.

Und schließlich, als Team III unten war, geschah noch etwas. Zur gleichen Zeit fand vor der Küste von Nizza das Unternehmen »Précontinent III« statt. Wieder wurde eine Funksprech-Kette hergestellt, und über eine Distanz von 16200 Kilometern sprachen die Aquanauten Kommandant Cousteau und

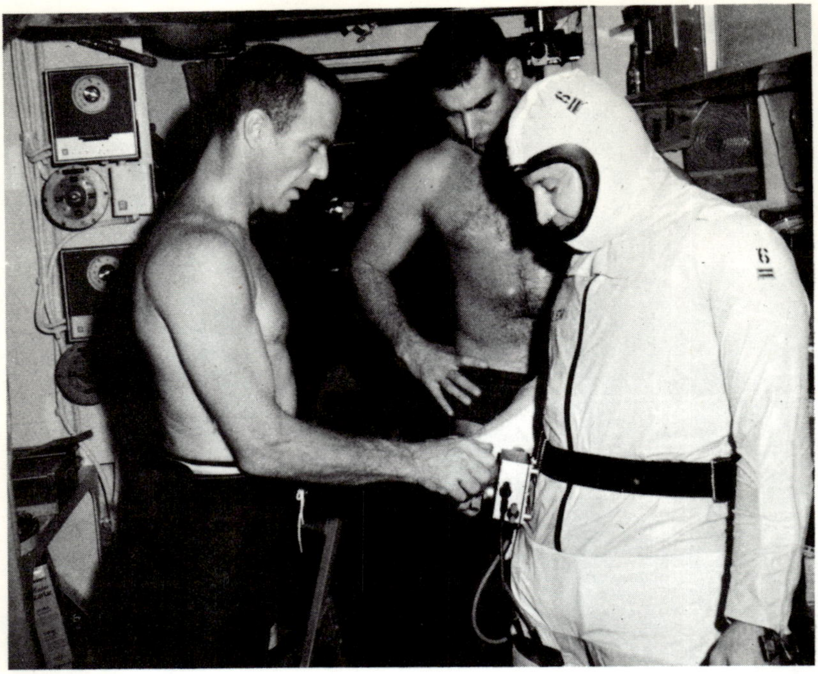

Teamleiter Carpenter (links) und Leutnant Robert Sonneburg checken den elektrisch betriebenen Heißwasseranzug von Chief Fred Johier, der als erster damit »Sealab II« verläßt.

Robert Sheats, Teamleiter des III. Teams, miteinander und tauschten ihre Erfahrungen direkt aus. Dieses Gespräch unter Wasser um den halben Erdball leitete eine neue Epoche in der Unterwasserforschung ein.

Übrigens war Scott Carpenter als erster Mensch 30 Tage bei diesem Versuch unter Wasser geblieben.

Am 10. Oktober 1965 wurde dieses Experiment beendet, das den endgültigen Beweis erbrachte, daß das System des Sättigungstauchens richtig war. Die Aquanauten hatten keinerlei Schädigungen erlitten. Dafür aber brachten sie eine Fülle neuer Erkenntnisse mit an die Wasseroberfläche zurück.

»Précontinent III« – Unterwasserdorf vor Kap Ferrat

In Frankreich begann am 17. September 1965 – dem 21. Tag der Operation »Sealab II« – die Operation »Précontinent III« vor dem Kap Ferrat in 100 Meter Wassertiefe. Es sollte einen Monat, bis zum 17. Oktober 1965 dauern.

Aquanaut mit Astronautenfoto – zwei Welten, eine Ausrüstung.

Wieder bestand das Team aus sechs Personen, die alle 29,5 Tage in dieser Tiefe bleiben und arbeiten sollten.
Auch hier hatte man die physiologischen Aspekte vorher in Tierversuchen und dann auch an Menschen in Druckkammerversuchen simuliert. Mit Tieren wurden Versuche mit Drucken von 12 bis 20 atü und an Menschen solche mit Drucken bis zu 12,5 atü durchgeführt. Ein technischer Versuch von vier Tagen Dauer in 25 Meter Tiefe ging »Précontinent III« voraus.
Bereits über Wasser, an Bord des Mutterschiffes im Hafen von Monaco, wurden die Aquanauten dem entsprechenden Wasserdruck angepaßt, sodann in ihrem Unterwasserhaus an Ort und Stelle geschleppt und in 100 Meter Tiefe hinabgelassen. Diesmal war das Unterwasserhaus völlig unabhängig, abgesehen von der Versorgung mit elektrischer Energie, die vom Mutterschiff aus durchgeführt wurde. Die »Soucoupe plongeante 350« und ein Fahrstuhl mit wasserdichten Behältern sicherten eine zusätzliche Verbindung mit der Überwasserwelt. Die Aquanauten arbeiteten täglich bis zu vier Stunden im freien Wasser und tauchten bis in eine Tiefe von 130 Meter hinunter. Eine Fülle wissenschaftlicher und ingenieurtechnischer Arbeiten wurde erledigt. Neue Erkenntnisse des Lebens unter Wasser unter hohem Druck, psychologische Fakten der 30-Tage-Abgeschlossenheit wurden erkundet.
Während des Rückmarsches nach Monaco begann bereits die 84 Stunden währende Dekompression. Ein weiterer Schritt, hinunter in jene 71 Prozent unserer Erde, war gelungen.
Doch dabei blieb man weder in den USA noch in Frankreich stehen. Nachdem die Tatsache unschädlichen Lebens unter hohen Drucken erkannt war, wuchs das Interesse für das Sättigungstauchen mehr und mehr, weil es den Schlüssel zum Inneren Weltraum und zu seinen Reichtümern bildet.
In Frankreich wurde 1966–1967 versucht, genau festzustellen, wo die Grenze für das Sättigungstauchen liegen könnte. Ziegen wurden bei Drucken von 40 bis 58 atü getestet, was einer Wassertiefe von rund 400 bis 580 Metern entsprechen würde. Versuchs-Caissons, in denen 150 Atmosphären Druck erzeugt werden, sind in Betrieb gegangen. Nach verschiedenen Versuchen kann man sagen, daß mit einem Helium-Sauerstoff-Gemisch 600 Meter erreicht werden können.

»Précontinent IV« und die »Argyronète« – Der neue Weg in die Tiefe

Im Augenblick laufen in Frankreich die Vorbereitungen zum Unternehmen »Précontinent IV« auf Hochtouren. Bei diesem Unternehmen soll ein neues Tieftauch-Fahrzeug vorgestellt werden, das als Vielzweck-Fahrzeug alle bisher

Commander Scott Carpenter (rechts) und Wilber Eaton kommen aus dem offenen Ausgang von »Sealab II« heraus.

Neue Arbeitsgeräte werden getestet.

bekannten Typen übertreffen wird: die »Argyronète«. Es ist dies ein kombiniertes U-Fahrzeug, das völlig unabhängig, mit eigenen Energiereserven, Antriebsmotoren und Gasreserven ausgerüstet ist, die sich außen an einem druckfesten Rumpf befinden. In dem druckfesten Körper der »Argyronète« lebt die Besatzung hingegen unter normalen Druckverhältnissen. Ein zusätzliches Unterwasserhaus ist in den Rumpf der »Argyronète« eingebaut und kann an beliebiger Stelle auf den Meeresgrund abgesetzt und auf den Umgebungsdruck gebracht werden. Hier können Aquanauten-Teams untergebracht werden, die nach dem Absenken hinausschwimmen und Forschungen durchführen können. In der »Argyronète« wohnen die Physiologen, Mediziner, Techniker in unmittelbarer Nähe der Aquanauten, die in 300 Meter Tiefe »Précontinent IV« angehen werden.

Im September 1971 ging die Meldung durch die Fachpresse, daß die Druck- und Flutkammern für die »Argyronète« von der französischen Firma Neyrpic-Alsthom fertiggestellt seien. Ein Außenrumpf von 28 Meter Länge war ebenfalls fertiggestellt, der die beiden zylindrischen Druckkammern umschloß. In der größeren der beiden Druckkammern herrscht der normale Druck von einer Atmosphäre, auch wenn das Boot in die Maximaltiefe von 600 Meter hinuntergeht. Dazu wurde sie aus 30 Millimeter dickem Stahlblech gefertigt. Diese große Druckkammer hat eine Länge von 16,30 Meter und einen Durchmesser von 3,70 Meter. Sie soll der sechsköpfigen Besatzung als Wohnraum dienen. Die kleinere, unter Druck stehende Kammer ist nur 5 Meter lang und hat einen Durchmesser von 2,5 Meter. Sie dient als Unterwasserhaus, in dem vier der sechs Taucher für drei Tage leben können. Sie ist auf den Druck der sie umgebenden Wassertiefe gebracht, so daß die Taucher durch diese Kammer als Schleuse auch in 600 Meter Wassertiefe das Boot verlassen können.

Der Stapellauf der »Argyronète«, der zunächst für Anfang 1973 geplant war, verzögerte sich. Finanzierungsschwierigkeiten waren der Grund dafür. Die Schätzung der Herstellungskosten in Höhe von 20 Millionen Francs hatten sich Ende 1972 bereits auf 36 Millionen Francs erhöht. Einige der Ölfirmen, die zu den Initiatoren des Projektes gehörten, haben die Geldzuwendungen

Flachwasserstudien für »Sealab III« bei der Insel Anacapa.

gedrosselt, weil sie zu der Überzeugung gelangt sind, daß dieses Unterwasserfahrzeug erst in einigen Jahren für die Unterwasserprospektion nach Öl benötigt wird.

Die »Argyronète« ist das einzige Tieftauchfahrzeug, das für eine ununterbrochene Tauchfahrt unter Wasser von acht Tagen ausgerüstet ist. Inzwischen hat auch Jacques-Yves Cousteau, in dessen Zentrum für Meeresforschung die Tieftauchversuche »Saturation« I bis IV durchgeführt wurden, beschlossen, diese »Trockentauchversuche« mit der »Argyronète« praktisch durchzuführen.

»Sealab III« und der Tod

Als die Meldungen vom Erfolg von »Précontinent III« die USA erreichten, waren Captain Bond und seine nunmehr vielen Mitarbeiter eben dabei, das dritte »Offene-Ozean-Projekt« mit dem Codenamen »Sealab III« vorzubereiten. Neuer Schauplatz war die Insel San Clemente vor der Küste von Kalifornien. Ende 1968 sollte das Unternehmen starten und bis ins Frühjahr 1969 hinein dauern.

Das US-Landungsschiff X 501, die »Elk River«, wurde zum Begleit- und Unterstützungsschiff umgebaut. Sie erhielt einen 65-Tonnen-Kran. Zwei Deck-Dekompressions-Kammern und zwei Personen-Transport-Kapseln wurden erbaut. Jede der Kammern und Kapseln konnte vier Menschen aufnehmen. Sechs Teams von jeweils acht Aquanauten sollten je 12 Tage in einer Tiefe von rund 183 Meter bleiben.

Ein neu entwickeltes Mark-VIII-SCUBA-Gerät wurde ausprobiert. Ein Heizungsprototyp sollte erprobt werden, denn es sollten viele wissenschaftliche Fragen behandelt und getestet werden. Das Unterwasserhaus besaß am Boden zwei Räume von 2,44 zu 3,66 Meter Größe. Der hintere Raum diente als Tauchstation, der vordere war als Beobachtungs- und Lagerraum eingerichtet. Das Atemgas setzte sich aus 95 Prozent Helium, 3 bis 3½ Prozent Stickstoff und 1 bis 1½ Prozent Sauerstoff zusammen. Eine Erfindung, die als »Schrubber« wirkte – bestehend aus Lithium-Hydroxyde –, trennte das tödliche Kohlendioxyd aus der Atmosphäre. Holzkohlefilter verbesserten den Geruch der Luft. Auch das tödliche Kohlenmonoxyd und andere gefährliche Wasserkohlenstoff-Verbindungen wurden durch diese Geräte entfernt.

In den Zementboden des Hauses waren Wärmespiralen eingebettet, die den Wärmeverlust ausglichen und konstant 88 Grad Fahrenheit hielten. Diese Temperatur ist notwendig, um den Wärmeverlust des Körpers in dieser künstlichen Atmosphäre auszugleichen.

Studie von »Sealab III« mit dem Mutterschiff »Elk River« und einer Personen-Transportkammer.

Dieses 72-Tage-Experiment sollte das größte der Reihe werden. Es wurde das längst umkämpfte, und das kam folgendermaßen:
Die Druckkammer-Versuche im Dezember 1966 der Marine-Experiment-Tiefenanlage im Navy Yard, Washington, die von Captain Bond geleitet wurden, erbrachten neue Erkenntnisse und eine Dekompressionszeit von 115 Stunden bei 600 Fuß (183 Meter) Tiefe. Es mußte ein neues Überwachungssystem entwickelt werden, dann begannen die Säugetierversuche für »Sealab III«. Wieder war Tuffy dabei. Ferner noch ein weiterer Tümmler, zwei Seelöwen und ein Hafen-Seehund. Im Oktober war es gelungen, durch Radioisotopenkraft betriebene Heizungen im Atom Energy Commission-Mound Laboratory in Miamisburg im Staat Ohio zu entwickeln.
Diese neue Heizung – für Astronauten ebenso lebenswichtig wie für Aquanauten – hat eine Länge von 25 Zentimeter und einen Durchmesser von 10 Zentimeter. Sie enthält vier Kapseln mit einer bestimmten Füllung aus Plutonium 238. Jede dieser vier Kapseln entwickelt beinahe über unbegrenzte Zeit eine Energie von 100 Watt. Eine Batteriepumpe, die das um den Aquanauten zirkulierende Wasser umwälzt, ist von einer besonderen Druckkammer umgeben und hat die Abmessung eines kleinen Margarinewürfels.
Commander Carpenter, der als Teamleiter bei »Sealab II« mitgewirkt hatte, wurde von der NASA freigegeben und übernahm nunmehr die Koordinierung des Team-Trainings der Aquanauten.
Im November 1967 lagen die Ergebnisse von »Sealab II« erst komplett vor. In dem Untersuchungsbericht, den Raymond I. Hock, Captain Bond und Captain Mazzone zusammenstellten, war jedes Detail berücksichtigt worden.
Das Jahr 1968 begann mit der Überraschung, daß auf Einladung der USA auch Australien, Kanada und Großbritannien Aquanauten zu diesem großen Experiment entsandten. Hubert H. Humphrey, seinerzeit Vizepräsident der USA und Leiter der National Council on Marine Resources and Engineering Development, hatte diese Lösung vorgeschlagen.
Am 25. Januar 1968 hatte ein kleines Team sechs Tage in einer Druckkammer in einer Tiefe von 600 Fuß gelebt. Es atmete ein Gemisch aus 92,4 Prozent Helium, 6 Prozent Stickstoff und 1,6 Prozent Sauerstoff.
Die Forschungsaufgaben zeichneten sich ab. Projekte der Biologie, der Ökologie, der Biolumineszenz, Unterwasser-Konstruktionen, Ozeanographie, Geologie, Bergungsarbeiten, Unterwasser-Verständigung, Torpedoentwicklung, Entwicklungen neuer Unterwasser-Kampffahrzeuge, Abwehrwaffen gegen Unterwasser-Fahrzeuge und nicht zuletzt die Erkundung neuer Rohstoffquellen, Nahrungsquellen und Mineralienfunde standen auf dem Programm.
Im Dezember 1968 sollte »Sealab III« beginnen. Der letzte Countdown begann

am 8. November 1968, als das Unterwasserhaus, das trocken 298,91 Tonnen wog, von der San Francisco Bay Marine Schiffswerft aus auf dem Begleit- und Transportschiff »Elk River« zum Ankerplatz vor San Clemente Island geschleppt wurde.
Hier begannen unmittelbar darauf unbemannte und bemannte Tauchversuche, die bis in 305 Meter Tiefe hinuntergingen. Die beiden PTC wurden den gleichen Tests unterzogen, denn sie sollten ja die Aquanauten von Bord des Schiffes zum Unterwasserhaus in 183 Meter Tiefe hinunterbringen.
Die erste Probefahrt der PTC fand bei normaler Atmosphäre statt. Am 1. Dezember 1968 ging sie auf Tiefe. Als sie 150 Meter erreicht hatte, meldeten die elektronischen Geräte einen Wassereinbruch. Elektrische Geräte knallten in Kurzschlüssen heraus. Die Sprechverbindungskabel wurden völlig zerstört. Zum Glück war es ein unbemannter Versuch. Commander J. M. Tomsky, einer der technischen Forschungsleiter, sagte der Presse, daß die Reparatur drei Wochen dauern würde.
Die Ursache war folgende gewesen: Die Bodentür des PTC war unter dem Druck der rund 15 Atmosphären etwas aufgebogen, Seewasser war eingedrungen und hatte jenes Starkstromkabel erreicht, das sich bei den vorhergehenden Trainingsversuchen an der Winschentrommel blank gerieben hatte. Die Hilfsluke war ebenfalls nicht einwandfrei gewesen. Während des bemannten Niedersenkens hätte ein solcher Unfall nicht passieren können, weil dann das Innere der PTC mit einem Druck von 19 Atmosphären ausgestattet sein würde und so also ein völliger Druckausgleich selbst am Boden in 183 Meter Tiefe erreicht worden wäre.
Die Reparatur dauerte bis zum 30. Dezember 1968. Ende Januar 1969 wurde der Beginn von »Sealab III« angesetzt. Die Aquanauten kamen zu einem letzten Training in Long Beach zusammen. Eines ihrer Haupttrainingsfächer war das Bergen von gesunkenen U-Booten und die Bergung von Ingenieuren und Arbeitern aus Unterwasserhäusern; ozeanographische und meeresbiologische Forschungsaufgaben kamen hinzu.
Die Dekompressionszeit nach zwölftägiger Dauer des Experimentes in 183 Meter Tiefe würde sechs Tage dauern. Sie würde sich nicht vergrößern, auch wenn die Aquanauten anstelle der 12 Tage 120 Tage unter Wasser bleiben würden.
Am Montag, dem 17. Februar 1969, wurde das Unterwasserhaus in 183 Meter Tiefe gesenkt, installiert und mit dem vorgeschriebenen Atemgemisch gefüllt. Man stellte fest, daß das Haus leckte und daß Helium ausströmte.
Berry Louis Cannon, ein Zivil-Elektronik-Ingenieur aus Red Level in Florida, machte sich fertig zur Fahrt in die Tiefe und zur Reparatur des Hauses. Die

Für das »Sealab III«-Experiment wurde dieser Medizinal-Monitor gebaut, der den Druck im Innern des Unterwasserhauses in der Personen-Transportkapsel und in der Dekompressionskammer mißt.

Unterwasserkameras begannen zu surren, als Cannon die PTC verließ und zum Unterwasserhaus schwamm. Dort angekommen, untersuchte er die Stelle.

Plötzlich sahen die Männer vor dem Monitor an Bord der »Elk River«, daß Cannon hinten überfiel und sich nicht wieder aufrichtete.

Captain Walter F. Mazzone, der verantwortliche Offizier für das Tieftauchunternehmen, verantwortlich außerdem für die Kompressions- und Dekompressions-Zyklen und das Unterwasserhaus selbst, ließ den zweiten Mann hinausschwimmen und den Aquanauten in die PTC zurückholen. Sie wurden emporgehievt und an Deck, in der Dekompressionskammer, wurde Cannon von dem Arzt des Teams untersucht. Der 34jährige Ingenieur war – tot.

Der Mark-VIII-Apparat wurde beschlagnahmt. Es bestand Grund zu der Annahme, daß Cannon durch Versagen der Luftsteuerung eine Kohlendioxydvergiftung erlitten hatte und daß der Herzschlag auf diese Vergiftung zurückzuführen war.

Aquanaut Barry L. Cannon; er fand bei »Sealab III« den Tod.

»Sealab III«-Unterwasserstation zeichnerisch dargestellt.

Das Unternehmen wurde sofort abgebrochen und wird nicht eher wieder aufgenommen, bis die Todesursache des Aquanauten geklärt ist.

Dies war ein schwerer Rückschlag für die Meeresforschung. Dennoch ging und geht die Arbeit weiter. Andere Tiefsee-Operationen und Langzeit-Operationen in der Flachsee – und hier sind zu nennen die Operationen »Tektite I« und »Tektite II« – sind durchgeführt worden und stehen noch in der Durchführung.
Die Navy hat inzwischen in Verbindung mit der Duke-Universität in North Carolina ein 16tägiges Tieftauch-Experiment durchgeführt, bei welchem fünf Forscher bis in eine simulierte Tiefe von 300 Meter hinuntergegangen sind.
Auch die Bundesrepublik Deutschland hat mit dem Unterwasserhaus vor Helgoland einen Anfang gemacht. Sie stellt nunmehr verstärkt Mittel für solche Vorhaben zur Verfügung. Die deutsche Industrie hat sich in der Wirtschaftsvereinigung für industrielle Meerestechnik e. V. zusammengeschlossen, um den Anschluß zu gewinnen. Eine Zusammenarbeit Frankreichs, Groß-

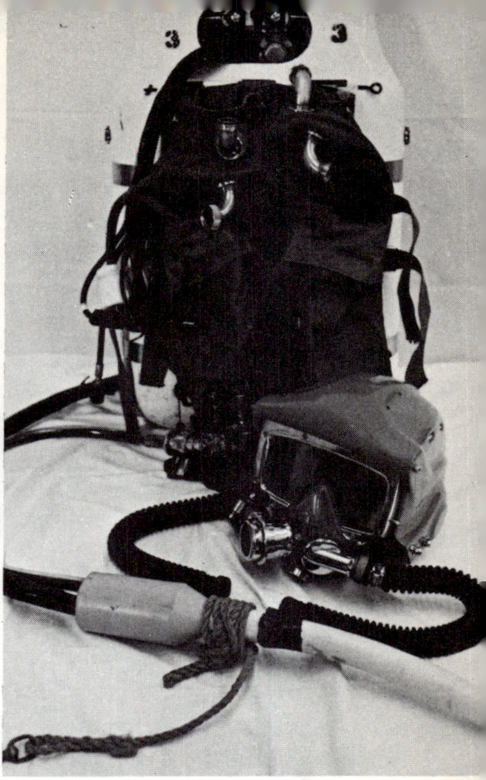

Links: Die Heißwasser-Garnitur mit dem Kirby-Morgan-Helm, dem Suchlicht und den Tiefsee-Taucherschuhen. Rechts: Standardausrüstung des Mark-VIII-Atemgerätes: das Tornistergerät, der Kirby-Morgan-Helm und die Nabelschnur.

britanniens und der Bundesrepublik Deutschland auf dem Gebiet der Meeresforschung ist in Vorbereitung. Sie wird die Geburtsstunde der großen europäischen Ozeanographie werden.

Die Meeresforschung wird auch in Deutschland zur Großforschung. Bereits heute ist die Bundesrepublik in fast allen Gremien internationaler Meeresforschung vertreten. Der deutschen Kommission für Ozeanographie wird es obliegen, das Beste herauszuholen. Ihre Arbeit muß von der Verantwortung für die lebenden Menschen und gegenüber denjenigen getragen sein, die nach uns kommen und für die das Meer den entscheidenden Faktor für eine gesicherte Zukunft ausmachen wird.

Bathysphären und Bathyscaphs

Unter Bathysphären versteht man druckfeste Tauchkugeln, die an Seilen in die Tiefe hinabgelassen und daran auch wieder emporgewunden werden. Hierbei müssen die Kugeln druckfest konstruiert werden. Ein Bathyscaph wiederum ist ein Tiefsee-Tauchboot, das sich unter Wasser frei bewegen kann und das für große Tiefen geeignet sein muß. Beide Typen dienen der Erforschung der Unterwasserwelt. Ihre Entwicklung geht mit den Anfängen bis auf das Jahr 1927 zurück.

Die Idee des Professors Charles William Beebe

Als der Professor der Naturwissenschaften William Beebe im Jahre 1927 seine ersten Tauchversuche mit einem Helmtauchergerät unternahm, war er bereits ein gestandener Wissenschaftler.

Als Ornitologe ebenso bekannt wie als Zoologe, war er nebenbei Direktor der Wissenschaftlichen Forschungsabteilung der New Yorker Zoologischen Gesellschaft.

»Ich mußte 50 Jahre alt werden, um die Wunder der Unterwasserwelt kennenzulernen«, sagte er in einem Interview zu seinem 80. Geburtstag. »Aber von diesem Tag an konnte mich nichts und niemand davon abhalten, tiefer ins Meer hinunterzugehen und seine Wunder für mich und die Menschen zu entdecken.«

Um jedoch dahin zu gelangen, galt es einen weiten Weg zurückzulegen.

Fast zur gleichen Zeit beschäftigte sich auf den Bermudainseln der Tauchingenieur Otis Barton mit der Idee, eine Tauchkugel zu bauen, mit der er in größere als den bisher erreichten Tiefen vordringen konnte. Barton hatte sich mit dem Studium der Unterwasserwelt vor den Bermudas beschäftigt und wollte nun versuchen, tiefer als in die bisher möglichen Tiefen von 90 Meter hinabzugehen. Er bat seinen Freund, Captain J. H. Butler, eine für die Auf-

nahme eines Mannes große Kammer zu entwerfen. Butler entwarf die Kugelform, und Barton konstruierte die Kugel durch und finanzierte ihren Bau.
Als Professor Beebe diese Tauchkugel sah, die allerdings nicht zu Wasser gelassen werden konnte, weil es keine einzige Winde auf den ganzen Bermudas gab, die dieses Ungetüm von 5 Tonnen Gewicht hätte zu Wasser lassen können, war er von der Richtigkeit dieser Bauform überzeugt.
Die beiden Tauch-Enthusiasten bildeten ein Team. Barton ließ die alte unbrauchbare Kugel verschrotten und bestellte eine neue, leichtere. Die neue Bathysphäre Bartons, die von den Designern Butler und Barret der Cox and Stevens Company entwickelt wurde, maß genau 1,425 Meter im Durchmesser. Sie war aus 31,75 Millimeter dicken Stahlplatten zusammengefügt. Drei Fenster von rund 20 Zentimeter Durchmesser und 7,5 Zentimeter Dicke aus bestem optischem Quarzglas boten genügend Sichtmöglichkeiten. Vor einem dieser Fenster wurde die Quarz-Kopflampe des Unterwasserscheinwerfers angebracht; das zweite Fenster diente zur Beobachtung. Das ganze Gerät wog 5400 Pfund.
Der Einstieg in diese Tauchkugel hatte nur 35 Zentimeter Durchmesser. Der Deckel, der nach dem Einstieg aufgesetzt wurde, wog 65 Pfund. Sauerstoff aus einer Stahlflasche ermöglichte das Atmen. Das Kohlendioxyd wurde von Natronkalk absorbiert. Chlorkalzium band die Feuchtigkeit.
Mit dieser Bathysphäre unternahmen Beebe und Barton zwischen 1930 und 1934 35 Tieftauchunternehmungen. In der ersten Phase ihrer Tauchversuche peilten sie die Tiefe von 427,8 Meter an, das war eine Viertelmeile. Sie erreichten diese Tiefe bei ihrem siebten Versuch. Für diese Tauchgänge hatten sie ein kleineres Schiff gefunden, dessen Kran die Kugel anheben, ausschwenken und zu Wasser lassen konnte. Die Haltetrosse, an der die Tauchkugel in die Tiefe hinabgelassen wurde, hatte 2,5 Zentimeter Durchmesser. Über eine Telefonleitung standen die beiden Forscher in dieser engen Kugel mit dem Überwasserschiff in ständigem Kontakt. Beebe gab uns eine Darstellung dieser ersten Tieftauchfahrten, indem er in einem seiner Bücher schrieb:
»Als Fisch um Fisch in meinen Gesichtskreis schwamm und solche dabei waren, die ich bisher nur tot in meinem Netz gesehen hatte, wurde ich belohnt. Ich sah ihre Farben und ihre Aktivitäten und die oftmals seltsamen Arten des Schwimmens, in denen sie sich fortbewegten. Ich sah ihr Zusammenleben und auch ihre Einzelhäuser, in denen sie lebten. Ich erkannte, daß alle Arbeit, alle Aufregungen und auch das Risiko aufgewogen wurden von diesem Anblick.«
In dieser Zeit, um 1932 herum, waren die Tiefen, die Beebe und Barton erreichten, eine Revolution. Erstmals konnte ein Mensch, dazu ein geschulter

Wissenschaftler, erklären, wie es in der absoluten Finsternis in über 600 Meter Tiefe aussah:
»Ich sah blendende Helligkeit durch Leuchtmassen, die von einer Garnelenart ausgestoßen wurden. In den hellen Lichtbalken, die mein Scheinwerfer durch das Wasser trieb und die rund 15 Meter weit reichten, sah ich bei der zweiten Tauchperiode in etwa 640 Meter Tiefe einen Fisch vorbeiflitzen, der beinahe zwei Meter groß war. Ich gab ihm den Namen ›Bathysphaera intacta‹.«
Viele Versuche wurden von Professor Beebe angestellt. Er nahm junge Hummer, nur in einem Stofftuch eingewickelt, außen an seiner Tauchkugel mit in die Tiefe und siehe da, diese Tiere überlebten eine Tiefe von 700 Meter, wo auf jedem Quadratzentimeter ihrer Hautoberfläche 70 Atmosphären Druck lagen.
Der Tauchgang in 660 Meter Tiefe wurde über den NBC-Rundfunk durch die ganze Welt verbreitet, und »live« konnten die Menschen in den USA die Stimme des Professors hören, der als erster Mensch der Erde aus 660 Meter Tiefe sprach.
Der 32. Tieftauchgang erfolgte am 15. August 1934 vor den Bermudas. An diesem Tag wurde ein Tieftauchrekord aufgestellt, der für über 15 Jahre Bestand haben sollte. Beebe und Barton hockten an diesem Tag in der Enge ihrer Kugel. Bereits bei 70 Meter Tiefe mußten die Scheinwerfer eingeschaltet werden und nach weiteren 70 Metern schwammen die ersten Leuchtfische im Sichtbereich der beiden Forscher herum. Tiefer und tiefer ging es hinunter und mit jedem Meter, der nun gewonnen wurde, wurde es kälter.
Leuchtende Quallen trieben vorbei. Ein Tintenfisch tauchte auf. Seine Fangarme waren über und über mit Lichtpunkten wie mit Glühbirnen besetzt. Dann schwebte eine Feuerwalze vorüber. Plötzlich setzte sich ein Geschöpf der Tiefsee auf den Fensterausblick und wenig später meldete Barton, daß sie 850 Meter Tiefe erreicht hatten. Und noch immer war die Tiefe der See belebt. Nun flitzte eine Reihe dreiviertel Meter langer Fische vorbei, deren Augen wie auf Stielen nach oben ragten. Dann hatten sie die Marke der halben Meile erreicht. Sie waren auf 923 Meter Tiefe gekommen. Sie hatten es geschafft! Nach dem Aufstieg erklärten sie definitiv, daß sie nie wieder in ihrem Leben tiefer hinuntergehen würden. Der Zweck ihres Versuches sei erreicht.
Während Professor Beebe sich an diesen Ausspruch hielt, ließ sich Barton doch dazu überreden, noch einmal in die Batyhsphäre zu klettern und tiefer hinabzutauchen. In seiner neuen Tieftauchkugel, der »Benthoscope«, stieg er im Frühjahr 1949 abermals in die Tiefe hinab. Die »Benthoscope« besaß eine schwenkbare Kamera, die mit einer elektronischen Blitzlichtanlage gekoppelt

war. Durch eine installierte Lautsprecheranlage konnte sich Barton mit den Männern im Überwasserschiff gut unterhalten und jeder Journalist, der an diesem Versuch teilnahm, konnte die Stimme Bartons deutlich vernehmen.
Als die neue Tauchkugel eine Tiefe von 210 Meter erreicht hatte, berichtete Barton von einem »silberhellen Fisch, der ein großes Büschel von Leuchtstäben vor den Augen hat«.
Barton machte Aufnahmen über Aufnahmen von skurrilen und großartigen, seltenen und beinahe unglaublichen Tiefseelebewesen. Erst als er die 1130-Meter-Marke durchlaufen hatte, verschwanden die Leuchtfische. Plötzlich fand er keine Lebewesen mehr. Das eingeschaltete Echolot zeigte ihm, daß er noch etwas über 100 Meter bis zum Meeresboden haben konnte. Plötzlich hängte sich etwas auf die Kugel. Der Scheinwerfer verdunkelte sich. Ein Blick auf den Tiefenmesser zeigte Barton, daß er 1302 Meter erreicht hatte. Als 1337 Meter durchgingen, saß das fremde Tier – vielleicht war es ein riesiger Krake – immer noch vor dem Scheinwerfer. Es war eiskalt geworden in der kleinen Tauchkugel. Bei 1358 Meter Tiefe verschwand der Krake so plötzlich wie er gekommen war und Barton atmete auf. Dann hielt die Kugel plötzlich an, denn die 4500 Fuß Kabel waren abgerollt. Barton stellte den Scheinwerfer an und machte Filmaufnahmen vom dicht unter ihm liegenden Meeresboden. Schließlich gab er das Zeichen zum Aufziehen.
51 Minuten später durchbrach die Tauchkugel die Wasseroberfläche. Barton hatte den alten Rekord gebrochen und gab in einem atemberaubenden Report, der in viele Sprachen übersetzt wurde, seine Erlebnisse bekannt.

Auguste Piccard – Ein Höhenflieger geht ins Meer

Zur gleichen Zeit, da Professor Beebe und Ingenieur Otis Barton den ersten Weltrekord der Tiefe setzten, unternahm Professor Auguste Piccard seine Ballonreisen in die Stratosphäre. Mit seinem Assistenten Kipfer erreichte er 1932 eine Höhe von 16940 Meter. Hochgewachsen, eher hager als schlank, mit weißgelocktem Haar, die Nickelbrille auf der Nase, war der Professor bekannt geworden als jener Mann, »der in die Luft ging«. Doch dieser Mann, der 1934 den Ballonrekord auf 17500 Meter Höhe verbesserte, wandte sich nunmehr auch der Erforschung der Unterwasserwelt zu. Er konstruierte – seinem Stratosphärenballon nachempfunden – ein Tauchboot, dessen Kern von einer druckfesten Kugel gebildet wurde.
Die belgische Stiftung zur Förderung der wissenschaftlichen Forschung, Fond National pour la Recherche Scientifique – FNRS – finanzierte dieses neue Projekt des hageren Schweizers. Nach Fertigstellung dieses Bootes, das Piccard

FNRS nannte, wagte der 1884 in Lutry geborene Wissenschaftler, der an der Technischen Hochschule in Zürich zum Doktor-Ingenieur promoviert und von 1917 bis 1922 als Professor in Zürich gelehrt hatte, den Abstieg in die Meerestiefe. Das FNRS bestand in einer druckfesten Kugel, in welcher der Wissenschaftler lebte und einem frei darum herum angebrachten Tragkörper. Dieser Tragkörper brauchte nicht druckfest zu sein, weil er mit Benzin gefüllt war. Wie ein Freiballon in die Luft emporsteigt, sollte dieses Tieftauchboot mit Hilfe von Ballast aus Eisen in die Tiefe sinken.

Im Meer vor der kapverdischen Insel Sao Thiago startete der Professor mit seinem Sohn Jacques mit dem FNRS II. Beim ersten Tauchgang dieses neuen Fahrzeugs erreichten sie 1380 Meter Tiefe und hatten damit Bartons Rekord gebrochen.

Da diese Konstruktion Piccards Ansprüchen nicht genügte, baute er den nächsten Typ FNRS III. Diesmal gab ihm die französische Regierung die dafür

Das von Professor Piccard erdachte Bathyscaph »Trieste« ist ein Tiefseeschiff in Gestalt der druckfesten Krupp-Kugel, die von einem mit Leichtbenzin gefüllten Schwimmkörper getragen und durch Ballastabgabe manövriert wird. Das Bild zeigt die Tauchkugel »Trieste« unterhalb des Schwimmkörpers beim Verladen in San Diego (Kalifornien) auf dem Weg zur Ostküste und Unglücksstätte der »Thresher«.

notwendigen Mittel. Im Sommer 1953 ging diese neue Konstruktion, mit den französischen Seeoffizieren Houot und Willm an Bord, bis in eine Tiefe von 2100 Meter hinunter.
Beim nächsten Tauchversuch, der am 1. Oktober 1953 stattfand, stieg Professor Piccard selbst mit ein und erreichte 3150 Meter. Im nächsten Tauchgang stiegen Houot und Willm auf 3986 Meter hinab, und kurz danach stellte Auguste Piccard seinen eigenen Rekord auf 3800 Meter. Die beiden französischen Offiziere erreichten schließlich im Frühjahr 1954 mit 4050 Meter ihren Tauchrekord, den sie nicht mehr verbesserten.
Inzwischen hatte aber Professor Piccard, dem die Sicherheit der Taucher über alles ging, ein neues Boot konstruiert, die »Trieste«. Dieses Boot war für tiefste Tiefen konstruiert worden. Der Bootskörper selbst war 15 Meter lang und faßte 106000 Liter Benzin. Die neue Kabine in Gestalt zweier Halbkugeln wurde bei der Firma Krupp in Essen aus Spezialstahl gegossen und bearbeitet. Sie hatte einen Innendurchmesser von 2,18 Meter. Bei einer Wandstärke bis zu 18 Zentimeter konnte diese Kugel aus bestem Molybdänstahl einen Druck

Herstellung der Krupp-Tauchkugel – Ausdrehen des Kugelbodens.

Blick durch die einer Tresortür ähnelnden Einsteigluke in den Innenraum der Krupp-Tauchkugel. Im Bild sind die Zeituhr, das Druckmanometer, der Schwerkraftmesser und andere Meßgeräte zu sehen.

Rechte Abbildung: Professor Auguste Piccard (rechts) während eines Besuchs in Essen, bei dem er sich über den Fortgang bei der Herstellung der Krupp-Kugel informierte.

von 1150 Kilopond pro Quadratzentimeter aushalten. Das heißt, auf der ganzen Kugel würde in der höchst erreichbaren Tiefe ein Gesamtdruck von 40000 Tonnen lasten. Auguste Piccard bestimmte kategorisch, daß diese Kugel bei Krupp gefertigt werden mußte.

Nach Fertigstellung der Kugel, deren beide Hälften übrigens durch einen Spezialklebstoff miteinander verbunden wurden, begannen im November 1959 die ersten Tauchversuche. Als erstes Team gingen Jacques Piccard und Dr. Andreas Reschnitzer in eine Tiefe von 5000 Meter hinab, um den ersten Tauchgang des neuen Unternehmens »Nekton« zu starten. Der Start verlief gut. Der Physiker Reschnitzer wollte Kleinstlebewesen – also Nekton – aus der Tiefe der See heraufholen und untersuchen.

Auf dem Hochseeschlepper »Wandank« wurde die »Trieste I« zu jener Stelle geschafft, wo das Weltmeer über dem Marianengraben nach dem Echolot eine Tiefe von 11034 Meter ergeben hatte. Neben Piccards Sohn Jacques sollte der Leutnant der US-Navy Don Walsh diesen Abstieg in die tiefsten Tiefen mitmachen.

Eine ganze Palette von wissenschaftlichen Aufgaben wartete auf diese beiden

ersten Menschen in dieser Tiefe. Bodenproben sollten genommen werden. Schallwellenmessungen, Meßgeräte vieler Art sollten, zusammen mit dem außen am Boot angebrachten Planktonschöpfer, alles erkunden, was wichtig schien. Der erste Versuch am 7. Januar 1960 führte bis in 7000 Meter Tiefe.

Es war am frühen Morgen des 23. Januar 1960, als nach diesem vorhergegangenen Versuch das Tiefsee-Tauchboot an Bord des Schleppers »Andank« bis zur Tiefe des Marianengrabens geschleppt wurde. In einem Motorboot wurden Don Walsh und Jacques Piccard zur »Trieste« hinübergebracht. Sie gingen an Bord, testeten sämtliche Geräte und Anlagen und kletterten dann ins Tauchboot hinein. Durch die beiden Fenster, von denen eines nach vorn und das zweite nach rückwärts zeigte, konnten beide Männer das Leben unter Wasser beobachten. Die drei Scheinwerfer von je 1000 Watt erhellten die Umgebung. Für 48 Stunden hatten sie Atemluft in ihrer Kugel und der Elektroantrieb trieb das Boot mit 1,14 bis 1,24 Kilometer in der Stunde vorwärts.

Die Fahrt in die Tiefe begann. Mit beinahe 50 Meter in der Minute sank die »Trieste I« in die Tiefe. Leutnant Walsh bediente das erste Gerät, das den

Lichteinfall von der Wasseroberfläche maß. Erst in einer Tiefe von 300 Meter flammten die Quecksilberdampflampen auf. Sie sanken durch dichtes Plankton, erreichten 600 Meter und sahen die ersten »Lichterfische«. Bei 4000 Meter Tiefe unternahm Walsh Schallwellen-Meßversuche. Piccard nahm die erste Wasserprobe, um sie auf ihren Salzgehalt hin zu untersuchen. Die »Trieste I« aber sackte tiefer und tiefer, dem Meeresboden entgegen. Bei 6000 Meter Tiefe sahen sie einen riesengroßen Fisch, und als sie 8000 Meter erreichten, begann plötzlich das vordere, aus Plexiglas bestehende Fenster zu knistern. Dann erscholl ein leichtes Knirschen und ein ebenso leichter Schlag ging durch das Boot. Piccard entdeckte einen zweiten Riß am Ausguck beim Ausstiegsschacht. Dann erreichten sie den Meeresboden. Der Tiefenmesser zeigte 10912 Meter an.

Und hier auf dem Boden, dann wieder – nach Abwurf einiger Kilogramm Ballast – einige Meter über dem Meeresgrund, sahen sie, daß diese gigantische Tiefe nicht leblos, sondern belebt war. Sie bemerkten eine Seezunge von 30 Zentimeter Länge und 15 Zentimeter Breite und erblickten ein kleines leuchtend rotes, krebsartiges Tier. Hier, wo ein Druck von 170000 Tonnen auf der Metallkugel lastete, wo das Wasser mit über einer Tonne Druck auf einem Quadratzentimeter Haut lastete, also allein auf der Oberfläche dieser Seezunge mit 450000 Kilopond, überlebte dieses Tier, das der Fußtritt eines Menschen völlig zerquetschen konnte. Welch ein Maß an Anpassung!

Tiefseefische tauchten vor den beiden Fenstern auf, deren Gläser nicht weiter platzten, sondern sich offenbar wieder gesetzt hatten. Daß es solche Tiere und all die anderen in 10000 Meter Tiefe gab, war nicht angenommen worden, selbst nicht nach den überraschenden Tiefseefängen der Forschungschiffe. Ultraschallversuche und Versuche mit Echoloten wurden angestellt, der Salzgehalt des Bodenwassers untersucht und schließlich stieg die »Trieste I« wieder empor. Als sie das Tageslicht nach knapp dreieinhalb Stunden wieder erreichten, hatten sie die tiefste oder wenigstens eine der tiefsten Stellen des Weltozeans gesehen. Sie hatten jene Wahrheit mit nach oben gebracht, daß in der Tiefe Sauerstoff vorhanden war, daß Tiere sich jedem Druck anzupassen vermochten, daß der Meeresboden auch in dieser Tiefe keine Zone absoluter Ruhe sein konnte und, daß abgesenkte Schadstoffe auch in dieser Tiefe von untermeerischen Strömungen erfaßt wurden und sich demzufolge das Meer auch nicht als Schuttabladeplatz eignete.

Dieser erste Schritt in die Tiefe mußte die nächsten nach sich ziehen. Der wichtigste und notwendigste dieser Schritte war, daß ein Boot nicht nur hinuntergehen und dort ein paar Meter des Bodens absuchen, sondern daß es unter Wasser auch fahren konnte, daß auch Menschen unter Wasser leben

Mit dieser Stahltauchkugel erreichten Jacques Piccard (im Bild) und Don Walsh im Marianengraben eine Tauchtiefe von 11 000 Metern.

und arbeiten konnten. Nur dann hatte dieses risikoreiche Forschungsexperiment, das bei weiterem Platzen der Fenster mit dem Tod der beiden Forscher geendet haben würde, einen wirklichen Sinn gehabt. Dieser Weg wurde zu dieser Zeit bereits beschritten, und zwar in Frankreich. Doch zuvor noch ein Blick auf den Weg Professor Piccards.

Im Jahre 1965, im Juli, lief auf der Naval Shipyard in San Francisco die »Trieste II« von Stapel. Nach 128 Tieftauchoperationen hatte damit die »Trieste I«, die unter anderem auch die Wrackteile der »Thresher« gefunden hatte, ausgedient; ein neuer Typ dieses Bootes wurde gebaut. Sie war kleiner als ihre Vorgängerin, dafür aber konnte sie mit ihrer Silber-Zink-Batterie von 145 Kilowatt pro Stunde vier Stunden lang jeweils 3,8 Kilometer stündlich zurücklegen und hatte eine maximale Geschwindigkeit von 5,7 Kilometer in der Stunde. Die größte Tauchtiefe, die dieses Boot erreichte, waren 3930 Meter. Es machte insgesamt bis Ende 1972 82 Tauchoperationen und war auch an der Suche nach dem verschwundenen Atom-U-Boot »Scorpion« beteiligt.

Meeresforschung in Deutschland

»Das Meer hat für viele gesellschaftliche Bereiche auch der Bundesrepublik Deutschland eine besondere Bedeutung:
Die Reinhaltung des Meeres, der Küstengewässer und Strände dient der Erhaltung des biologischen Gleichgewichtes, so daß die Nahrungsquellen des Meeres genutzt werden können, und diese Räume für die Erholung der Bevölkerung zur Verfügung stehen.
Die Weltmeere spielen als Eiweiß-Quelle für die Ernährung der Menschheit eine zunehmende Rolle; deutsche Sachverständige können wichtige Beiträge leisten, diese Möglichkeiten zu erschließen und Techniken für eine optimale Nutzung zu entwickeln.
Mineralische Rohstoffe am Meeresboden und in seinem Untergrund können im Hinblick auf die zukünftige Versorgung der deutschen Wirtschaft mit Metallen wirtschaftlich von Bedeutung werden. Aus den Vorkommen von Erdöl und Erdgas in Schelfmeeren – wie der Nordsee – wird bereits ein beachtlicher Anteil des Weltbedarfs gedeckt. Festlandsküste und Inseln sind gegen Ufererosion und Sturmfluten zu schützen; die damit in Zusammenhang stehenden Seebaumaßnahmen gewinnen auch mit der vermehrten Nutzung des Küstengebietes als Erholungsraum größere Bedeutung.
Ein großer Teil des deutschen Im- und Exports wird auf dem Seeweg durchgeführt. Der wachsende Seeverkehr und die stark zunehmenden Schiffsgrößen erfordern den Neubau oder die Erweiterung von Häfen sowie die Vertiefung und Verbreiterung der Schiffahrtswege im Küstenbereich. Zwar sind die Küsten der Bundesrepublik Deutschland relativ begrenzt, aber dennoch liegt die Nutzung des Meeres im wichtigen Interesse eines großen Teiles der deutschen Wirtschaft. Für die Zukunftssicherung einer Industrienation wie der Bundesrepublik Deutschland ist es wesentlich, an der Vermehrung unserer Kenntnisse über das Meer mitzuarbeiten und dieses Wissen auch für andere Länder verfügbar zu machen.

Die vielseitige Bedeutung des Meeres für die menschliche Gesellschaft in unserer Zeit bedingt zahlreiche Aufgaben für seine Erforschung und für die Entwicklung der Technik zu seiner optimalen Nutzung. Neue Erkenntnisse über das Meer vermögen nicht nur unser Weltbild zu vertiefen, sondern auch zu einer sorgfältigen Erhaltung der marinen Umwelt unter angemessener Verwendung seiner Schätze beizutragen. Die maritimen Belange der Bundesrepublik Deutschland erfordern eine Beteiligung an der international betriebenen Meeresforschung unter Bildung von Schwerpunkten.

Die Meeresforschung in Deutschland hat eine lange Tradition; sie nimmt im weltweiten Vergleich in der Gruppe der führenden Länder auch heute einen guten Platz ein. Mit dem zweiten Gesamtprogramm für Meeresforschung und Meerestechnik sollen Wege gewiesen werden, die Chancen für Forschung und Entwicklung noch wirkungsvoller und zielstrebiger wahrzunehmen.«

Mit dieser Einleitung des »Gesamtprogramms Meeresforschung und Meerestechnik in der Bundesrepublik Deutschland 1972 bis 1975« hat der seinerzeit eben ins Amt eingeführte Bundesminister für Bildung und Wissenschaft, Dr. Klaus von Dohnanyi, im August 1972 darauf hingewiesen, daß in dem umrissenen Zeitraum von vier Jahren die Mittel für die Meeresforschung doppelt so hoch sein werden wie in den sechs vorangegangenen Jahren. Und zwar sollen sie für den Gesamtzeitraum 700 Millionen DM betragen.

Dieser Etat, der immer noch hinter den Ansätzen der anderen führenden Staaten weit zurückbleibt, wurde nicht eingehalten.

Wenn nach dem Plan für das Jahr 1973 71,8 Millionen DM vorgesehen waren, so wurden für diesen Zeitraum effektiv nur 50 Millionen DM für die Meeresforschung eingesetzt. Danach ist die Meeresforschung nach den Worten der Wirtschaftsgemeinschaft industrielle Meerestechnik »dem Wechselbad eines anheizenden Gesamtprogramms und der kalten Dusche der Etatkürzungen ausgesetzt«.

Es wurde von der Wirtschaftsgemeinschaft die Frage aufgeworfen, wer es sich noch leisten könne, Menschen und viel Kapital in eine langfristige Aufgabe zu setzen, der dann binnen weniger Monate um 30 Prozent der zugesagten Planungsgrundlage entzogen werde.

Auch der Etat der Biologischen Anstalt Helgoland wurde von vorgesehenen 3 Millionen auf 2 Millionen DM gekürzt.

Der Haushalt für 1974 sieht 62 Millionen DM für die Meeresforschung und 16 Millionen DM für die Meerwasserentsalzung vor. Damit liegt die vom Bundesministerium für Forschung und Technologie vorgesehene Gesamtsumme um mehr als 5 Prozent unter dem Ansatz im Gesamtprogramm 1972 bis 1975, in dem für 1974 82,724 Millionen DM vorgesehen waren.

Da aber der Bundeshaushalt im allgemeinen eine Ausgabensteigerung von 11,4 Prozent aufweist, ergibt sich für die Meeresforschung und Meerestechnik eine absolute Benachteiligung von rund 17 Prozent.
Damit wird, entgegen dem Gesamtprogramm, die Meeresforschung degradiert. Es bleibt bei Lippenbekenntnissen auch hier, wie dies ohnehin auch in bezug auf die Reinhaltung von Flüssen und Meeren seit Jahren betrieben wird.
Die Notwendigkeit und die Bedeutung der Meeresforschung und der Meerestechnik werden nach wie vor bei uns in der BRD weit unterschätzt, obgleich die deutsche Industrie voll in der Lage wäre, technisch mit allen Ländern der Erde Schritt zu halten, die sich auf diesem Gebiet in den Vordergrund geschoben haben.
Was gilt es denn nun alles zu erhalten und weiter zu fördern? Worauf können Meeresforscher in Deutschland aufbauen? Hat Deutschland in der Vergangenheit für die Meeresforschung Großes geleistet? Welche Initiativen sind in bezug auf Forschungsinstitute, Forschungsfahrten, Tauchvorhaben und Meeresboden-Habitate ergriffen worden?

Die Biologische Anstalt Helgoland

Die Meeresforschung in Deutschland ist eng mit der Biologischen Anstalt Helgoland verknüpft. Dieses erste deutsche Institut für Meeresforschung war bereits in den Jahren 1875 und 1876 von Mitgliedern der Vereinigung der Naturforscher und Ärzte gefordert worden. Aber erst nachdem 1890 das Deutsche Reich die Insel Helgoland von England erwarb, konnten die Pläne dafür auf dieser Insel verwirklicht werden. Die Biologische Anstalt Helgoland wurde im Jahre 1892 eröffnet. Seit dieser Zeit sind von ihr viele große Impulse zur Meeresforschung ausgegangen.
Ende des Zweiten Weltkriegs, als britische Bomber den Ort Helgoland vernichteten, wurde diese Anstalt mit vernichtet. Bis zum 1. März 1952 flogen britische Bomber immer wieder Übungsangriffe auf die Insel und zerstörten sie endgültig. Danach wurde sie – inzwischen in eine Wüste verwandelt – an den rechtmäßigen Besitzer, die Bundesrepublik Deutschland, zurückgegeben.
Dank der Hilfe des Hamburger Senats konnte 1962 in der Nähe des Hafens von Helgoland ein modern eingerichteter Neubau seiner Bestimmung übergeben werden. Hier wurde die Grundlagenforschung wieder aufgenommen. Heute erstreckt sich die dort betriebene Forschung auf den weithin noch unbekannten Stoffwechsel des Meeres. Hierbei handelt es sich übrigens auch

um Untersuchungen, die für die Fischereiforschung von entscheidender Bedeutung sind.

Gleichzeitig mit der Biologischen Anstalt Helgoland arbeitet die Bundesforschungsanstalt für Fischerei auf der gleichen Ebene. Darüber hinaus sind weitere Einrichtungen des Bundes und der Länder in der Meeresforschung tätig. Es sind dies: die Deutsche Forschungsgemeinschaft, die Max-Planck-Gesellschaft, das Deutsche Hydrographische Institut in Hamburg, die Institute für Meereskunde in Kiel, Bremerhaven und Wilhelmshaven. Die Deutsche Wissenschaftliche Kommission für Meereskunde unter der Leitung von Professor Dr. Dietrich, der leider viel zu früh verstarb, hat die allgemeine Zusammenarbeit aller Institute auf dem weiten Feld der Meeresforschung im Mai 1967 unterstrichen:

»In der Meeresforschung herrscht, wie es in allen Wissenschaften der Fall sein sollte, eine außerordentliche Offenheit und eine Bereitschaft zur internationalen Zusammenarbeit. Die Größe des Meeres und damit auch der Umfang der anstehenden Arbeiten auf See lassen zwischen den Meeresforschern in aller Welt eine eigene Kameradschaft entstehen. Das ist eine Stärke, von der sich der Außenstehende nur schwer eine Vorstellung macht. Wenn wir in der Meeresforschung Prioritäten unter den Herausforderungen des Meeres setzen müssen, dann tun wir es in harmonischer Abstimmung und in direkter Absprache mit den Kollegen anderer Länder.«

Meeresforschung – Eine Forderung unserer Zeit

Die Meeresforschung wurde inzwischen in aller Welt als »Forderung unserer Zeit« erkannt. Die neuere Beobachtung des Forschungsgegenstandes Meer erfolgt seit geraumer Zeit auch in Deutschland durch eine Schwimmtauchergruppe. Die Arbeit dieser Gruppe hat die Unterwasserwelt vor und um Helgoland ganz plötzlich in einem völlig anderen Licht erscheinen lassen. In den vergangenen acht Jahren der Tätigkeit dieser Gruppe wurden die wissenschaftlichen Erkenntnisse über das Leben im Meer bedeutend erweitert.

Schließlich gab man für langfristige Experimente im Meer in Anlehnung an die in den USA laufenden Versuche ein Unterwasserlaboratorium in Auftrag. Für dieses Laboratorium wurde in Zusammenarbeit mit dem Institut für Flugmedizin der Deutschen Versuchsanstalt für Luft- und Raumfahrt e. V. ein detailliertes Forschungsprogramm entwickelt.

Das experimentell-ökologische Laboratorium im Helgoländer Südhafen trägt neuen Forschungsaufgaben Rechnung. Hier werden Meerestiere gezüchtet, denn nichts ist heute wichtiger als die Beseitigung des Hungers in der Welt,

und dazu müssen Pflanzen, Fische, Meerestiere und Mikroorganismen im Meer eingehend untersucht werden. Die hieraus erschlossenen Forschungsergebnisse sind der Schlüssel für das Verständnis der Dynamik des Lebens im Meer geworden.
Der Bau einer neuen Litoralstation auf List ist inzwischen fertiggestellt. Mit allen diesen Aufgaben will die Bundesrepublik wieder Anschluß an die übrigen Länder Europas gewinnen und an jene Zeit, da ihre Vorgängerin, das Deutsche Reich, in der Meeresforschung führend war.
Bis vor kurzem übertrafen aber selbst so kleine Länder wie Dänemark, Schweden, Norwegen, Finnland und die Niederlande noch die Ausgaben, die in Deutschland für die Meeresforschung getätigt wurden. Um alle Aufgaben wahrnehmen zu können, die inzwischen aus der Meeresforschung erwuchsen, wurde am 5. September 1968 die Deutsche Kommission für Ozeanographie ins Leben gerufen. Die wichtigste Aufgabe dieser Kommission in den ersten vier Jahren war die Beantwortung der Frage, auf welchen Gebieten die Bundesrepublik mit besonderem wissenschaftlichen und wirtschaftlichen Nutzen tätig sein könne.
»Die Kommission«, sagte der seinerzeit amtierende Bundesminister für wissenschaftliche Forschung, Dr. Gerhard Stoltenberg, »wird in ihre Betrachtungen die internationale Entwicklung einbeziehen müssen, und zwar die wissenschaftliche ebenso wie die wirtschaftlich-technische und *auch* die rechtliche, die durch die Beratung der Vereinten Nationen rasch an Bedeutung gewinnt.«
Darüber hinaus fielen auch die Fragen der Technik, der Geräte, der Fahrzeuge und Hilfsmittel in den Entscheidungsbereich dieser Kommission, die sich aus Vertretern der verschiedenen Ministerien, der norddeutschen Küstenländer, den Leitern der auf dem Gebiet der Meeresforschung tätigen Bundesanstalten und zehn weiteren Persönlichkeiten aus der Wirtschaft zusammensetzte.
Die Deutsche Kommission für Ozeanographie mußte ihre Arbeit aber vor allem auf die lebenden Menschen abstellen. Ihre Arbeit mußte von der Verpflichtung gegenüber denjenigen getragen sein, die in diesen nächsten Jahrzehnten leben und arbeiten, denn für *sie* wird das Meer der entscheidende Faktor einer gesicherten Zukunft sein.

Die deutschen Forschungsschiffe

Mit dem Einsetzen der Tiefseeforschung, die ohne Zweifel mit der britischen Callenger-Expedition der Jahre 1873 bis 1876 begann, war das Zeitalter der Erkundung des Weltmeeres angebrochen, einer Erkundung, die überhaupt erst eine Bestandsaufnahme möglich machen würde.

Unterwasser-Fotografie – ein Hobby für Wasserfreunde.

An dieser ersten Phase der Bestandsaufnahme des Weltmeeres haben eine Reihe deutscher Schiffe mitgewirkt. So das erste deutsche Forschungsschiff »Gazelle«, das von 1874 bis 1876 im Atlantischen, Indischen und Pazifischen Ozean die Forschungsaufgabe Ozeanphysik wahrnahm. Ihr folgte das kleine Forschungsschiff »National«, das 1889 im Nordatlantik Planktonforschung betrieb.
Die erste »Valdivia« brachte neue Erkenntnisse über die Biologie der Tiefsee mit, als sie im Herbst 1899 von ihrer langen Fahrt durch den Atlantischen und Indischen Ozean zurückkehrte. Die Expedition des 1332 BRT großen Forschungsschiffes »Gauß« von 1901 bis 1903 befaßte sich wiederum mit Meeresphysik. Die »Nußschale« mit dem Namen »Planet« setzte die Arbeit der »Gauß« von 1906 bis 1907 fort.
Die Expeditionsreisen der »Deutschland« und schließlich der »Meteor« brachten dann 1911 bis 1912, 1925 bis 1927 und 1929 bis 1938 viele neue Erkenntnisse, die ausgewertet wurden. Durch den Einsatz des deutschen Forschungsschiffes »Meteor« im Frühjahr 1925 während einer zweijährigen Forschungs-

reise wurde die Epoche der systematischen Erforschung eines ganzen Ozeanraumes – und zwar des Atlantik – eingeleitet. In 30 Bänden wurden die Ergebnisse dieser großartigen Expedition festgehalten.

Viele andere Forschungsschiffe hatten ebensolchen Anteil in diesen beiden erfolgreichen Phasen der Meeresforschung. Englische ebenso wie amerikanische und norwegische; dänische und japanische Schiffe und Wissenschaftler leisteten in diesen Phasen Außerordentliches.

Der erste Einsatz eines deutschen Schiffes nach dem Zweiten Weltkrieg war die Anton-Dohrn-Expedition in die Gewässer zwischen Grönland und Island der Jahre 1955 bis 1956. Eine Gauß-Expedition folgte im Jahre 1957, und im selben Jahr lief die »Anton Dohrn« zur zweiten Forschungsreise aus.

Die »Gauß«, »Anton Dohrn« und das britische Forschungsschiff »Explorer« fuhren in diesem Jahr, das als Internationales Geophysikalisches Jahr bezeichnet wurde, im Rahmen des Atlantischen Polarfront- und Overflow-Programms und hatten gemeinsame Aufgaben zu übernehmen. In diesem Jahr schalteten sich erstmals auch sowjetische Forschungsschiffe in die Arbeit ein. Und zwar war es die Expedition der 5600 BRT großen »Vitiaz«, die im Atlantischen, Indischen und Pazifischen Ozean Forschungsaufgaben wahrnahm. Die »Michail Lomonossow« und die »Ob« kamen hinzu.

Mit diesem Internationalen Geophysikalischen Jahr 1957 bis 1958 begann bereits die vierte Epoche der Meeresforschung. Nicht weniger als 40 Nationen der Erde beteiligten sich mit 60 Schiffen an der gemeinsamen Aufgabe: einer systematischen Untersuchung der ozeanischen Verhältnisse im Weltmeer. Damit war der Übergang zur systematischen internationalen Aufnahme der ozeanographischen, geophysikalisch-meeresgeologischen, der biologischen und meteorologischen Verhältnisse in den ozeanischen Räumen erfolgt.

Im Rahmen dieser Forschungen nahm auch die deutsch-skandinavisch-britisch-kanadisch-russische »Polarfront Survey« einen breiten Raum ein. Hinzu kam noch das amerikanisch-britische »Atlantic-IGY-Programm«.

Damit hatte sich auch die UdSSR mit ihren drei großen Forschungsschiffen in die Erkundung der nassen Sektion der Erde eingeschaltet. Mit ihren 12000 BRT ist die »Ob« eines der größten Forschungsschiffe der Erde. Eine Reihe russischer Forschungsschiffe kam in der Folgezeit hinzu.

Durch die Initiative von G. Dietrich, dem Direktor des Instituts für Meereskunde an der Universität Kiel, wird seit 1960 diese erste große internationale Zusammenarbeit von sechs Nationen im Overflow-Programm fortgesetzt. Diesen Forschungsprogrammen zur Seite gestellt ist das spezifische Gebiet der Fischereiforschung. Für die Erforschung und Erschließung neuer Fanggebiete sowie für die Weiterentwicklung der Fang- und Fischverarbeitungstechnik wird seit 1963 das fischereitechnische Forschungsschiff »Walther Herwig« eingesetzt. Dieses Schiff führte eine Reihe erfolgreicher Forschungsfahrten und Expeditionen durch, die es auch in die Gewässer vor Afrika und Südamerika brachten.

Das Overflow-Programm 1973

Die Weiterführung der Overflow-Programme – es geht dabei um Überströmung kalten Wassers aus dem Nordmeer über die Island-Faröer-Schwelle – wurde mit einem großen Programm im Sommer und Herbst 1973 durchgeführt. Mit dieser Overflow-Expedition wurde das größte Gemeinschaftsprojekt der ersten siebziger Jahre gestartet. Im Institut für Meereskunde in Kiel liefen jene Fäden zusammen, die dieses Projekt verbanden. Dr. Jens Meincke war zum Koordinator des Unternehmens ernannt worden. Er war bemüht, die Pläne seines verstorbenen Lehrers Professor Dr. G. Dietrich in die Tat umzusetzen.
Ausgeführt wurde dieses Riesenunternehmen durch den Internationalen Rat für Meeresforschung. Der deutsche Anteil wurde von der Deutschen Forschungsgemeinschaft und dem Deutschen Hydrographischen Institut finanziert. Neben der Bundesrepublik waren noch Dänemark, Island, Norwegen, England, die UdSSR, Kanada und Frankreich am Overflow-Programm beteiligt. Der Auftrag an alle lautete: Messungen der Wasserbewegungen, des Wetters und der Gezeiten über der Meeresbodenschwelle, die von Grönland über Island und die Faröer-Inseln nach Schottland läuft und so das Nordmeer vom Nordatlantik trennt, durchzuführen.
Das Überströmen dieser Schwelle – der Overflow – schafft riesige Wärmemengen in Form relativ warmen Atlantikwassers in das Nordmeer, während gleichzeitig polare Kälte mit dem Ausstrom des Nordmeer-Tiefwassers in den Atlantik strömt und bis zum Äquator hin verfolgt werden kann. Im Gefolge dieses Tiefenwassers wird der Atlantik mit dem notwendigen Atemgas versorgt, der für das Tierleben in 5000 Meter Tiefe notwendig ist. Dieser ozeanische Prozeß des Wasseraustausches über die Grönland-Schottland-Schwelle ist für das Klima, das Wetter, das gesamte Leben im Meer und damit auch für die Fischerei der ganzen nördlichen Erdhalbkugel von entscheidender Bedeutung.
13 Forschungsschiffe nahmen an diesem Unternehmen teil. Hierbei gelang es den Wissenschaftlern auf der »Meteor« während ihrer 31. Forschungsfahrt, den Overflow erstmals *direkt* zu beobachten.
In einem Einschnitt in der normalerweise bis 300 Meter unter der Wasser-

oberfläche aufragenden trennenden Schwelle, der bis 490 Meter tief hinunterreicht, wurde Kaltwasser des Nordmeeres nach Westen fließend angetroffen. Das etwa 0 Grad messende Nordmeerwasser, das ja wegen seines Salzgehaltes nicht gefriert, drang dort in das circa 6 Grad warme Atlantikwasser ein. Wie die Besatzung der »Meteor« durch Bojen- und Radarreflektoren-Einsatz feststellte, wird diese Strömung durch die Erdrotation abgelenkt und 100 Kilometer tief in den Atlantik hineingeführt. Die Messungen mit der neuen, im Kieler Institut für angewandte Physik entwickelten Multisonde ergaben eine eigenartige Trübung in dem kalten arktischen Wasser. Diese ist darauf zurückzuführen, daß die Überströmung über die Schwelle aus dem Meeresboden Sedimentschlamm aufwirbelt und in den Atlantik hineinträgt.
Die von dem Direktor des Kieler Instituts, Professor Dr. Kroebel, und seinem Schüler, Professor Dr. Hinkelmann, entwickelte Multisonde vermag acht Werte in Tiefen bis über 5000 Meter gleichzeitig zu messen. Mit ihrer Hilfe gelang es, 2,7 Millionen Meßwerte zu ermitteln, die von unschätzbarem Wert sind. Die Ergebnisse der 1973er Overflow-Expedition haben unter Beweis gestellt, daß die Intensität der Überströmung des von sechs bis zu acht Grad warmen Atlantikwassers in das Nordmeer die große Wetterküche Europas regelt. Die windgeborene Strömung dieses Wassers über dem Grenzrücken des Nordmeeres beeinflußt wiederum die Lufttemperaturen über diesem Meer und damit die Bildung neuer atmosphärischer Störungen. Wetter und Meeresströmungen wirken hier in einem dynamischen System zusammen. Falls es bei der Auswertung der Ergebnisse gelingen sollte, die Vorgänge in diesem System genau zu erfassen, würde dies eine neue Möglichkeit zur langfristigen Wettervorhersage für Europa und für eine Entwicklung der Fischerei im Nordatlantik und im Nordmeer schaffen.
Als die »Meteor« am 11. Oktober 1973 zu ihrer 32. Fahrt auslief, war die für Overflow entwickelte Multisonde, die bisher nur in diesem einen Prototyp existiert, wieder mit dabei. Diesmal führte das Flaggschiff der deutschen Forschungsflotte 2½ Monate lang Arbeiten im Rahmen zweier internationaler Vorhaben aus. Und zwar für GEOSECS und GATE. Bei GATE handelt es sich um Experimente und Erprobungen im Rahmen des Atlantic Tropical Experiments, das 1974 angelaufen ist. Die Bundesrepublik ist mit drei Forschungsschiffen daran beteiligt. Elf deutsche und vier ausländische Institute beteiligten sich an diesem Experiment, das von Dr. Karl Otto Münnich geleitet wurde.
Die Arbeit dieser Forschungsschiffe, denen sich viele Flotten aller seefahrenden Länder der Erde anschließen, gehören ebenso zur Erschließung der dritten Dimension der Erde, wie die Raumfahrt mit Tauchglocken und U-Booten in die Tiefe. Die Untersuchung ozeanischer Prozesse ist ebenso wichtig, wie der

Bau jener Fahrzeuge, die uns den Weg in die Tiefe ermöglichen. Fragen nach dem Energieaustausch zwischen Ozean und Atmosphäre, der horizontale und vertikale Massentransport, die internen Wellenbewegungen, dies alles beschäftigt die Wissenschaftler auf den Forschungsschiffen und kommt den Männern in den Tiefen-Raumschiffen zugute. Erst von diesen Forschungsschiffen wissen wir um die Tiefen im Weltmeer, wissen wir von jenem Atlantischen Rücken, der für eine Unterwasserstadt der Zukunft als Standort in Aussicht genommen ist.
Allein in den letzten fünf Jahren hat die Erforschung des Meeresgrundes und der Meeresströmungen zu einer völligen Neugestaltung unserer Vorstellung von der Entstehung der heutigen Erde und ihres jetzigen Aussehens gebracht.

Das Forschungsschiff »Komet«

Im August 1971 wurde das Vermessungs- und Forschungsschiff »Komet« für die Bundesrepublik in Dienst gestellt. Dieses Schiff mit 1252 BRT wurde zunächst während seiner Erprobung für Vermessungsaufgaben im deutschen Küstenbereich und zur Vermessung der geplanten Tiefwasserwege in der Nordsee eingesetzt. Die erste Forschungsfahrt führte es vom 16. August bis 22. September 1971 in das Seegebiet nördlich Island. Es hat auf zwei weiteren Forschungsreisen 1972 und 1973 das Seegebiet zwischen Island, Grönland und Jan Mayen topographisch, gravimetrisch und magnetisch vermessen.
Als die »Komet« nach einer fünfwöchigen ersten Reise am 23. September 1971 im Hamburger Hafen anlegte, erklärte Professor Dr. Otto Meyer, daß man diese genannten Messungen vollständig vorgenommen habe. Die Untersuchungen ergaben neue Aspekte hinsichtlich Lage und Aufbau der untermeerischen Rücken und der geologischen Stellung Islands im Schnittbereich des Mittelatlantischen und des Faröer-Island-Grönland-Rückens.
Diese Arbeiten sind ein deutscher Beitrag zu den internationalen Projekten der Herstellung und Ergänzung der allgemeinen Tiefenkarte der Ozeane, Vervollständigung der Meßdaten des erdmagnetischen und des Schwerefeldes über den Weltmeeren und zum International Geodynamics Project.

Fischereiforschungsschiff »Walther Herwig«

Für die Erforschung und Erschließung neuer Fanggebiete sowie für die Weiterentwicklung der Fang- und Fischverarbeitungstechnik wird seit 1963 das fischereitechnische Forschungsschiff »Walther Herwig« eingesetzt. Unter der wissenschaftlichen Leitung der Professoren Dr. Schmidt und Dr. von

Brandt von der Bundesforschungsanstalt für Fischerei wurden erfolgreiche Forschungsfahrten und Expeditionen in die Meeresgebiete vor Afrika und Südamerika durchgeführt. Zusammen mit dem Fischereiforschungsschiff »Anton Dohrn« unternahm die »Walther Herwig« von 1966 an weitere Forschungsreisen. Auf ihrer letzten Fahrt im Jahre 1966, die vom 4. Mai bis 5. September 1966 dauerte, wurde das südwestatlantische-südamerikanische Schelfgebiet von Südbrasilien bis zum äußersten Süden von Feuerland erforscht. Das Gebiet der Falklandinseln war darin eingeschlossen.

Es mußte über eine Million Quadratkilometer Schelfgebiet erkundet werden. Zum erstenmal wurden auf dieser Fahrt exakte und reiche Angaben für die spätere deutsche Fischerei im Südwestatlantik erforscht. Neue Fangmöglichkeiten zur Erschließung großer pelagischer Fischbestände wurden erprobt. Versuche mit pelagischen Schwimmschleppnetzen und Grundschleppnetzen stellten die gute Befischbarkeit dieses Seegebietes unter Beweis.

In den Gebieten zwischen Süduruguay und Nordpatagonien könnte in größeren Tiefen der Seehecht, Merluza, gefangen werden. Aus Tiefen zwischen 300 und 500 Meter, die der regionalen Fischerei noch verschlossen sind, konnte mit maximal 42 Tonnen in der Stunde ein Fangergebnis erzielt werden, das selbst in den reichen nordatlantischen Fischgründen als ausgezeichnet gilt.

Auf dieser Fahrt gelang es dem deutschen Forschungsschiff auch, die Winterquartiere der Anchoveta-Schwärme ausfindig zu machen. Hier, wo die regionale Fischerei Argentiniens, Brasiliens und Uruguays zusammen nur 250000 Tonnen Fische im Jahr fängt, könnten »auf alle Fälle 3 Millionen Tonnen Fische als jährlicher Fangertrag eingebracht werden«.

Auch die Entwicklungshilfe wurde mit der »Walther Herwig« betrieben. Neue Geräte, wie Netze und Netzwinden, werden auf der »Walther Herwig« erprobt. Ein von Hamburger Fischfang-Technikern entwickeltes Fangnetz für Tiefenfischerei über 800 Meter wurde auf einer der letzten Reisen der »Walther Herwig« erprobt. Man fischte damit in 1150 Meter Tiefe. Das Netz selbst ist sogar für Tiefen bis zu 1500 Meter geeignet. Um ein solches Netz mit seinen Beschwerungen sicher aufhieven zu können, mußte eine neue 50-Tonnen-Netzwinde gebaut werden. Mit dieser modernen Tiefenfischerei ist es möglich, neue Fischarten zu fangen. So wurden in diesen Tiefen große Mengen Schwarzer Heilbutt, Rotbarsch und – unerwarteterweise – auch Kabeljau gefangen.

Als Nachfolger für die »Walther Herwig« ist auf der Schlichting Werft in Lübeck-Travemünde ein neues Fischereiforschungsschiff von Stapel gelaufen. Das Schiff ist als Versuchsschiff für neue Fangtechniken erbaut worden und hat 2000 BRT. Die maschinelle Ausstattung ist gegenüber seinem Vorgänger bedeutend verbessert worden. Es wird nach Meinung der Fachleute ein »Supertrawler mit modernster wissenschaftlicher und fangtechnischer Ausrüstung« werden. Mit einer Antriebsstärke von 4600 PS wird dieses Schiff, dessen Schrauben aus Verstellpropellern bestehen, der westdeutschen Heckfängerflotte weit überlegen sein. Es erhält die bestmögliche Echo-Ortungsausrüstung, darunter ein von der Kieler Firma ELAC entwickeltes Panorama-Echolot, das erstmals Horizontalbeobachtungen eines 90-Grad-Ausschnittes des Meeres ermöglicht. Fischereibiologische Laboratorien, ein Universal-Laboratorium und besondere Räume für die Installationen der Elektrofischerei auf See, die sich noch immer im Anfangsstadium befindet, gehören zur Ausstattung dieses neuesten Fischereiforschungsschiffes, das noch keinen Namen hat, aber schon in aller Munde ist. Mit diesem Schiff will die Bundesforschungsanstalt für Fischerei ihren Beitrag zur Beseitigung des Hungers in der Welt leisten.

Rohstoff-Forschungsschiff »Valdivia«

Das Rohstoff-Forschungsschiff »Valdivia«, das seit einigen Jahren in Dienst steht und den Namen einer bekannten Vorgängerin trägt, hat in den letzten zwei Jahren immer wieder von sich reden gemacht, denn seine wissenschaftliche Mannschaft fand einige Dinge heraus, die für die Rohstoffversorgung der Erde von Bedeutung sind.

Auf der ersten Seifenexploration der »Valdivia« vor der südostafrikanischen Küste im Jahre 1971 wurde von den Wissenschaftlern dieses Schiffes ein Gebiet von 80000 Quadratkilometern auf der Schelfplatte vor und nördlich der Sambesimündung geophysikalisch und geologisch auf wirtschaftliche Schwermineralkonzentrationen untersucht.

Zwischen der afrikanischen Küste und der Schelfkante zum Indischen Ozean wurden vier Zonen identifiziert und zwar:

1. Rezente (gegenwärtig noch lebende) Küstensande.
2. Rezenter Schlick.
3. Terrigene ältere Reliktsande (Hauptträger der Schwermineralanreicherungen).
4. Biogene Sande und Kalke an der Schelfkante.

Im südlichen Abschnitt des Untersuchungsgebietes wurden im Offshore-Bereich erhöhte Schwermineralkonzentrationen gefunden. In einer Küstenentfernung von 40 bis 60 Kilometern sind in Wassertiefen von etwa 50 Meter küstenparallele Zonen mit 5 bis 20 Prozent Schwermineralien ausgebildet.

Die Gesamtlänge beträgt mehr als 100 Kilometer bei einer Breite von 10 Kilometer. Untersuchungen einer Küstengruppe durch die Bundesanstalt für Bodenforschung haben ergeben, daß die Ursprungsgesteine für die Seifenbildungen jene metamorphen Gesteine des kristallinen Grundgebirges im Hinterland sind. (Gesteine also, die durch Druck- oder Temperaturänderung innerhalb der Erdkruste – oft bei gleichzeitiger Durchsetzung mit Gasen und Lösungen – Mineralveränderungen erlebt haben.) Durch den Sambesifluß gelangen diese Schwermineralien in den Indischen Ozean und setzen sich dort ab.

Die Proben wurden auf der »Valdivia« klassifiziert und untersucht. Bereits nach diesen ersten Untersuchungen, bei denen eine Gesamtstrecke von 4000 Kilometern gelaufen und auf 94 Profilen insgesamt 3870 Kilometer untersucht wurden, steht fest, daß hier eine mögliche Förderung in Frage kommt.

Zur genauen Standortbestimmung der genommenen Proben hatte die Firma Messerschmitt-Bölkow-Blohm eine neuartige Ortungsanlage entwickelt, die es ermöglicht, die Position auf den Meter genau zu bestimmen.

Eine weitere große Forschungsreise der »Valdivia« führte in den Großraum Hawaii. Hier sollte die erste große Rohstoff-Forschung betrieben werden. Bis zu diesem Zeitpunkt im Sommer 1972 waren Vertreter der deutschen Industrie mehrfach als Gäste auf dem amerikanischen Forschungsschiff »Deep-Sea-Venturer«. Mit den dort gemachten Erfahrungen konnte die eigene Expedition ein Jahr früher als ursprünglich beabsichtigt gestartet werden. Die Suche nach Manganknollen – um eine solche Forschung handelte es sich – sollte in drei Phasen abgewickelt werden.

1. Genaue Feststellung des Meeresboden-Profils.
2. Fernsehaufnahmen des Meeresbodens, um herauszufinden, um welche Art Belebungsschicht es sich handelt und ob Manganknollen überhaupt vorhanden sind.
3. Probenahme dort, wo Vorkommen festgestellt werden.

Ein von der Firma Babcock gebauter Bodenprobennehmer im Schlepp des Schiffes sollte die Probeentnahmen durchführen. Außerdem wurde ein von der Firma Preussag entwickelter Bumerang-Greifer eingesetzt. Dieser Greifer sinkt unabhängig vom Schiff zu Boden, nimmt eine Probe auf einem Gebiet von $\frac{1}{10}$ Quadratmeter und steigt dann selbständig zur Wasseroberfläche zurück. Dieser Vorgang dauert bei 5000 Meter Wassertiefe circa $2\frac{1}{2}$ Stunden. Das wiederaufgetauchte Gerät kann mit Hilfe eines Funkpeilsenders noch auf 15 Seemeilen Entfernung von der »Valdivia« sicher geortet, angelaufen und an Bord genommen werden. Durch Serienabwürfe solcher Geräte, die möglicherweise auch noch mit Blitzlichtkameras ausgerüstet sind, werden Mög-

Dieser Serien-Bodenprobennehmer der Firma Babcock wurde für den Tiefseeeinsatz auf dem Rohstofforschungsschiff »Valdivia« erprobt.

lichkeiten zur Erkundung großflächig ausgebildeter Manganknollenfelder bedeutend rascher gemacht werden als vorher.
Die »Valdivia« lief am 28. August 1972 zu dieser Fahrt aus. Sie förderte an 164 Stationen ihrer Reise Manganknollen und nahm die erste Auswertung bis zum Ende der Fahrt am 18. Dezember 1972 vor. Nunmehr wurden die Proben und die Meßdaten in enger Zusammenarbeit mit 12 deutschen Instituten untersucht. Mitte April 1973 lagen die ersten Ergebnisse vor. Die auf dem riesigen Feld von 130 Kilometer Breite und 500 Kilometer Länge gefundenen Manganknollen lassen eine Förderung zu. Weitere prospektorische Anstrengungen sind aber noch notwendig. Die Zusammensetzung dieser Knollen wurde von Professor Dr. Günther Friedrich folgendermaßen erläutert: »Die Wertmetalle Nickel und Kupfer können zusammen bis zu 3 Prozent erreichen. Daneben findet Kobalt, Zink, Molybdän und ein Gehalt an Edelmetallen wirtschaftliches Interesse.«
Der Aachener Lagerstättenforscher konnte an Bord der »Valdivia« in Zusammenarbeit mit dem dänischen Atomphysiker Dr. Kunzendorf – von der

Atomenergiekommission Risö – ein Röntgenfluoreszenzgerät zur Simultan-Schnellanalyse der an Bord genommenen Manganknollen auf Nickel, Kupfer, Kobalt, Eisen, Zink und Mangan verwenden und sofort eine Übersicht über die Zusammensetzung der geförderten Manganknollen gewinnen.
Diese kurze und nicht umfassende Übersicht über Forschungsschiffe und ihre Einsatzmöglichkeiten zeigen bereits auf, daß sie in allen Sparten der Gewinnung neuer Meeresschätze tätig sind.

Die sowjetischen Forschungsschiffe

Die sowjetischen Ozeanographen leiteten mit der Eisdrift ihres Eisbrechers »Sedow« im Jahre 1938 eine neue Ära in der ozeanographischen Untersuchung des Nordpolarmeeres ein. Die UdSSR beteiligte sich an mehreren internationalen Aufgaben der fünfziger Jahre und überraschte die Welt mit der Tatsache, daß sie bis zum Jahre 1960 nicht weniger als 200 Forschungsschiffe in Dienst gestellt hatte, darunter das Forschungs-U-Boot »Severyanka«. Der Eisbrecher »Lena« war mit 12 000 BRT bis vor kurzem das größte dieser Forschungsschiffe.
Die sowjetische Arktisforschung hat es binnen dreier Jahre fertiggebracht, die bisherigen Vorstellungen vom Bodenrelief des arktischen Beckens von Grund auf zu verändern. Der Direktor des Forschungsinstitutes für Arktis und Antarktis, Professor Dr. Treschnikow brachte bereits im Sommer 1971 auf einer Pressekonferenz zum Ausdruck, daß es gelungen sei, das untermeerische Gebirgsland im Arktischen Becken genau zu vermessen und zu karthographieren. Und zwar bestehe dieses Gebirge aus dem Lomonossowrücken, der 1800 Kilometer lang und bis zu 3000 Meter hoch sei, dem Mendelejew-Rücken und dem Gakkelrücken; die Litka-Schlucht, mit ihren 5449 Metern die tiefste Schlucht des Eismeeres, wurde ebenfalls entdeckt.
Weitere Forschungsschiffe der UdSSR haben ebenfalls großartige Leistungen erzielt. So die »Akademik Knipowitsch«. Dieses Schiff, das eines der größten der UdSSR war, lief vor einiger Zeit zu einer achtmonatigen Expedition von Sewastopol in die arktischen Gewässer aus. Es sollte die Nahrungsreserven antarktischer und südlicher Gewässer erforschen. Vor allen Dingen sollte es die Krillvorkommen erkunden. Das Ergebnis war überwältigend. (Siehe Kapitel »Der Hunger und das Meer«.)
In bezug auf gemeinsame Forschungsaufgaben betonte im Frühjahr 1973 der sowjetische Geologe Ingenieur Kamajew während eines russisch-amerikanischen Gesprächs, sei eine friedliche Koexistenz zwischen Ost und West möglich und auch die beiden Theorien über die Entstehungsgeschichte Islands

könnten nebeneinander existieren. Die Diskussion darüber fand auf dem sowjetischen Forschungsschiff »Kurtschakow« statt. Die Russen sagten hierbei, daß Island ein alter Teil des europäischen Kontinentes sei, während die Amerikaner die Theorie vertraten, daß es sich bei dieser Insel um einen Höcker aus Eruptivgestein handle, der sich vor 50 Millionen Jahren aus dem Mittelatlantik herausgehoben habe.

Die »Kurtschakow« hat inzwischen mit 62 sowjetischen und sechs amerikanischen Wissenschaftlern an Bord Messungen vor Island unternommen und Meerwasserproben analysiert. Sie suchte nebenher auch nach günstigen Ansatzpunkten für Tiefseebohrungen. Diese Bohrungen sollen von dem amerikanischen Super-Bohrschiff »Glomar Challenger« durchgeführt werden.

Übrigens ist diese gemeinsame Aufgabe nur ein Teil jenes sowjetisch-amerikanischen Abkommens über die Zusammenarbeit in der Erforschung der Weltmeere, das im Jahre 1972 ratifiziert wurde. Weitere Punkte dieses Abkommens umreißen die Fülle der Gemeinschaftsaufgaben:

1. Untersuchung der Meeresströmungen über weite Entfernungen und andere Fragen ozeanischer Bewegungen.
2. Weiträumige Beeinflussung von Ozean und Atmosphäre einschließlich Laboruntersuchungen; Versuche im Ozean selbst und mathematische Modelle.
3. Geochemie und maritime Chemie der Weltmeere.
4. Geologische und geophysikalische Untersuchungen der Weltmeere einschließlich Tiefseebohrungen für wissenschaftliche Zwecke.
5. Biologische Produktivität der Weltmeere und Biochemie von einzelnen Organismen und ganzen Gruppen im Ozean.
6. Normung und Anpassung ozeanographischer Geräte und Methoden.

Dieser Katalog ist, bei gemeinsamer Durchführung, ein Meilenstein auf dem Weg umfassender internationaler Zusammenarbeit zum Wohle der Menschen in aller Welt. Wenn auch sowjetische und amerikanische Wissenschaftler bereits seit langem ihre Gedanken ausgetauscht haben, so ist dieses Abkommen doch darüber hinaus der Startschuß zur direkten Zusammenarbeit zum Beispiel des sowjetischen Meeresforschungsinstituts auf Sachalin mit dem amerikanischen Institut für Geophysik auf Hawaii.

Gemeinsame meereskundliche Untersuchungen in der Beringsee sind die weitere Folge dieses Abkommens. Nach einem Bericht aus der DDR sollen bei dieser Unternehmung die Eisdecke, die Meeresoberfläche und die Wetterverhältnisse im nördlichsten Teil des Pazifik untersucht werden. Beide Staaten nahmen mit einem Flugzeug und einem Schiff daran teil. Das sowjetische Forschungsschiff »Priboi« führt diese Unternehmung. Die Schiffahrt im Eis-

meer, der Fischfang und die Meteorologie könnten von diesem Gemeinschaftsunternehmen profitieren.
Inzwischen ist auch das größte sowjetische Forschungsschiff, die 45 000 BRT große »Kosmonaut Juri Gagarin«, die im Winter 1971/1972 ihre erste Forschungsfahrt unternommen hatte, zu einigen weiteren Aufgaben ausgelaufen und hat ihre Ernennung zum »Flaggschiff der sowjetischen Forschungsflotte« vollauf gerechtfertigt.
Dieses auf der Werft von Leningrad erbaute Schiff hat eine Länge von 230 Meter. Seine größte Höhe beträgt 61 Meter. Es hat elf Decks, drei Schwimmbäder und einen Kinosaal mit 250 Sitzen. Es ist mit Anlagen ausgerüstet, die auch als Bodenstationen bei der Weltraum-Kommunikation Verwendung finden. Seine funktechnische Einrichtung kann sowohl die Verbindung mit jedem Punkt der Erde herstellen wie auch mit jedem Raumflugkörper, in dem Kosmonauten arbeiten. Seine Einrichtungen können zum Beispiel eine Flugbahnänderung heimkehrender Raumstationen bewirken und die Parameter während der Landung kontrollieren. Über einen bestimmten Satelliten der Molniya-Klasse steht das Forschungsschiff in ständiger Verbindung mit dem Weltraumkommunikationszentrum für Langstrecken. Die Energieerzeugungsanlagen des Schiffes ermöglichen die Aufrechterhaltung der Verbindung mit Marssonden, Mondumlauffahrzeugen und anderen Weltraumsonden. Das Schiff hat über 100 Antennen. Mit diesem Forschungsschiff haben die UdSSR eines der bestausgerüsteten Schiffe der Welt auf See. Neben diesen Überwasser-Forschungsschiffen ist es das Forschungs-U-Boot »Severyanka«, das wichtige Forschungsaufgaben der UdSSR durchführt.
Mit diesem großen Potential an Forschungsschiffen kann jedoch ein Schiff der ebenfalls sehr großen US-Forschungsflotte durchaus mithalten.

Der Riese unter den Bohrschiffen – »Glomar Challenger«

Nachdem im Jahre 1968 die »Glomar Challenger«, ein Bohrschiff mit einer Verdrängung von 10 500 BRT fertiggestellt war, begann in bezug auf Tiefseebohrungen eine neue Zeit. Als sie von Orange, Texas, in See ging, ahnte noch niemand, daß sie in weit über 20 Tiefseebohrungen wichtige Erkenntnisse schaffen und die gesamte Menschheitsgeschichte in ihren Bohrkernen ans Licht bringen würde. Dieses Schiff wurde so konstruiert, daß es auch bei rauher See seinen Standort hält. Ein System von Ausgleichskanälen und zusätzliche Schiffsschrauben halten es genau auf Position, denn diese Position ist in einen Computer eingegeben, der die Steuerung von Schrauben und Ruder automatisch vornimmt.

In den ersten sechs Bohroperationen hat der wissenschaftliche Stab dieses Schiffes seine Funktionsfähigkeit unter Beweis gestellt. Das Schiff mit dem etwas achterlicher als mittschiffs ausgebauten 60 Meter hohen Bohrturm hat Bodensedimente erbohrt, die 150 Millionen Jahre alt sind. Bei seiner vierten Expedition im Frühjahr 1969 fand man auf dem mittelatlantischen Rücken Bodenschlamm aus dem Amazonas (!). Dieser Schlamm enthielt reiche Vorkommen an Topasen, Aquamarinen und – Gold, dazu Überreste von Landpflanzen, die für Brasilien charakteristisch sind.
Genau nordostwärts von der Insel San Juan in der Karibischen See wurde schließlich die tiefste Bohrung aller Zeiten auf See niedergebracht. Und zwar bohrte man auf 5845 Meter Wassertiefe. In den Ständern an Bord dieses Schiffes liegen Kilometer um Kilometer Rohrstücke, die zu gewaltig langen Strängen miteinander verbunden werden. Die Standardlänge dieser Rohre ist 9 Meter. Jeweils drei werden zu einer Bohrstange von 27 Meter zusammengesetzt. Auf dem Schiff sind 6000 Meter Rohrleitungen vorhanden. Das Auswechseln des Bohrkopfes, zu dem der gesamte Bohrstrang nach oben geholt werden muß, um einen neuen Kopf einzusetzen, ist hier das größte Problem. Es muß an Land ausgeführt werden. Die Bewegung des Schiffes ließ zuerst das genaue Wiederfinden des alten Bohrloches nicht zu. Ingenieure haben dieses Problem inzwischen gelöst: Die »Glomar Challenger«, das Tiefseebohrschiff der National Science Foundation der USA, hat diese Technik des Wiedereinbringens des Bohrers über einen Trichter in ein Tiefseebohrloch erfolgreich erprobt. Darüber hinaus haben Fachleute für diese Tiefseebohrungen völlig neuartige standfeste Bohrkronen entwickelt.
Ein neuer Bohrloch-Preventer, der den wilden Ausbruch von Gas und Öl aus Bohrlöchern verhindern soll, wird nicht mehr am Bohrlochkopf eingesetzt – das wäre für ein Tiefsee-Bohrschiff ja auch nicht möglich –, sondern in das Bohrloch hinabgesenkt.
Eine weitere Neuentwicklung, die auf einer der letzten »Glomar-Challenger«-Reisen getestet wurde, ist ein hydraulischer Kompensator, der die Schiffsbewegungen im Seegang gegenüber dem Bohrstrang abwenden und so die Bohrtätigkeit vereinfachen kann.
Die Reise des Bohrschiffes im Sommer 1972 zwischen den Sundainseln hindurch zur Ostküste Afrikas, von dort in den Indischen Ozean und schließlich um Kap Hoorn herum durch den Südatlantik nach den USA, begann am 16. September 1972. Die 20. Bohrung diente der Erforschung der ältesten Bodenkruste in der Sedimentgeschichte des Pazifischen Ozeans und der Entwicklung der Meeresbecken, den Forschungen über die Äquatorialfauna und die Äquatorialströmungen.

Auf dieser großen Reise gelang es der »Glomar Challenger«, den Fahrplan der Kontinentalverschiebungen zu rekonstruieren, welche die Kontinente Nord- und Südamerika, Europa und Afrika entstehen ließen. Damit hatte das Schiff bei mehreren Tiefbohrungen einen weiteren Teil der Erdgeschichte erforscht. Es wurde erkannt, daß vor etwa 200 Millionen Jahren das heutige Afrika und Südamerika von der großen Kontinentalscholle des heutigen Nordamerika wegdrifteten.
Erst vor 80 bis 45 Millionen Jahren bildeten sich schließlich die Biskaya und vor etwa 65 Millionen Jahren begann sich der mittelatlantische Rücken nördlich der Azoren zu formen. Diese Entwicklung – das wurde ebenfalls erkannt – ist heute noch nicht abgeschlossen und gilt wahrscheinlich auch als Ursache des Vulkanausbruchs auf der Island-Insel Heimaey Ende Januar 1973.
Im Mai 1973 verhandelte das Ministerium für Forschung und Technologie der Bundesrepublik über eine deutsche Beteiligung an der Arbeit dieses Bohrschiffes, das uns in Bohrkernen eingeschlossene Zeugen einer millionenalten Vergangenheit ans Licht geholt hat. Die USA fordern als Preis die stolze Summe von einer Million Dollar im Jahr und boten dafür volle Mitsprache bei den Gesamtplanungsausschüssen an, die die Bohrungslokationen auszusuchen haben. Außerdem sollen deutsche Forscher dann vollen Zugang zu den gewonnenen Bohrkernen haben und auf Wunsch auch an der tiefbohrtechnischen Entwicklung beteiligt sein.
Im Gesamtplanungsausschuß für die »Glomar Challenger« sind bereits heute zwei deutsche Wissenschaftler tätig, zum einen Professor Dr. Colss aus Hamburg und zum anderen Professor Dr. Seibold aus Kiel.
Ist die Beteiligung erst einmal realisiert, könnten auf diesem Forschungs-Bohrschiff innerhalb des 25 bis 30 Forscher starken Teams jeweils zwei deutsche Forscher an jeder Reise teilnehmen und mitarbeiten. Inzwischen ist dieses Projekt bereits verwirklicht. Damit haben deutsche Wissenschaftler Zugang zu einem Großvorhaben, in dessen Rahmen die »Glomar Challenger« in den nächsten Jahren mehr als je zuvor auch für verstärkte Bohrungen auf dem Schelf und auf dem Schelfabhang, also auf tieferem Wasser, nach Erdöl eingesetzt werden wird. Bei rechtzeitigem Zugriff in diesen Gebieten, für die noch keine internationale Regelung getroffen wurde, würde dieses Gebiet auch der deutschen Industrie und vor allem einer deutschen Erdölindustrie offenstehen.
Um diese Möglichkeiten wahrnehmen zu können, hat die deutsche Industrie inzwischen ein eigenes Bohrschiff fertiggestellt, das sich mit den Schiffen dieser Art der fremden Länder durchaus messen kann. (Siehe Kapitel »Erdöl aus dem Meer«.)

Unterwasserhäuser und ihre Verwendung

Nach der vorläufigen Beendigung der beiden großen Forschungsvorhaben mit Unterwasserhäusern und Laboratorien in Frankreich und in den USA fanden in den USA weitere Unterwassereinsätze statt. Man wollte damit die Fauna und Flora des Meeres und des Meeresbodens genau kennenlernen, denn die biologische Forschung in Unterwasserhäusern und – aus ihnen ins Freie schwimmend – in ihrer Umgebung ist von entscheidender Bedeutung.

Wenn die Menschheit einmal mit Dörfern und Fabriken, aber auch mit Forschungsgruppen für längere Zeit ins Meer hinabgehen will, müssen die Lebensbedingungen der Tier- und Pflanzenwelt unter Wasser bekannt sein. Man muß wissen, wie man Nahrung aus dem Meer optimal nutzen kann, ohne Raubbau zu treiben und sie damit zu vernichten. Es muß eine genaue biologische Funktionsanalyse stattfinden. Dies ist nur durch längere Unterwasseraufenthalte möglichst vieler Menschen möglich. Genau dieses Problem wollte man mit dem Forschungsvorhaben »Tektite I« lösen.

Dieses Unternehmen wurde im Februar 1969 gestartet. Vier Forscher, zwei Ozeanographen, ein Geologe und ein Biologe, stiegen am 15. Februar unmittelbar vor der Insel St. John, eine der Jungferninseln ostwärts von Puerto Rico, auf den Grund hinab, wo »Tektite I« in 12,7 Meter Wassertiefe verankert lag. Es waren die Aquanauten und Forscher Dr. Clifton, van Derwalker, Mahnken und Waller.

Das Unterwasserhaus, das sie für 59 Tage aufnehmen sollte, war in gemeinschaftlicher Planungsarbeit vom US-Innenministerium, der NASA und der General Electric Company, Groton, entwickelt und gebaut worden. »Tektite I« bestand aus zwei senkrecht stehenden Zylindern von je 5,5 Meter Höhe und 3,8 Meter Durchmesser. Diese waren unterteilt in vier Arbeits- und Schlafräume. Diese Zylinder waren auf einer rechteckigen Stahlplattform aufgebracht. Die beiden oberen Stockwerke wurden durch einen Tunnel miteinander verbunden. Eine auf dem Steuerbordzylinder angebrachte Ausblickkuppel

Der Hydronaut-Trainer von Charlottsville, Virginia. In ihm werden Piloten und Navigatoren für Tieftauchfahrzeuge ausgebildet. Das Mannschaftsquartier ist dem an Bord der »Trieste II« nachgebildet.

gestattete einen guten Rundblick. Außerdem waren halbkugelförmige Fenster eingebaut. Chef des Unternehmens war der Ozeanograph Richard A. Waller. Er hatte dieses Projekt seit zehn Jahren ausgearbeitet und für alle Eventualitäten vorgesorgt. Das Unterwasserhaus wurde mit einem darüber vor Anker gegangenen Schiff mit dem notwendigen Atemgemisch, mit Süßwasser und elektrischer Energie versorgt. Das Atemgemisch bestand aus 8 Prozent Sauerstoff und 92 Prozent Stickstoff. Das ausgeatmete Kohlendioxyd wurde mittels Bariumhydroxyd absorbiert. 175 Tonnen Ballast im Fuß des Hauses machten es sicher und standfest. Da dieses Gewässer nahe einem Korallenriff besonders haiverseucht war, wurden einige Haifischkäfige aufgestellt, in die sich die Aquanauten im Notfall – wenn sie zur Außenarbeit ihr Haus verlassen hatten – retten konnten.
In diesem Langzeitprogramm sollten Erfahrungen zur Besiedlung des Festlandschelfs und zur Ausnutzung seiner Schätze gemacht und seine Fauna und Flora erkundet werden. Darüber hinaus aber sollte nach einem ganz besonde-

ren Stoff gesucht werden; nach jenen kleinen, runden, glasartigen Kugeln, von denen man annimmt, daß sie aus dem Kosmos kommen und beim Eintauchen von Meteoriten in die Erdatmosphäre von diesen abgeschmolzen werden.

Um die Lebensbedingungen zu studieren, untersuchten die Wissenschaftler den Tagesablauf der Kleinlebewesen des Schelfgebietes. Hinzu kam die Verhaltensanalyse größerer Wassertiere wie Fische, Hummer und Langusten. Außerdem widmeten sie sich geraume Zeit der Verhaltensforschung bei Haien. Hierbei hatte Waller ein gefährliches Erlebnis. Er berichtete darüber:

»Als ich das Unterwasserhaus durch den unteren Ausstieg verließ, um nach den markierten Hummern zu sehen, denen wir unsere Visitenkarten in Gestalt von bunten kleinen Farbmarkierungen angebracht hatten, stieß ich plötzlich am Winkelriff auf einen Hai, der wie ein langer schlanker Schatten auf mich zugeschossen kam, einige Meter vor mir jäh verhielt und mich ansah. Ich hielt mich mit Front zu ihm und stieß einen schnaubenden Laut aus. Der Hai wich in einer schnell ausgeführten Wendung aus, und ich schwamm ein paar Züge in Richtung auf den nächststehenden Haikäfig. Als der Hai zurückkehrte, drehte ich mich wieder ihm zu und schwamm ihm einen Meter entgegen, wobei ich die Arme zur Seite schob, um größer zu erscheinen. Dazu schnaubte ich wieder heftig. Zum zweitenmal wich der Hai zurück. Und diesmal schwamm ich mit einem Zug in den aus Stahlstäben gefertigten Haikäfig hinein, schlug die Tür hinter mir zu und atmete erleichtert auf.

Der Hai kehrte ein drittes Mal zurück. Er stieß mit dem Maul leicht an den Käfig, umrundete ihn einige Male und entfernte sich dann. Danach sofort die Arbeit fortzusetzen, erfordert schon eine gewisse Überwindung. Aber wenn man dies nicht sofort tut, dann wird wohl nie wieder etwas daraus. Ich schwamm also hinaus und setzte unangefochten meine Arbeit fort.«

Derlei Abenteuer hatten schließlich alle vier Aquanauten zu überstehen und sie konnten feststellen, daß Haie im allgemeinen nicht so angriffswütig sind, wie dies oft geschildert wird.

Die Hummer und Langusten wurden weiter beobachtet und ihre Lebensweise erkundet. Die Forscher erkannten bald den Lebensrhythmus dieser Tiere und stellten fest, daß sie sich tagsüber in kleine Schlupfwinkel zwischen den Felsen auf dem Grund zurückzogen und erst mit Einbruch der Nacht hervorkamen, um den Algengrund abzugrasen.

Eine weitere Aufgabe bestand darin, schwimmende Objekte mittels neuester Unterwasserortungsgeräte aufzuspüren. Hierbei wurden gute Erfolge erzielt und zwar dahingehend, daß man Objekte voneinander unterscheiden konnte und eine genaue Definition eines georteten Objektes zu geben vermochte.

Im Überwasserschiff untersuchten die teilnehmenden Ärzte im 24-Stunden-

Turnus das Befinden ihrer vier Aquanauten. Fernsehkameras ermöglichten es ihnen, Diagnosen zu stellen. Herz- und Hirnströme wurden aufgezeichnet, Blutproben in festen Behältern nach oben geschickt. Besonders intensiv wurde die Zusammensetzung des Atemgemisches und seine Verträglichkeit kontrolliert, denn mit diesem Gemisch wurde zum erstenmal getaucht. Es galt, zu untersuchen, ob es auf diese lange Distanz von zwei Monaten ungefährlich war. Die Beobachtung der psychischen Verhaltensweisen dieser vier Forscher während der zweimonatigen Abgeschiedenheit von der Welt wurde von der NASA ausgewertet, um für die geplanten (inzwischen stattgefundenen) »Skylab-Unternehmungen« Daten und Fakten zu gewinnen.

Frauen auf Unterwasserstation – »Tektite II«

Mit »Tektite II« wurde das bisher ehrgeizigste Unterwasser-Projekt in Angriff genommen und durchgeführt. Am 1. April 1970 startete es in der Greath Lemeshur Bay nahe der Insel St. John, eine der Inseln der Virgin Islands. Der Einsatzort lag in der Nähe des Einsatzortes von »Tektite I«.
Vier Forscher und ein Ingenieur gingen als erste Gruppe in das in 15 Meter Tiefe auf dem Grund der See verankerte Unterwasserhaus hinunter, um in einer Arbeitszeit von 14 Tagen das Forschungsprogramm anzugehen, das mit weiteren 16 Einsätzen mit über 62 Forschern fortgesetzt werden sollte.
Ein so gigantisches Projekt konnte nur in enger Zusammenarbeit – auch auf finanziellem Gebiet – zwischen der Regierung, der Privatindustrie und den Universitäten, unter der Leitung des Innenministeriums, durchgeführt werden.
Als das Tektite-Programm-Office bekanntgab, daß eines der Teams aus vier Frauen und einem Ingenieur bestehen würde, war man in der Bevölkerung skeptisch. Doch das Ergebnis dieses Experimentes sollte alle Skeptiker eines Besseren belehren.
Die Ausflüge der Aquanauten aus dem Heim ins Freie und ihre weiter- und tiefergehenden Tauchgänge wurden auch diesmal wieder von Medizinern überwacht, die von Psychologen unterstützt wurden. Die Beobachter- und Überwachergruppe saß in einem Überwasser-Begleitschiff. Eine geschlossene Kommunikationskette aus Sprechfunk, Telefon und Fernsehen ermöglichte die Übertragung aller Werte.
Neben dem allgemeinen Forschungsprogramm wurden die technischen Möglichkeiten des menschlichen Einsatzes unter Wasser erprobt und getestet. Einschließlich der ozeanographischen Instrumente wurden Unterwasserverbindungen aller Art, Antriebs- und Navigationsinstrumente und ein Langzeit-SCUBA-Atemgasgerät ausprobiert.

Die erste Operation in diesem neuen Vorhaben wurde von William L. High und Alan J. Beardsley vom U. S. Bureau of Commercial Fisheries, Department of the Interior, und Richard W. Curry und Roger J. Dexter, beides graduierte Studenten der Rosenstiel School of Marine and Atmospheric Sciences der University of Miami, durchgeführt.
Das 5-Mann-Unterwasserhaus ist wie »Tektite I« als Forschungslaboratorium voll eingerichtet und hat auch komplette Aufenthaltsquartiere für die jeweils fünf Forscher mit allem benötigten Hausrat und Möbeln. Es besteht wie »Tektite I« aus zwei 5,4 Meter hohen Stahlzylindern von je 3,75 Meter Durchmesser, die im oberen Drittel durch einen Tunnel von 1,35 Meter Durchmesser untereinander verbunden sind. Diese Zylinder stehen auf einer rechteckigen Plattform, in der auch der Ballast aus Eisenschrott untergebracht ist. Ein zweites Unterwasserhaus, das südlich der Greath Lameshur Bay in 30 Meter Tiefe verankert wurde, diente als Aufenthalt während des Studiums der Effekte der Stickstoff-Sauerstoff-Sättigung beim Tauchen in größeren Tiefen. In diesem Mini-Lab befindet sich eine obere Kammer von 2,4 Meter Durchmesser und 3,3 Meter Höhe als Trockenraum und eine untere Kammer der gleichen Abmessungen als Naßraum. Die Ergebnisse dieses Einsatzes haben alle Erwartungen der Forscher und Institutionen übertroffen.

Die Florida-Aquanaut-Research-Expedition Puerto Rico und »La Chalupa«

Am 27. Januar 1973 begann vor der Küste von Miami und der großen Bahama-Insel das bisher größte bemannte Unterseeprogramm in den USA mit der Bezeichnung FLARE. Dieses Unternehmen wurde von der National Oceanic and Atmospheric Administration – NOAA – in Angriff genommen. Und zwar wurde das erste ortsbewegliche Unterwasserlabor »Edalhab II« eingesetzt. Dieses Laboratorium wurde von der Universität von Florida entwickelt und gebaut. Es führte an drei verschiedenen Stellen des Schelfs in Tiefen von 13, 14,5 und 16 Meter drei Monate hindurch mehrere große Forschungsvorhaben aus.
Zwischen den beiden Rümpfen eines eigens dafür gebauten Mutterschiffes, des Katamaran-Forschungsschiffes »Lulu«, wurde »Edalhab II« zur ersten Versenkungsstelle geschleppt und abgesenkt. Die »Lulu« wurde von der Woods-Hole-Oceanographic Institution gebaut und mit vierzig Wissenschaftlern aller Zweige der Ozeanik sowie Versorgungstechnikern besetzt. Drei dieser Wissenschaftler gingen jeweils zu einer Tauch- und Beobachtungsphase für mehrere Tage hinunter, dann erfolgte ihre Ablösung. Nach einem Monat der

Forschungsarbeit wurde das Unterwasser-Laboratorium emporgehievt und zwischen den beiden Rümpfen der »Lulu« befestigt. Dieses Schiff schleppte sodann das Labor zum zweiten Aufstellplatz, wo es wieder hinabgesenkt wurde, um für die nächsten vier Wochen dort zu arbeiten.

Danach erfolgte das Versetzen zur dritten Tauchstation.

Die Forschungsaufgaben dieses Projekts sind umfangreich und breit gefächert. So wurden die Lebensgemeinschaften der Meerestiere in den Korallenriffen ebenso erforscht wie das Verhalten von Fischen gegenüber Fanggeräten und die Wirkung künstlicher Riffe auf Fischbesiedlungen. In den drei Monaten des Einsatzes wurden acht wissenschaftliche Projekte zur vollen Zufriedenheit der federführenden Institutionen erledigt. Die Zusammensetzung des Seewassers an den drei verschiedenen Einsatzorten wurde besonderen Untersuchungen unterzogen.

Dieses erste mobile Unterwasservorhaben gilt als wegweisender Schritt in eine neue Dimension der Unterwasser-Meerestechnik.

Als Anfang Januar 1973 die Regierung von Puerto Rico das neuerbaute Unterwasserhaus »La Chalupa« dem Forschungs- und Versuchszentrum in Punta Ostione übergab, horchte man allenthalben auf. Zwar hatte es schon kleinere Staaten und selbst private Vereinigungen gegeben – wie zum Beispiel den tschechischen Taucherclub Permon –, die Unterwasserhäuser gebaut und besetzt hatten, doch dieses Unternehmen war größer und weiträumiger.

Dieses mobile Unterwasserhaus wurde von der bekannten Firma Perry Oceanographics in Riviera Beach, Florida, erbaut. Es ist für vier Personen für einen zweiwöchigen Aufenthalt konzipiert worden. Ein Schiff versorgt das Habitat von der Oberfläche aus. Wie bei »Edalhab II« besteht auch bei »La Chalupa« die Möglichkeit, das Habitat vom Schiff aus anzuheben und mit dem Schiff zu einem anderen Standort zu fahren und es dort wieder auszusetzen. In dem Laboratorium befinden sich ein Trockenarbeitsraum, ein Naßraum mit Einrichtungen zum Sammeln von Boden- und Wasserproben sowie zwei klimatisierte Unterkünfte mit Küche und zwei kleinen Schlafräumen. Eine Unterwassergarage für Kleintauchboote ist der neueste Schrei dieses UWH. Das Unterwasserhaus wird im Rahmen eines großen puertoricanischen Forschungsvorhabens PRINUL – Puerto Rico International Undersea Laboratory – eingesetzt. Luft, Wasser und elektrische Energie werden von einer auf dem Wasser schwimmenden Boje zugeführt, wie dies beim ersten Einsatz des UWL »Helgoland« geschah. In der Boje erzeugen zwei 20-kW-Dynamos die Energie. Sie beherbergt außerdem die Hoch- und Niederdruck-Kompressoren. Zur Notversorgung sind auch im UWH Elektrobatterien und Luft für zusätzlich 72 Stunden vorhanden.

Die Personen-Transportkammer, mit der Aquanauten von der Wasseroberfläche zu Unterwasserstationen befördert werden.

Als erste Gruppe ging eine von der Regierung unterstützte Universitätsforschungsgruppe in das Unterwasserhaus hinunter und nahm neben der wissenschaftlichen Aufgabe auch Tauchgänge in Tiefen von 6, 7, 9, 12, 15 und 18 Meter Wassertiefe vor. Die von der NOAA ausgearbeiteten Tauch- und Dekompressionstabellen wurden von Tauchern in 30 Meter tiefem Wasser vor Puerto Rico vorher erprobt. Damit ist ein weiteres mobiles Laboratorium im Einsatz.

Russischer Fortschritt – »Tschernomor I, II, III, IV«

Mit »Tschernomor I« begann die zweite Phase der bemannten Unterwasserforschung in Rußland. Im Juni 1968 wurde das Labor vor der Küste der Krim in zunächst 14 Meter Tiefe abgesenkt. Mit 62 Tonnen Gewicht war es das bisher größte UWL. Es arbeitete völlig autonom und bestand aus einem Stahlzylinder von 7,8 Meter Länge und 3,05 Meter Durchmesser. Das auf Stelzfüßen liegende UWL war insgesamt 6,1 Meter hoch. Fünf Ausblickfenster

gaben eine gute Übersicht. Mit einem unabhängigen Auf- und Abtauchsystem versehen, konnte es bei Gefahr selbständig auftauchen. Ein Überwasserschiff versorgte es, auch wenn es sich selbst für 72 Stunden autonom versorgen konnte.
Innerhalb eines Monats gingen fünf Teams zu jeweils sechs Aquanauten hinunter. Während ihres Unterwasseraufenthaltes verließen sie zu Außenarbeiten das UWL und tauchten mit Aqualungengeräten bis in Tiefe von 88,4 Meter hinab. Diese Teams brachten eine Unmenge an Material herauf, das in langwierigen Analysen aufbereitet wurde. Unterwasser-Geologen ebenso wie Mineralogen und Biologen gewannen viele neue Erkenntnisse.
Im Oktober 1969 startete »Tschernomor II« in der Bucht von Gelendschik im Schwarzen Meer. Diesmal war dem Labor noch eine zusätzliche Rettungskammer angeschlossen, wodurch sich seine Wasserverdrängung auf 75 Tonnen erhöhte. Die Tiefe betrug diesmal 25 Meter. Die vier Aquanauten, die vier Wochen auf Station blieben, atmeten ein Gemisch aus O_2N_2, dessen Zusammensetzung nicht genau bekannt ist.
»Tschernomor III« wurde schließlich zum Glanzpunkt sowjetischer Unterwasserforschung. Es wurde im Sommer 1971 ebenfalls bei Gelendschik in eine Tiefe von 23,4 Meter abgesenkt. Diesmal blieben vier Aquanauten 52 Tage in ihrem Unterwasserlabor, das sie zu umfangreichen Exkursionen verließen. Damit näherten sie sich dem Dauerrekord der amerikanischen Tektite-Unternehmen. Medizinische Studien und physiologische Tests, welche die Effekte der Aquanauten, ihr Kleinklima und den Umfang der zu leistenden Arbeit erforschten, standen im Vordergrund. Darüber hinaus wurde eine vollständige biologische Funktionsanalyse des Schwarzen Meeres erstellt.
Zu einem neuen Einsatz von »Tschernomor IV« ist es im Sommer 1973 gekommen. Allerdings liegen noch keine Ergebnisse darüber vor. Sicher ist jedoch, daß diesmal eine völlig neue Energiequelle praktisch erprobt wurde, die das Leben in Unterwasserhäusern revolutionieren soll. Es ist ein elektrochemischer Generator. Dieser Generator soll leichtgewichtig und hochleistungsfähig sein und beinahe lautlos arbeiten. Möglicherweise ist es eine Energiequelle, wie sie ähnlich auch in »Hydro-Lab« benutzt wurde.

Weitere sowjetische Unterwasserhäuser

Die Unternehmen »Sadko I« und »Sadko II« wurden ebenfalls im Schwarzen Meer vor der kaukasischen Küste gestartet. Hierbei blieben zwei Personen zehn Tage in 25 Meter Wassertiefe. Dieses Labor war für Tauchtiefen bis zu 60 Meter konstruiert worden und in Gestalt einer übereinander liegenden

Doppelkugel erbaut. Damit besaß es ideale Unterwassereigenschaften. Die Atemgasversorgung erfolgte autonom. Mit Energie wurde es von einem Überwasserschiff versorgt.
»Sadko III«, im Oktober 1969 gestartet, wurde am selben Standort durchgeführt. Dieses UWL bestand aus einem senkrecht stehenden, sieben Meter hohen Zylinder von 3 Meter Durchmesser. Drei Aquanauten blieben 14 Tage in diesem UWL und atmeten ein Gemisch aus 15 Prozent Sauerstoff und 85 Prozent Stickstoff. Die Konstruktion hatte ein Eigengewicht von 30 Tonnen und wurde mit zusätzlich neun Tonnen Ballast beschwert. Drei Abteilungen waren übereinander angeordnet. Während in der obersten das bioakustische Forschungslabor und das Quartier des Kommandanten lagen, befanden sich in der mittleren Abteilung die Quartiere der Besatzung. Im »Erdgeschoß« lag der große Hilfsraum. Ein Ballastsystem ließ das Haus selbständig ab- und auftauchen. Die Kraftanlage befand sich am Ufer, aber eine eigene Notanlage konnte das UWL nach oben bringen, wenn dies notwendig war.
»Sadko III« wurde zu bioakustischen Studien benutzt. Dem Labor war ein großer Fischbehälter beigegeben. Dieser war mit künstlicher Beleuchtung und mit einem Unterwasserlautsprecher versehen, um »die Sprache der Fische zu enträtseln«.
Die Sprut-Serie von Unterwasserhäusern wurden ebenfalls zwischen 1967 und 1969 benutzt und vor der Krimküste zu Wasser gelassen. Sie wurden in 10 Meter Tiefe eingesetzt. Zwei bis drei Personen konnten sich bis zu 14 Tagen in diesem Haus aufhalten. Das bemerkenswerte an dieser neuen Konstruktion ist die Tatsache, daß es sich beim Baustoff um eine gummiüberzogene Nylon-Halbkugel handelt, deren vier Fortsätze nach unten die Verankerung tragen. Diese wird zusätzlich noch durch vier Taue verstärkt, die sich in Kreuzform über das Halbrund hinwegziehen und nach unten weiterverlaufen. Dieses elastische Haus wiegt nur 132 Pfund und kann in 10 Meter Tiefe abgesenkt werden. Zwar ist es nicht geeignet für den Einsatz in offener See, aber in Seebrüchen und Grotten wurde es mit Erfolg eingesetzt. Sein besonderer Vorteil liegt darin, daß es leicht aufgestellt und ebenso leicht wieder abgebaut werden kann. Dieses Unterwasserhaus erhielt die Bezeichnung »Oktopus«. Es wurde zu geophysikalischen Forschungen eingesetzt, weil es nicht magnetisch ist. Geomagnetische Messungen aus diesem Heim sind genauer. Drei Personen blieben einige Wochen im »Oktopus« vor der Krimküste und trieben ihre Forschungsarbeiten, währenddessen sie von Land aus mit allem Nötigen versorgt wurden.
Alle diese sowjetischen Unternehmungen wurden im Jahre 1971 von einem driftenden Laboratorium gekrönt, mit dem das Arktik- und Antarktik-Institut

in Leningrad die Polarregionen erkundete. Allerdings ist dieses Labor im Überwassereinsatz, und mit 24 Wissenschaftlern besetzt, gestartet. Dennoch gilt es als Unterwasserlabor, weil einmal die gleichen Bedingungen im Haus herrschen wie unter Wasser, und weil zum anderen sich in der Mitte des eiförmigen Rumpfes ein kegelförmiger, nach unten führender Schacht mit einem Anflansch-Stutzen befindet, an dem ein kleines sowjetisches Unterwasserforschungsboot andocken und Wissenschaftler zu Erkundungsfahrten unter das Eis aufnehmen kann.
Dieses Labor ist von einem Eisbrecher vor Beginn der Polarnacht des Jahres 1971/72 ins Polarmeer geschleppt worden. Das Labor fror ein, und die Wissenschaftler gingen an die Arbeit, indem sie, in den riesigen Eisschollen eingeschlossen, mit dem Eis drifteten. Sollte die Abdrift nicht in der gewünschten Richtung vonstatten gehen, kann sich dieses Fahrzeug durch einen Vibrator freirütteln und durch einen speziellen Wasserstrahlantrieb die geplante Richtung einschlagen. Fünf Jahre soll das driftende Labor im Eis bleiben und dabei Erkenntnisse aus den Polarmeeren gewinnen.

Mit »Gvidon« auf Tiefe

Im Herbst 1972 erreichte uns die Meldung über ein völlig neues sowjetisches Unterwasserhaus. Es handelt sich um eine Unterwasserbeobachtungskammer mit Selbstantrieb und einer Ausstattung für das Absenken und Aufhieven. Diese Kammer wurde von den Tauchingenieuren Igor Danilow und Oleg Pavlow vom sowjetischen Institut für Tiefseefischerei und Ozeanographie entwickelt. Es trägt die Bezeichnung »Gvidon«. Dieses Laboratorium ist in der Hauptsache zur Beobachtung des Fischverhaltens eingesetzt und testet neue Fischereigeräte. Daneben betreibt ein Teil der Besatzung allgemeine Unterwasserforschung in See und Meer. »Gvidon« kann 250 Meter tief tauchen und ist leicht zu manövrieren. Zwei Hauptantriebsmotoren, Ballast- und Stabilisierungstanks sowie eine Batterie für den Hauptantrieb bilden den Kern des Hauses im unteren Teil. Die Batterie kann das Haus fünf Stunden lang fahren, wohin es will. Mit dem Selbstversorgungssystem können sich drei Aquanauten bis zu 72 Stunden in der Kammer aufhalten. Mit Hilfe der Tiefseeausrüstung der »Gvidon«, vor allem durch die automatischen Kameras, ist es möglich, von der Unterwasserwelt und vom Meeresboden stereoskopische – dreidimensional erscheinende – Bilder in Größen zwischen 0,9 und 30 Metern zu machen. Die Testfahrten im Weißen Meer verliefen gut. Die Qualität der Bilder aus der Kandalaschka Bay beispielsweise war so gut, daß jeder Zentimeter des Meeresbodens sichtbar wurde.

Im Schwarzen Meer hat inzwischen auch »Gvidon« seine Bewährungsprobe bestanden.
Dieses letzte Labor stellt bereits einen Übergang zu den Unterwasserfahrzeugen dar. Auch die UdSSR befaßte sich bereits sehr früh mit dem Bau von Bathysphären, die an Kabeln hinabgelassen werden und Bathyscaphs, die gleiten und selbständig ihren Standort verändern können.
Die russische Bathysphäre »Atlant« ist einsitzig. Sie gleicht einem kleinen Flugzeug ohne Flügel und ist aus einer Druckkugel und einer leichten, um sie herum gebauten stromlinienförmigen Hülle zusammengesetzt. Dieses Gerät ist ebenfalls in der Fischereiforschung eingesetzt. Es hat dauernde Telefonverbindung zum Überwasserschiff, mit dessen Winden und Schwenkbäumen es hinabgelassen und emporgehievt wird. Das Unterwasserfahrzeug kontrolliert Netze ebenso wie Fischschwärme, es beobachtet sämtliches andere Fischereigerät und seine Wirksamkeit. Außerdem führt der Pilot noch Beobachtungen durch und macht Reihenaufnahmen der Unterwasserlandschaft, um ein Relief zu bekommen und die Meeresbodenstruktur festzuhalten.
Ein neuer Prototyp von Unterwasserhäusern wurde mit »Benthos 300« in der Sowjetunion im Frühjahr 1972 erprobt. Dieses Unterwasserhaus geht selbständig hinunter, erledigt seinen Auftrag, steigt wieder auf und fährt selbständig zu seinem neuen Einsatzort, um abermals auf Tiefe zu gehen. Dieser erste Prototyp eines neuen Systems hat seine Bewährungsprobe abgelegt und wird weiterentwickelt und nachgebaut.

Die Russen wollen ein kanadisches Tieftauchboot kaufen

Die UdSSR versuchte bereits im Jahre 1970 von der International Hydrodynamics CO in Vancouver, Kanada, ein Boot der Pisces-Klasse zu kaufen. Diese Firma hatte mit »Pisces I, II, III« bis dahin drei Unterwasserfahrzeuge gebaut, die hohen Ansprüchen gerecht wurden. So zum Beispiel ist »Pisces III«, das die Russen ursprünglich erwerben wollten, ein Boot mit 9,2 Tonnen Verdrängung. Es hat eine Länge von 5,85 Meter, während die Druckkugel einen Durchmesser von 2,03 Meter aufweist. Das Boot ist konstruiert für 1050 Meter Wassertiefe. Seine Zerstörungstiefe wurde mit 1500 Meter angegeben. Es hat in über 350 Einsätzen seine Wirksamkeit unter Beweis gestellt und ist bis zu einer Tiefe von 1080 Meter hinabgestiegen.
Seine Ausrüstung mit zwei 2000-Watt-Außenscheinwerfern, einem Gyrokompaß, Sonargerät, Unterwassertelefon, Fernsehen und stehenden Kameras ist optimal. Mit dem Mutterschiff »Hudson Handler« hatte »Pisces III« in der Hudson Bay eine ganze Serie hochinteressanter Tiefeneinsätze hinter sich

gebracht. Sechs Fenster, drei nach vorn und drei nach achtern, gaben sowohl dem Piloten wie auch den beiden Wissenschaftlern ein gutes Blickfeld frei. Zwei bewegliche Arme sammelten Proben ein. Die zwei 6-PS-Motoren wurden durch Batterien von jeweils 42 Kilowatt angetrieben und erreichten eine Höchstgeschwindigkeit von 3,8 Kilometer in der Stunde.
Zunächst lehnte die kanadische Regierung den Verkauf dieses Bootes entschieden ab. Doch im Februar 1973 gingen Meldungen durch die Fachpresse, nach denen sie nunmehr dem Verkauf zugestimmt habe. Allerdings bekommen die Russen jetzt nicht das – bereits veraltete – »Pisces III«, sondern schon »Pisces VI«, das soeben in der Bauwerft fertig wurde.
Mit »Pisces VI« hat die kanadische Firma ein Boot gebaut, dessen Tauchtiefe mit 2000 Metern enorm ist. Die Nutzlast, die neben dem Piloten und den drei Forschern mitgenommen werden kann, wurde auf 1130 Kilogramm erhöht. Die Gesamtlänge beträgt 6 Meter, die größte Breite 3,2 Meter und die Höhe 3,1 Meter. Das Gewicht beträgt 10 Tonnen. Das Versorgungssystem wurde erheblich verbessert. Die beiden Greifarme mit einer Reichweite von 1,2 Meter können sogar Torpedos greifen und bergen und besitzen eine Hebeleistung von 500 Kilogramm. Ein kleinerer, längerer und beweglicherer dritter Arm hat 1,8 Meter Reichweite und 75 Kilogramm Leistung.
Als neueste Errungenschaft lassen sich sämtliche Arme mit den verschiedensten Greifern, Steinbohrern, Kabelschneidern und anderem Werkzeug ausrüsten. Der Druckrumpf, der wie alle anderen dieser Art bei der Schwesternfirma Vickers in England erbaut wurde, hat einen Innendurchmesser von 2 Meter. Er besteht aus HY-Stahl mit 100 Kilopond Zugfestigkeit und ist in der neuen Blattsegment-Schweißkonstruktion zusammengefügt.
Für die speziellen Wünsche der Sowjets soll dieses Boot zusätzlich mit einem WESMAR-Abtast-Sonargerät ausgerüstet werden, das die Früherkennung von Hindernissen ermöglicht. Dieser Ausrüstungsteil müßte allerdings von den USA freigegeben werden.
Damit wird auch offenbar, daß man nun nicht mehr befürchtet, daß die Sowjets mit dem neuen Boot ein wichtiges Werkstoff-Knowhow in die Hände bekommen.

Flugzeug als Unterwasser-Tauchboot?

Ein weiteres kleines Unterwasser-Tauchboot wurde in der UdSSR mit »Mai III« gebaut, das auf flachem Wasser in allen Phasen der Unterwasserforschung eingesetzt werden kann. Das Boot wurde von Studenten und Professoren der Moskauer Universität für Aviatik konstruiert und gebaut und sieht dement-

sprechend aus, nämlich wie ein Flugzeug. Das Boot besteht aus einem Körper aus Aluminium, der wie ein Flugzeugrumpf aussieht. Vorder- und Seitenteile bestehen aus durchsichtigem Plexiglas. In den bequemen Flugzeugsesseln können zwei Mann nebeneinander Platz nehmen und den Weg bis in sichere 51 Meter Tiefe antreten. Luft steht für eineinhalb Stunden zur Verfügung. Die beiden Antriebsmotoren in den kleinen, stromlinienförmig verkleideten, wasserdichten Seitengondeln geben dem Boot eine Geschwindigkeit von 7,6 Kilometer in der Stunde. Die Steuerungs- und Kontrollgeräte sind so angebracht, daß sie in Arbeitsteilung sowohl von dem Piloten als auch von dem Beobachter betätigt werden können. In einem wasserdichten Raum im Heck des Bootes sind die Preßluftflaschen und der Ballast verstaut, ebenso die Akkumulatoren-Batterie.
Horizontal- und Vertikalruder sind zum Manövrieren unter Wasser eingebaut. Mit ihrer Hilfe kann dieses Unterwasserfahrzeug Schleifen und selbst Loopings fahren und auf engstem Kreis um 360 Grad drehen. Vor dem Piloten befinden sich an einer Armaturentafel die Instrumente, außerdem sechs Luftflaschen, von denen jede 7 Liter komprimierte Luft enthält. Ein Notversorgungssystem sichert die Luftzufuhr. Dieses Boot, das wenig kostet und ein phantastisches Blickfeld hat, ist bereits bei der russichen Tauchsportjugend sehr beliebt und wird immer mehr gebaut.

Weitere Unterwasserhäuser in aller Welt

Auch in den übrigen Ostblockländern wurden in den sechziger Jahren die ersten UWL gebaut. Als erstes Land nach der UdSSR wagte man sich in der ČSSR an den Bau eines Unterwasser-Labors: »Permon I, II, III«. »Permon I, II, III« wurde nicht mit Hilfe staatlicher Initiative, sondern von Privatpersonen, von tauchsportbesessenen Menschen gebaut.
Die »Permon I, II, III«-Unternehmungen wurden von dem tschechischen Taucherclub Permon in Ostrava durchgeführt. Der Tauchclub erhielt durch Zufall eine Tauchkammer, indem er die im Krankenhaus von Ostrava stehende Heil-Druckkammer zu Trockenversuchen geliehen bekam. Bei »Permon I« kam es zu mehreren Zwischenfällen, weil man die Dekompressionstabelle nicht auf die Höhe Ostravas über dem Meeresspiegel umgerechnet hatte. Doch damit hatte man das öffentliche Interesse wachgerüttelt.
Die Industriefirmen von Ostrava bauten nunmehr ein neues Unterwasserhaus, mit dem man die Versuche im Meer fortsetzen konnte.
Der Einsatz vor der Küste der Insel Ciovo nahe Split war ein Fehlschlag, denn als das Unterwasserhaus zu Wasser gelassen war und gerade abgesenkt

werden sollte, begann der berüchtigte Sommerorkan des Sommers 1966. Die Männer am Ufer sahen, wie dieser Orkan die Haltetrossen ihres Hauses zerfetzte und das Unterwasserhaus schwimmend abgetrieben wurde. Die Wasserpolizei befahl, das Haus zu fluten, weil es ins Meer hinein und genau auf die Route der Küstenschiffahrt zutrieb. Man flutete es und mußte nach einigen Tagen mit einem Bergungsschiff zurückkommen, um es wieder zu heben. Damit war »Permon II« gescheitert. Doch die Taucher gaben nicht auf. Nunmehr gingen sie zum See bei Bruntal. Der See hatte Temperaturen um null Grad. Als die beiden Aquanauten in das in zehn Meter Tiefe liegende Unterwasserhaus abtauchten, mußten sie erst die dünne Eisschicht der Seeoberfläche durchschlagen. Dieses Unternehmen wurde ein Erfolg für den kleinen Taucherclub.
Von einem weiteren Versuch in der ČSSR mit dem UWL »Karnola« ist nur bekannt, daß er im Jahre 1968 stattfand und daß fünf Taucher in 15 Meter Wassertiefe arbeiteten und zu verschiedenen Tauchexkursionen ihr Unterwasserhaus verließen.

Inzwischen hatten auch Polen und Bulgarien Unterwasserhäuser eingesetzt. Im Kladno-See senkten die Polen im Juli 1967 ihr Unterwasser-Habitat »Medusa I« ab. Zur selben Zeit operierte in der Bucht von Warna das bulgarische UWL »Hebros I«.
»Medusa II« wurde 1969 in der Ostsee gestartet, wo drei Forscher im Mittsommer bei verhältnismäßig warmem Wasser 14 Tage lang in ihrer, auf 30 Meter Tiefe abgesenkten Station blieben, die von einem Überwasserschiff versorgt wurde.
In der Zwischenzeit hatte sich auch Rumänien in die Liste der Länder eingeschrieben, die Unterwasserhäuser bauten und einsetzten. Mit »Romania LS I« unternahmen sie erste Erprobungen auf flachem Wasser.
»Hebros II« wurde im Sommer 1968 bei Kap Maslennos auf 30 Meter Tiefe hinabgelassen. Zwei Forscher blieben zehn Tage in ihrem verhältnismäßig großen UWL.
Im November/Dezember 1968 schaltete sich auch die DDR ein. Ihr Unterwasserlabor »Malter I« wurde in der Malter-Talsperre in 8 Meter Tiefe eingesetzt. Zwei Aquanauten blieben zwei Tage lang unter Wasser. Dieses Haus bestand aus einem liegenden Zylinder von 4,2 Meter Länge und 1,8 Meter Durchmesser. Es stand auf vier Stelzfüßen und wurde von Land aus versorgt. Es war jedoch in der Lage, sich notfalls auch selbst zu versorgen.
Kuba, das Ende des Jahres 1966 mit »Caribe I« mit den beiden Aquanauten Josef Mergl, ČSSR, und Michael Montañez, einem Kubaner, für drei Tage

in 15 Meter Tiefe auf Station ging, außerdem das in den Niederlanden erbaute »Knockelbockel« in Sloterpas, Australien mit dem Unternehmen »Adelaide« im Indischen Ozean und Italien mit »Robin Sub I« bei der Insel Ustica vervollständigten die Phalanx jener Länder, die auf diese Weise Unterwasserforschung betrieben.
Das englische Taucherunternehmen »Glaucus« fand im September 1965 im Breakwater bei Plymouth statt. Auch hier gingen zwei Aquanauten für sieben Tage in zehn Meter Tiefe hinunter und atmeten Luft im geschlossenen Kreislauf. Das mit 13 Tonnen Ballast beschwerte Haus von 3,7 Meter Länge und 2,1 Meter Durchmesser wurde im Sturm arg durchgeschüttelt, doch die Verankerungen hielten stand. Das Unternehmen wurde vollständig durchgeführt.

Das erste Tauchzentrum der Welt – »Operazione Atlantide«

Von besonderem Interesse war das Unternehmen »Operazione Atlantide«, das im Lago di Cuvazzo circa 30 Kilometer nördlich Udine in Italien durchgeführt wurde. Unter der Führung von Luciano Meccarozzi wurden im September 1969 drei Unterwasserhäuser in 12 Meter Tiefe auf dem Seeboden verankert. Alle drei Häuser erhielten ihre Kraftversorgung durch eine ebenfalls auf dem Seeboden verankerte Maschinenanlage. Dieses Unterwasserdorf, dessen Häuser sieben Meter lang und zwei Meter im Durchmesser groß und in zwei Räume aufgeteilt sind, wurde von zwölf Personen insgesamt 25 Tage lang bewohnt. Unter den Aquanauten befand sich die erste Aquanautin, die 17jährige Schülerin Silvana Polese, eine begeisterte Freitaucherin. Nachdem sie ihren Test unter Wasser hinter sich gebracht hatte, zog sie sich quicklebendig auf die Schulbank zurück.
Das Interessante an diesen Häusern ist, daß sie nicht fest am Boden verankert sind, sondern mit Stahlseilen an den am Boden verankerten Ballastbehältern schweben. Diese Seile können durch Rollenzüge verlängert oder verkürzt werden, so daß beliebige Tiefen erreicht werden konnten. Der Initiator dieser Anlage will mit einem solchen Dorf das erste große Unterwasser-Tauchzentrum der Erde bauen.

Das Unterwasser-Laboratorium »Helgoland«

Das Unternehmen »Unterwasserstation BAH I«, das im Herbst 1968 auf dem Kalkgrund der Flensburger Außenförde begann, war der Vorläufer für den Einsatz eines deutschen Unterwasser-Laboratoriums in der Nordsee. Dieser Versuch wurde am 20. September 1968 von der Firma Babcock gestartet. Diese Firma hatte damit also die erste Unterwasserstation Deutschlands gebaut.

Es war ein rauher Herbsttag, die Wellen gingen hoch und der Tag neigte sich bereits seinem Ende zu, als die Tanks des großen Unterwasserhauses gefüllt waren und sich dieser stählerne Koloß in die Tiefe hinabsenkte. Das Wasser schlug klatschend über der Station zusammen. Dann erreichte das »BAH I« den Meeresboden. Seine Spreizbeine bohrten sich in den Kalkgrund. Die Besatzung hatte mit ihrem Haus den Boden in 13 Meter Tiefe erreicht. Hier sollte sie elf Tage bleiben.

Diese erste deutsche Unterwasserstation ist von zylindrischer Gestalt. Ihre Gesamtlänge beträgt 6 Meter, der Durchmesser 2 Meter. Ihr Gesamtgewicht beläuft sich auf 20 Tonnen. Vier Spreizbeine geben ihr zusammen mit abnehmbaren Bleigewichten den notwendigen Halt. Ihr Inneres besteht aus zwei Räumen von jeweils 2 Meter Länge, die als Unterkunfts- und Arbeitsräume für die Aquanauten dienen. Im Naßraum befindet sich unten ein Einstiegsschacht, oben ein Überwasser-Einstiegdeckel. Der untere Deckel kann in getauchtem Zustand geöffnet bleiben, da der Druck zwischen Station und Wasser stets ausgeglichen ist. Der Trockenraum wird als Wohn-, Schlaf- und Arbeitsraum benutzt. Der Rest der Gesamtlänge der Station entfällt auf die Fluttanks. Wenn diese geflutet werden, beträgt der Bodendruck 6 Tonnen. Die Luftversorgung des Hauses ist autonom.

Die beiden ersten deutschen Aquanauten blieben elf Tage unter Wasser und führten dabei ihr volles Forschungsprogramm durch. Am 1. Oktober 1968 erfolgte das Auftauchen ohne jede Fremdhilfe. Die beiden Forscher-Aquanauten, der Meeresbiologe Gerhard Lauckner und Dipl.-Ing. Jürgen Dorschel nahmen bei diesem elftägigen Aufenthalt in der Tiefe keinen Schaden.

Bei einem Vorversuch war es zum ersten tödlichen Unfall der Unterwasserforschung in Deutschland gekommen. Und zwar sollten bei diesem Versuch zwei Wissenschaftler über fünf Tage auf Tiefe gehen. Doch knapp 24 Stunden später mußte das Experiment abgebrochen werden. Dr. Horst Hartmann, einer der beiden Wissenschaftler, mußte unter dramatischen Umständen von der Bundesmarine aus der Tiefe heraufgeholt werden. Er war plötzlich bewußtlos geworden. Auf dem Transport zur Kieler Universitätsklinik verstarb der Forscher. Dr. Hartmann gehörte zum Forscherteam des Helgoländer Forschungsschiffes »Friedrich Heincke«, das unmittelbar vor Beginn dieses Unternehmens mit Dr. Gotram Uhlig an Bord – er leitete das gesamte Projekt – nach Flensburg auslief, um diese erste Unterwasser-Operation durchzuführen. Trotz dieses schweren Schlages kam es zur weiteren Durchführung des Einsatzes, und diesmal ging alles glatt.

Mit »Helgoland« auf Tiefe

Nach diesem Vorspiel sollte im Frühjahr 1969 das Unterwasser-Laboratorium »Helgoland« auf Tiefe gehen. Dieses Laboratorium besteht aus einem druckfesten Zylinder von 13,8 Meter Gesamtlänge und hat eine Gesamthöhe von 6 Meter. Der Durchmesser des Hauptdruckkörpers beträgt 2,5 Meter. Dieser Druckkörper war für einen Differenzdruck bis zu zehn Atmosphären ausgelegt, das heißt, man konnte bis auf 100 Meter Tiefe hinuntergehen. Das Gewicht betrug an Land 102 Tonnen, im Wasser nur noch 22 Tonnen. Das nutzbare Volumen des UWL betrug bei der ersten Absenkung 46 Kubikmeter.

Das Laboratorium hat einen Naßraum und einen Trockenraum. Im Naßraum befindet sich neben den Taucherausrüstungen auch die Küche und die Dusche. Der Innendruck entspricht dem Druck in der jeweils vorhandenen Wassertiefe der Absenkung. Mehrere Beobachtungsfenster im Naßteil ermöglichten eine Beobachtung der Geschehnisse im Meer, soweit die begrenzten Sichtmöglichkeiten dies zuließen. Im Arbeitsraum wurden aus Sicherheitsgründen keine Fenster angebracht. Flut- und lenzbare Lufttanks gestatteten den schwimmenden Transport und ermöglichten einen relativ leichten Standortwechsel. Gasflaschen mit Preßluft, Stickstoff, Sauerstoff und Helium sind unterhalb des druckfesten Zylinders angeordnet. In diesem Laboratorium sollten vier Wissenschaftler Unterkommen und Arbeitsplätze vorfinden. Die Aufenthaltsdauer ist unbegrenzt, weil in dem Unterwasserhaus die Atmosphäre in einem geschlossenen Kreislauf ständig regeneriert wird. Verbrauchter Sauerstoff wird ergänzt. Sprechleitungen und Stromkabel wurden aus Sicherheitsgründen sowohl zum Land als auch zu einer oberhalb des UWL schwimmenden großen Boje hingeführt. In dieser Boje befindet sich neben einem Fernsehsender ein automatisch arbeitendes Aggregat zur Stromerzeugung. Diese Boje dient gleichzeitig auch als Antennenträger für den Fernseh- und Sprechfunkverkehr und zur Positionsmarkierung für das Labor.

Die Überwachung erfolgte von einer Landstation in der Nähe des Leuchtturms »Düne Oberfeuer« aus. Hier wurden neben den elektronischen Sende- und Empfangsgeräten für Funk und Fernsehen auch noch zahlreiche Meß-, Kontroll- und Registriergeräte eingebaut. Damit konnten sämtliche technischen Vorgänge überwacht werden, die im UWL abliefen.

Die im UWL lebenden Wissenschaftler wurden medizinisch voll betreut. Eine Reihe von Untersuchungsprogrammen war vorgesehen. In dem psychologischen Forschungsprogramm sollte darüber hinaus festgestellt werden, inwieweit Wahrnehmungs- und Handlungsfähigkeit des Menschen – im Vergleich zu Normalbedingungen – in den UWL beeinflußt oder verändert werden.

Einmann-Druckkammer, Einraum-Tauchkammer »DRÄGER TK 200« *und Taucher-Druckkammer der Firma Dräger, Lübeck.*

Am 28. Juli 1969 wurde das UWL »Helgoland« nahe der Helgoländer Düne auf 23 Meter Wassertiefe abgesenkt, um bis zum 19. August in dieser Tiefe zu bleiben. Während dieser Zeit sollten drei Teams in dem Laboratorium auf dem Grund der Nordsee arbeiten. Einer der Aquanauten blieb bei diesen Versuchen insgesamt 22 Tage ununterbrochen in dem UWL. Das gesamte technisch sehr komplizierte System der Anlage funktionierte einwandfrei. Nach Abschluß dieser Arbeiten kamen die Wissenschaftler mit vielen neuen Erkenntnissen meeresbiologischer und medizinischer Art nach oben.
Zum Schluß, als bereits alles »gelaufen« schien, kam es noch zu einem aufsehenerregenden Zwischenfall. Und zwar sollte das UWL nun mit einem Kran gehoben werden. Man wollte es einer eingehenden Untersuchung unterziehen und es für den nächsten Tauchgang im folgenden Jahr vorbereiten. Der Ausstieg der Wissenschaftler und ihre 30stündige Dekompression war erfolgt.
Zwei der Aquanauten des letzten Teams sollten nun noch einmal abtauchen, um die letzten Trossen zu lösen, die das UWL auf dem Grund hielten.

Deckdekompressionskammer der Firma Dräger, Lübeck.

Der 26jährige Doktorand Karl-Heinz Schuhmann und der 24jährige Student Winfried Kreytenberg schwammen hinab. Was unter Wasser geschah, konnte nicht rekonstruiert werden. Es muß etwas passiert sein, das sich der normalen Vorausschau entzog. Die beiden Taucher kamen nicht mehr nach oben. Während der sofort eingeleiteten Suche konnte Winfried Kreytenberg tot geborgen werden. Karl-Heinz Schuhmann wurde niemals gefunden.

Nach diesem Unfall, der nichts mit der Arbeit im UWL und mit seiner Funktionstüchtigkeit zu tun hatte, wurden die strengen Sicherheitsbestimmungen noch einmal verschärft.

Bei den Drägerwerken in Lübeck wurde das Unterwasser-Laboratorium einer gründlichen Untersuchung unterzogen. Danach wurde es gänzlich überholt. Seine Außenhaut wurde mit einer sechs Zentimeter dicken Schicht aus Polyurethan-Schaum überzogen und dieser wiederum durch eine glasfaserverstärkte Kunststoffhaut von 5 Millimeter Stärke gegen äußere Einwirkungen geschützt. Diese Überprüfung und Neueinrichtung kostete genau eine Million DM. Entscheidende Umkonstruierungen lagen auf dem Gebiet der erhöh-

ten Sicherheit für die Aquanauten. Die Aquanauten erhielten zusätzlich Funksprechgeräte, mit deren Hilfe sie sich mit der Landstation unterhalten und Erfahrungen austauschen konnten.
Interessant ist ein Streiflicht am Rande. Die Vorschriften der Taucher-Berufsgenossenschaft mußten geändert werden, weil diese keinen Daueraufenthalt von Tauchern unter Wasser in der Länge vorsahen. Nach einem kurzen Probeeinsatz in der Eckernförder Bucht, bei der eine Tauchmannschaft der Firma Dräger das UWL testete, alle Sicherheitsvorkehrungen überprüfte und eine Inbetriebnahme der neuen Geräte durchführte, stand das UWL zu einem neuen Großversuch klar.
Nach vierjährigen Entwicklungsarbeiten war die Unterwasserstation nun für einen Dauerbetrieb ausgereift. Die Forschungsarbeiten sollten im August 1973 mit biologischen Experimenten an Hummern durch Dr. Jatzke (Biologische Anstalt Helgoland) und tauchphysiologische Untersuchungen der Deutschen Gesellschaft für Luft- und Raumfahrt beginnen. Die biologischen Arbeiten sollten erklären helfen, weshalb der Bestand an Hummern in diesem Gebiet ständig abnimmt und warum sich Hummerlarven oder Junghummer in ausgeprägtem Kannibalismus gegenseitig auffressen.
Dieser Großtauchversuch begann am 13. August 1973 mit dem Absenken auf der alten Stelle, 3 Kilometer östlich von Helgoland auf 23 Meter Tiefe. Mit Ballastgewichten wurde das Labor ohne die Besatzung auf Tiefe gebracht. Es war im Frühjahr 1973 von der Firma Dräger um einen zusätzlichen Naßraum erweitert worden.
Vorher hatte ihnen Professor Kinne, der Leiter der Biologischen Anstalt Helgoland, folgende Ermahnung mit auf den Weg gegeben: »Die Nordsee ist ein gefährliches Gewässer und alles, was wir hier tun, ist ein Pionierunternehmen.«
Diesmal sollte die Gesamtdauer der Einsätze 27 Tage betragen. Chef der ersten Gruppe war Dr. Peter Jatzke, der bereits 1969 22 Tage unter Wasser geblieben war. Technischer Leiter des UWL wurde Dr. Günther Luther. Vier Teams arbeiteten bis zum 1. Oktober 1973 in der Tiefe auf Station. Das letzte Team, das am 1. Oktober austauchte, bestand aus Tauchmeister M. Pose und den Biologen Dr. R. von Hintig, P. Jatzke und C. Anger.
Bei diesem neuen Unternehmen stellte der Aquanaut Belau von der Gesellschaft für Kernenergieverwertung in Schiffsbau und Schiffahrt mbH, Geesthacht, einen neuen deutschen Rekord für das Langzeittauchen mit 27 Tagen auf. Während dieser Zeit lebte er unter dem in dieser Tiefe herrschenden Druck von 3,3 Atmosphären (2,3 Atmosphären Überdruck). Die letzte Phase des Einsatzes bestand wieder in der 30stündigen Dekompressionszeit.

Die Tieftauch-U-Boote der Welt

Als im Sommer 1961 in Toulon das seit vier Jahren in Konstruktion und Fertigung befindliche französische Tieftauchboot »Archimède« vom Stapel lief, hatte die französische Marine damit ein Boot gebaut, das fast allen Ansprüchen genügte, die man an ein Tieftauchboot stellen mußte. Die druckfeste Kugel, die drei Männer aufnehmen kann, hat einen Innendurchmesser von 2,15 Meter. Die Gesamtlänge des Bootskörpers beträgt 20,7 Meter, die Höhe 5,1 Meter. Das Boot hat ein Gesamtgewicht von 199 Tonnen und kann 6000 Pfund Zuladung mitnehmen. Drei Ausblicke, für jedes Besatzungsmitglied einer, geben Sicht. Zwei automatische Arme können Bodenproben aufnehmen und mit einer Fernsehkamera und drei stehenden Kameras sowie mit sechs Markierungsfenstern und einem Felsenbohrer ist die Ausrüstung der »Archimède« optimal.

Die beiden Tauchpioniere Houot und Willm konstruierten im Auftrag der französischen Marine dieses Boot. 100 Stunden kann die »Archimède« unter Wasser bleiben, ihre Tauchtiefe beträgt 10800 Meter; die Zerstörungstiefe soll aber erst bei 30000 Meter liegen. Bis zum Herbst 1972 führte die »Archimède« 185 Tieftauchoperationen durch. Von den ersten 75 Tauchunternehmungen führten 28 Versuche bis in 3050 Meter, zehn wurden bis zu 6100 Meter Tiefe unternommen und zwei führten in Tiefseegräben mit über 9000 Meter Tiefe.

Aus dem Nordatlantik lief die »Archimède« zunächst in den Seeraum von Puerto Rico und von dort aus in den Kuro-Shyo-Graben der Japanischen See, um mit der tiefsten Tauchunternehmung im Kurilen-Kamschatka-Graben den Höhepunkt zu erreichen. Im Kurilengraben erreichte die »Archimède« im Juli 1962 eine Tauchtiefe von 9651,23 Meter.

Eines der aufregendsten Tauchabenteuer dieser großen Tieftauchserie war die Tauchunternehmung im Puerto-Rico-Graben, der an seinem westlichen Ende im »Milwaukeetief« eine Tiefe von 8955 Meter erreicht. Hier ging die »Archimède« auf Tiefe. Ihre zwölf 1000-Watt-Scheinwerfer waren eben neu überholt worden.

Als das Boot 1115 Meter erreicht hatte, erschütterte ein schwerer Schlag die Kugel. Sekunden später trieb ein Wal direkt vor dem Ausblick an Steuerbord vorbei. Der Wal hatte die Schraube, die zum Glück geschützt war, gestreift. Dicht vor der »Archimède« drehte der Koloß der See und kam wieder auf das Boot zu. Sämtliche Kameras fingen ihn ein. Er umkreiste noch ein paarmal dieses seltsame, nie gesehene Ungeheuer, das es an Größe mit ihm aufnehmen konnte, und verschwand dann. Das Boot überstand diesen leichten Zusammenstoß ohne Schaden und setzte die Operation fort. Es ging bis auf den Grund hinunter. Hier wurden Bodenproben genommen, der Boden selbst fotografiert, und dann stieg die »Archimède« wieder an die Wasseroberfläche empor. Ein gefährliches Abenteuer war glimpflich abgelaufen.
Nachdem es eine ganze Zeit um dieses Tieftauchboot still geworden war, machte es im Sommer 1971 wieder von sich reden. Man hatte einen neuen Differential-Meerestiefenmesser entwickelt. Dieses Meßgerät ermittelt exakt die Eintauchtiefe des Bootes bis auf einen Meter genau in einem Gebiet von 200 Metern und dies bei Tauchtiefen von 1200 bis 12000 Meter. Die französische Forschungsstätte S. E. P. hat darüber hinaus für die »Archimède« eine Meßsonde mit der Bezeichnung »Tonga« entwickelt, die Druck, Temperatur und Leitfähigkeit des Wassers messen kann.
Nach einigen Probetauchversuchen ging die »Archimède« schließlich im Juli 1971 auf große Fahrt. Sie wurde aus dem Einsatzhafen Toulon in den Atlantik geschleppt, wo sie am 2. August 1973 im Rahmen der französischen Tiefsee-Erkundungsstation FAMOUS zum erstenmal wieder »im Ernstfall« auf Tiefe ging.
Nach Angaben des französischen Forschungszentrums für die Erschließung der Meere – CNEXO – tauchte die »Archimède« beim 36. Breitengrad Nord und dem 33. Grad westlicher Länge.
Im Rahmen der Operation FAMOUS – es ist dies eine weitere Gemeinschaftsarbeit der French American Mid Oceanic Undersea Survey – sollen der mittelatlantische Tiefseegraben und vor allem das Driften der Kontinente beobachtet und gemessen werden. Das besondere Interesse der Geographen, Ozeanographen und Geologen gilt der Scheitelspalte des mittelatlantischen Rückens. Der hier ungefähr 3000 Meter unter der Wasseroberfläche liegende Grund des Zentralgrabens, der in etwa nord-südlicher Richtung verläuft und einen V-förmigen Querschnitt hat, erneuert sich nach jüngsten Erkenntnissen ständig durch emporquellende Lava. Die aus dem Erdinnern aufsteigenden Magmamassen breiten sich nach beiden Seiten der Spalte im Erdmantel aus. Damit driften die Platten der Erdkruste an der Trennlinie des Grabens auseinander.
Weil bei diesem Unterwassereinsatz die genaue Bestimmung des Standortes

lebenswichtig und für die Vermessung von besonderer Bedeutung ist, werden auf dem Meeresboden in bestimmten Abständen drei Transponder (das sind Abfragefunkfeuer, die von einem Sender abgestrahlte Impulse frequenzmäßig verschoben zurückstrahlen und so genaue Entfernungsmessungen ermöglichen) installiert, welche die Sendungen der »Archimède« aufnehmen und zurückstrahlen. Diese rückgestrahlten Impulse werden vom Bordcomputer der »Archimède« ausgewertet, und so kann der Standort des U-Bootes auf wenige Meter genau bestimmt werden.
Diese größte Operation der »Archimède«, rund 200 Seemeilen südwestlich der Azoren, soll in einer mehrjährigen intensiven Arbeit französischer und amerikanischer Forscher gipfeln, denen allein das Tieftauchboot die notwendigen Unterwasser-Daten liefern kann. Hier kann praktische Erdgeschichte betrieben werden. Hier wird man neueste Erkenntnisse über die Kontinente und ihr Auseinanderdriften gewinnen und vielleicht bald der aufhorchenden Welt ein völlig neues Bild der Entwicklung aufzeigen und beweisen. Damit hätte sich die »Archimède« in die vorderste Reihe der Tiefen-Forschungsboote hineingearbeitet.

Die »Suppenschüsseln« von Cousteau

»Das Sättigungstauchen, zu dem die Arbeiten des Office Français de Recherches Sous Marines – OFRS – und die amerikanische Marine den Weg gewiesen haben, kann dem Menschen Besitz und Auswertung der dritten Dimension der Erde bis hinunter in tiefste Tiefen sichern. Diese dritte Dimension der Erde ist wichtiger als alle Landmassen über Wasser. Seine wirtschaftliche Nutzung ist dem Menschen unmittelbarer und vor allem sicherer möglich als eine Nutzung fremder Planeten oder ferner Welten.«
Als Professor Jacques Chouteau von der Universität Marseille diese Worte aussprach, schrieb man Mai 1968, und das französische Unternehmen »Précontinent« wie auch das US-Unternehmen »Sealab« waren bereits – bis auf »Sealab III« – gelaufen.
Lange vor »Précontinent« aber arbeitete bereits die französische Meeresforschung auf vollen Touren. Im Jahre 1961 wurde zu ihrer Koordinierung das Comité pour l'Exploitation des Océans – COMEXO – gegründet. Hauptziele der französischen Meeresforschung sind: »Die Proteingewinnung aus Fischen und anderen Meerestieren, einschließlich dem Plankton und die Gewinnung mineralischer Schätze aus dem Meer und dem Meeresuntergrund. Bekämpfung der Meeresverschmutzung.«
Kommandant Jacques-Yves Cousteau, Direktor des Ozeanographischen Instituts

in Monaco, und seit Herbst 1951 Kommandant des Forschungsschiffes »Calypso«, einem der wichtigsten Forschungsschiffe der Tauchgeschichte, hatte bereits 1957 die Idee, eine Tauchkugel zu konstruieren, die für die geologische Unterwasserkartierung Verwendung finden konnte. Er nannte dieses Tauchfahrzeug »Soucoupe plongeante«. Mit ihrer Hilfe wollte er die für Aqualungentaucher gesetzte »Schallmauer« von 100 Meter Tiefe überwinden. In der »Calypso« besaß er ja bereits ein Transportschiff für seine »schwimmenden Suppenschüsseln«. Seine erste SP 300 war für Tauchtiefen bis zu 300 Meter konstruiert. Als diese »Soucoupe plongeante« zum erstenmal zu Testzwecken unbemannt zu Wasser gelassen wurde, brach das Haltekabel, und der Ballast zog das Tauchboot bis in eine Tiefe von 1100 Meter hinab, wo der Auftrieb seinem weiteren Niedersinken eine Grenze setzte. Auch in einer viermal so tiefen Lage wie der Nenn-Tauchtiefe wurde das Boot nicht zerdrückt.

Die »Soucoupe plongeante II« unternahm ihre Jungfernfahrt an Bord der »Calypso« bis zur Küste von Puerto Rico. Hier wurden die ersten Tauchversuche durchgeführt, und einige Wochen darauf ging die »Soucoupe plongeante II« vor der Küste von Korsika auf 305 Meter hinunter.

Dieses Boot besteht aus einer stählernen, druckfesten Schale in Form eines Rotationsellipsoids, in welcher zwei Ozeanauten Platz haben, und einem saturnringförmig um diese Druckkapsel angeordneten fiberglasverkleideten Motor. Diese Form verleiht der Tauchkugel große Beweglichkeit und eine maximale Geschwindigkeit von etwa zwei Knoten. Das Tauchen und Auftauchen wird durch Anhängen oder Abwerfen von Ballast erwirkt. Diese Tauchkugel ist während ihres Einsatzes vom Mutterschiff unabhängig. Die Besatzung, der Führer und ein Beobachter, liegen bäuchlings auf Schaumstoffmatratzen und haben durch zwei augenförmig schräg nach vorn angelegte Sichtfenster die Möglichkeit, den Meeresboden bis auf eine Distanz von wenigen Zentimetern zu beobachten. Flaschen mit einem Sauerstoff-Luftgemisch ermöglichen die Atmung. Das ausgeatmete Kohlendioxyd wird von einem Körnerpräparat absorbiert. Der Innendruck wird durch Volumenvergrößerung – indem man einen im Innern angebrachten Wassertank leerpumpt – auf atmosphärischem Druck gehalten.

Diese Art der Atmung ermöglicht den Tauchern die direkte Benutzung des Bootes. Drei bis vier Stunden können die beiden Taucher auf Entdeckungsfahrt gehen. Drei Scheinwerfer ermöglichen eine »Fernbetrachtung« über 10 Meter hinaus sowie das genaue Ausleuchten kleinster Objekte für die Stereofoto- und die beiden Filmkameras. Der Kommentar zu den gemachten Filmaufnahmen wird gleichzeitig vom Beobachter auf Band gesprochen. Ein von innen gelenkter Greifer kann kleinere Sedimentbrocken aufheben.

In welch vielseitiger Form die »Soucoupe plongeante II« eingesetzt werden kann, zeigten die verschiedenen Expeditionen, die Cousteau unternahm. Während der Expedition im Roten Meer beispielsweise, die Cousteau im Jahre 1963 mit der »Calypso« unternahm, wurde ein völlig unbekannter Meeresboden sondiert und eine Meeresbodenkarte angelegt.

Tiefensterne unterwegs

Da der Verwendung dieses Tauchbootes mit der Tiefe von höchstens 300 Metern Grenzen gesetzt waren, wurde, auf der Arbeit Cousteaus aufbauend, von der Firma Westinghouse Underseas Division im Jahre 1969 der »Deepstar 2000« vom Stapel gelassen. Dieses Boot war für Operationstiefen von 2000 Fuß – also 600 Meter vorgesehen. Die »Todestiefe« war mit 1200 Metern angegeben. Das Boot hat eine Gesamtlänge von 6 Metern, es kann drei Menschen befördern und acht Stunden mit einem Knoten Fahrt unter Wasser operieren. Mit zweien dieser Boote hat Cousteau im Jahre 1968 seine kühnen Tauchfahrten im Titicacasee unternommen, wo er in Tiefen bis zu 500 Meter hinunterging, um nach versunkenen Kulturen zu suchen. Insgesamt unternahm »Deepstar 2000« 60 Tauchgänge.

Auf dem Weg in größere Tiefen entstand schließlich der »Deepstar 4000«. Mit diesem Boot wurde ein Standardtyp geschaffen, der es ermöglichte, Biologen und geophysikalische Forscher in interessante Tiefen zu bringen. Übrigens wurde »Deepstar 4000« in Zusammenarbeit zwischen dem Office Français de Recherches Sous Marins und der Westinghouse Electric Corporation erbaut und von Westinghouse Ocean Research and Engineering Center in Annapolis betrieben.

Dieses Boot unternahm nicht weniger als 544 Tauchfahrten und brachte in insgesamt 2000 Stunden unter Wasser – wobei es einmal die absolute Operationstiefe überschritt – eine Menge neuer wissenschaftlicher Erkenntnisse. Das Boot war etwas schneller als seine Vorgänger. Es erreichte maximale Geschwindigkeiten um 5,7 Kilometer in der Stunde und könnte diese Höchstgeschwindigkeit vier Stunden halten. Eine Masse an Geräten und Einrichtungen konnte im Zusammenwirken mit dem mechanischen Greifarm beinahe sämtliche Forschungsaufgaben erfüllen. Das Boot stand in jeder Tauchphase in Kontakt mit dem Überwasserschiff. Mehrere Scheinwerfer bis zu 2500 Watt Leistung gaben gute Sichtmöglichkeiten und gutes Licht für die Kameras, von denen die 16-mm-Filmkamera mit mehreren Wechsellinsen bestückt war. Die stehende Kamera hatte eine Brennweite von 70 Millimeter. Dieses Boot gilt als erfolgreichstes Tauchboot zur Erforschung des Kontinentalschelfs.

Um noch größere Tiefen erreichen zu können, wurde schließlich im Jahre 1970 von Westinghouse Ocean Research and Engineering Center »Deepstar 20000« aufgelegt. Mit diesem Boot wäre der größte Teil des Meeresbodens zu erreichen, denn es ist für 6000 Meter Tiefe ausgelegt und könnte doppelt so tief hinuntersteigen. Dieses Boot hat noch keine Tauchfahrt unternommen. Es wiegt 84 Tonnen, kann eine Zuladung von 2 Tonnen an wissenschaftlichem Gerät mitnehmen und bietet drei Personen Platz. Dieses Boot kann maximal 216 Stunden unter Wasser bleiben. Mit diesen Verbesserungen der »Soucoupe plongeante« war ein gutes Tieftauchboot für Forschungsfahrten entwickelt worden.

Mit »Aluminaut« auf Tiefe

Da infolge der immer stärkeren Konstruktion in größeren Tiefen der Stahl als Baustoff für Unterwasserfahrzeuge beinahe unmöglich wurde, ging die Electro Boat Division der Firma General Dynamics, auf deren Werften auch die ersten Atom-U-Boote gebaut wurden, mit ihrem »Aluminaut« einen völlig anderen

»Deepstar 4000« der Westinghouse Underseas Division.

Weg. Dieses Tieftauchboot war das erste, das aus Aluminium gebaut wurde. Das Boot lief im Jahre 1964 in Groton von Stapel. Eigner waren die Reynolds Submarine Services in Miami, Florida. Mit einer Maximal-Tauchtiefe von 15000 Fuß, was einer Tiefe von 6000 Metern entspricht, hatte es eine Zerstörungstiefe von 6750 Metern. Bei einer Länge von 15,3 Metern bietet dieses Boot fünf Forschern Platz, während zwei Piloten es steuern müssen. Der Antrieb besteht in zwei 5-PS-Motoren, die von einer Silber-Zink-Batterie gespeist werden. Für 32 Stunden kann mit diesem Boot eine Fahrt von 4,85 km/h gelaufen werden. Die Höchstfahrt beträgt 6,65 km/h. Das Boot kann maximal 450 Stunden getaucht bleiben. Leider wurde es zu spät fertig, um zur Bergung der »Thresher«-Überreste eingesetzt werden zu können. Dazu wäre es besser in der Lage gewesen als die »Trieste«, denn die »Aluminaut« besitzt zwei Greifarme, die elektrisch gesteuert werden.

Das Boot hat einen Durchmesser von 2,4 Metern, und seine Hülle ist aus elf geschmiedeten Aluminium-Sektionen zusammengesetzt, die jede 16,5 Zentimeter Dicke hat. Durch einen Turm gelangt man ins Innere des Bootes. Mit dem Propeller, der auf dem Boot als Vertikalantrieb aufgesetzt ist, wird das Boot aufwärts und abwärts gesteuert. Mit seinen insgesamt 80 Meilen Fahrtmöglichkeit, ist es eines der längsttauchenden und unter Wasser in großen Tiefen fahrenden U-Boote. Die Hauptkontrollstation befindet sich mittschiffs. Durch ein Fernsehsystem kann der erste ebenso wie der zweite Pilot vorn die Fahrtrichtung unter Kontrolle halten.

In der Straße von Florida ging die »Aluminaut« auf Testtiefe von 1875 Metern, womit es den ersten Rekord für Unterwasserfahrzeuge dieses Typs aufstellte. Bei einem anderen Unternehmen brachte das Boot acht Geologen nahe zum Golfstrom. Hier fanden sie in 3000 Meter Tiefe ein großes Gebiet, das mit Phosphoritknollen übersät war. Bei einer anderen Tauchfahrt brachte die »Aluminaut« fossile Überreste einer walähnlichen Art riesiger Seekühe mit nach oben. Die Knochenreste wurden auf ein Alter von 25 Millionen Jahren geschätzt. Die Greifarme des Bootes fanden einige hundert Pfund Knochen, die in den Laboratorien untersucht wurden. Nach über 200 Tieftauchversuchen hat sich herausgestellt, daß Aluminium ein idealer Werkstoff ist.

Das erste Touristen-U-Boot

Nach dem Tod seines Vaters Auguste entschloß sich Jacques Piccard, für die Firma Loral Electronics Corporation ein Mesoscaph genanntes Unterwasser-Tauchboot zu bauen, das zur Schweizer Landesausstellung in Lausanne im Sommer 1964 fertiggestellt sein sollte. Er ließ sich den Namen seines

Bootes als Handelsmarke sichern und ging daran, das Vermächtnis seines Vaters, der die ersten Entwürfe zu diesem Mesoscaph noch vor seinem Tode machte, zu erfüllen.
Das Boot wurde rechtzeitig fertig. Mit einer Länge von 28,05 Metern, einer Breite von 5,91 und einer Höhe von 7,2 Metern war es eines der größten Tieftauchboote zu dieser Zeit. Es verdrängte 189 Tonnen unter Wasser. Seine maximale Operationstiefe betrug 60 Meter. Die maximale Tauchausdauer war mit 48 Stunden hoch, wenn man bedenkt, daß in diesem Boot nicht weniger als 40 Passagiere und drei bis vier Mann Besatzung Platz fanden.
Die Batterieanlage trieb das Boot acht Stunden lang mit 11,4 Knoten Fahrt voran. Die Reichweite betrug bei dieser Geschwindigkeit 50 Seemeilen.
Das Mesoscaph war mit 45 Plexiglasfenstern ausgerüstet. 61 Außenscheinwerfer mit 500 und 1000 Watt Leistung gaben gute Sichtmöglichkeiten. Während der Schweizer Landesausstellung 1964 unternahm Jacques Piccard mit diesem Boot Fahrten im Genfer See. Während 35 spannender Minuten sahen die Passagiere die Unterwasserwelt vor sich. Ein doppeltes Sicherheitssystem schloß jeden Tauchunfall automatisch aus, denn das Boot war mit voller Belastung noch immer leichter als Wasser. Sollten die Elektroanlagen einmal ausfallen, dann würde der Elektromagnet zusätzlich noch den Eisenschrott fallen lassen, der als Ballast mitgenommen wurde. Darüber hinaus konnten auch die Wassertanks mit Preßluft aufgeblasen werden. Mit diesem Boot haben erstmals Menschen aus allen Schichten der Bevölkerung die Unterwasserwelt sehen können.

Mit der »Ben Franklin« im Golfstrom

Nach diesem Boot baute Jacques Piccard im Auftrag der Grumman Aerospace Corporation in Bethpage, New Jersey, die »Ben Franklin«, die die Baubezeichnung PX-15 trägt. Dieses Tauchboot sollte nach einer Reihe von Tauchversuchen zu seiner großen Drift im Golfstrom aufbrechen. Im Herbst 1967 wurde das Boot in Giovanola in der Schweiz von Stapel gelassen und dann nach den Vereinigten Staaten gebracht. Hier unternahm es einige Tauchversuche, um alle Anlagen und Geräte zu testen und die Mannschaft von sechs Männern aufeinander einzuspielen.
Das Boot hat eine Länge von 14,4 Metern. Die Gesamthöhe beträgt 6,0 Meter, während die Breite 6,3 Meter beträgt. Die Druckkammer hat einen Durchmesser von 3,05 Metern. Das Gesamtgewicht beträgt rund 130 Tonnen. Davon entfallen allein 25 Tonnen auf die Batterien. Die Zuladung einschließlich der sechs Mann Besatzung kann 9345 Pfund betragen. Die Lebensmöglich-

keiten liegen bei 6048 Stunden. Die beiden Piloten und vier Forscher können demnach insgesamt 42 Tage unter Wasser bleiben. Die Tauchtiefe beträgt 600 Meter und kann auf das Doppelte ausgedehnt werden, ehe die Todestiefe erreicht ist.

Vier Motoren von je 25 PS, von Säure-Batterien getrieben, geben dem Tauchboot eine maximale Geschwindigkeit von 7,6 Kilometer pro Stunde.

Am 14. Juli 1969 starteten Jacques Piccard und seine fünf Gefährten mit der »Ben Franklin« zur bisher längsten Expedition unter Wasser. Bei Florida tauchte die »Ben Franklin« ab. Sie sank in das Zentrum des hier vorbeilaufenden Golfstromes hinein, um sich in ihm so weit wie möglich treiben zu lassen und vielerlei Messungen durchzuführen.

Geräuschlos trieb der große »Unterwasserfisch« nun zwischen anderen Fischen und dem Treibenden des Golfstromes. Die erste große und umfassende Messung aller Details des Golfstromes setzte ein.

Jacques Piccard hatte vorher errechnet, daß die Körperwärme der insgesamt sechs Aquanauten und die Wärmeleistung der eingeschalteten elektrischen Geräte eine ziemlich konstante Temperatur von 22 Grad Celsius im Boot erbringen würde. Doch darin sollte er sich getäuscht haben. Die Temperatur betrug nicht mehr als 16 bis 17 Grad. Unter den drei Wissenschaftlern, die sich neben den beiden Technikern und Jacques Piccard an Bord befanden, war auch ein Beobachter der NASA, der die psychischen Verhaltensweisen der sechs in der Enge der drei Meter Durchmesser und 16 Meter Länge aufweisenden Stahlröhre erkunden sollte. Die Überwachung der einzelnen Mitglieder der Expedition geschah durch eine automatische Kamera, die alle 20 Sekunden eine Aufnahme von jedem einzelnen machte.

Mit rund sechs Knoten Fahrt trieben die Forscher mit ihrem driftenden U-Boot, vom Golfstrom geschleppt, weiter. Man hatte vorher angenommen, daß der Strom höchstens viereinhalb Meilen pro Stunde vorankommen würde. Von einem Begleitschiff aus, das ständig über der »Ben Franklin« lief, wurde das Tauchboot geortet. Eine drahtlose Sprechverbindung sicherte schnellste Kommunikation.

Eine weitere neue Entdeckung waren sehr starke interne Wellen und Flutrichtungen mitten im Strom, und zwar dort, wo Wasser verschiedener Temperaturen gegeneinander prallte. Dadurch wurde das Boot in einem ständigen Auf und Ab gehalten. Einige Male wurde es sogar aus dem Golfstrom ausgespien, kehrte aber sofort durch Einschalten seiner Motoren in die Mitte des Stromes zurück.

Jacques Piccard ist der festen Überzeugung, daß dieses Aufeinandertreffen verschiedenster Strömungen auch Ursache für manches U-Boots-Unglück gewesen

ist. Die »Ben Franklin« konnte sich einige Male nur vor dem Hinabgerissenwerden durch überraschend starke, nach unten drückende Strömungen retten, indem rasch größere Mengen Ballast abgeworfen wurden.
Einmal wurde das Boot völlig aus dem Strom hinausgedrückt und mußte auftauchen. Es wurde im Schlepp des Begleitschiffes wieder in den Strom gezogen. Die Luken blieben dabei völlig geschlossen, so daß dieses Auftauchen nicht als Auftauchen im üblichen Sinne gelten kann.
Da das Atemgas aus normaler Luft bestand, stieg nach einer geraumen Zeit der Gehalt an Kohlenmonoxyd in der Atmosphäre des Schiffes an. Es stellte sich heraus, daß dieses tödliche Gas sich als Folge von Lichtbogenreaktionen gebildet hatte.
31 Tage dauerte die Drift in 200 bis 580 Meter Tiefe im Golfstrom. Danach kehrte das Boot an die Oberfläche zurück. Es hatte während dieser Zeit 1140 Meilen = 2736 Kilometer zurückgelegt. Von den vier Wissenschaftlern wurden über 6 Millionen Meßwerte gesammelt, die von den verschiedenen Geräten aufgenommen worden waren. Damit war das Unternehmen im Golfstrom eines der ergiebigsten der Meeresforschung überhaupt.
Bei einer späteren Tauchoperation wurde die »Ben Franklin« im Sommer 1970 bei den Bahamas eingesetzt. Hier lief sie auf ein Riff und wurde beschädigt. Nach vollständiger Überholung wurde sie im Jahre 1972 weiter eingesetzt. Mit ihr wurden bis zum jetzigen Zeitpunkt über 70 Tieftauchoperationen durchgeführt.
Eine Reihe weiterer Tieftauchboote hat in den letzten zehn Jahren große Aufgaben durchgeführt. (Siehe Anlage »Technische Daten und Einsätze der Tieftauchboote«.)
Mit dem »Alvin«, der in der Konzeption von Allyn Collins Vine entwickelt worden war, operierte im Auftrag der Woods Hole Oceanographic Institution ein Boot, das mit 2250 Meter Tauchtiefe eine große Tiefe erreichte.
Bis zu seiner Überholung im Juni 1971, als es eine neue Titaniumhülle erhielt, die eine Tauchtiefe von 3600 Meter erlaubt, machte der »Alvin« insgesamt 307 Operationen, immer begleitet von seinem Mutterschiff »Momma«, in allen Meeren.

Rettung für gesunkene U-Boote durch Rettungs-U-Boote

Nach den zugleich spektakulären und opferreichen Schlägen der US-Navy mit dem Verlust von zwei Atom-U-Booten wurde die Forderung nach Rettungs-U-Booten stärker artikuliert. Bis dahin hatte man zwar immer wieder diese Forderung erhoben, U-Boote zu bauen, die anderen U-Booten in größerer Tiefe

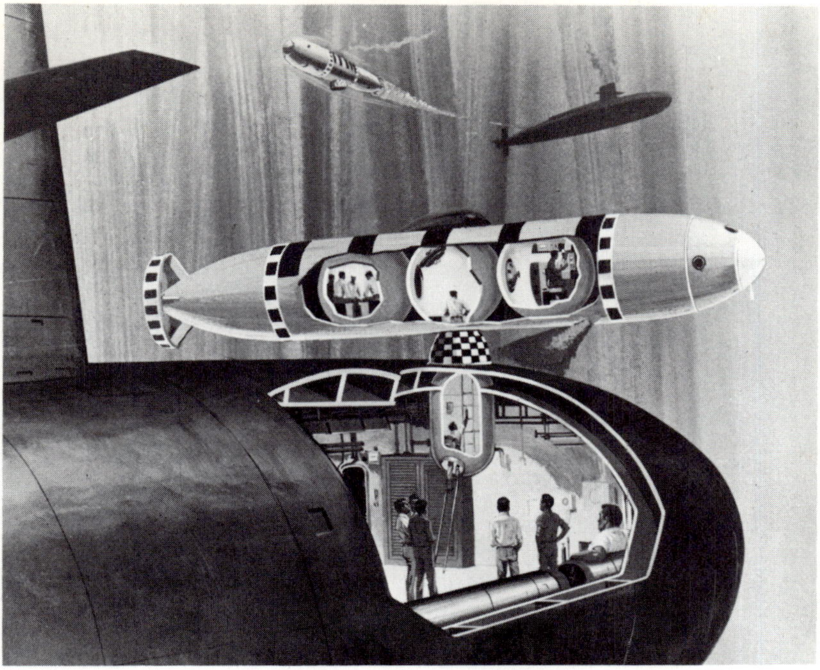

Der Prototyp des »Deep Submergence Rescue Vehicle« – DSRV –, ein Rettungs-U-Boot für gesunkene U-Boote mit 1050 Meter Operationstiefe.

helfen konnten, doch es bedurfte eines solchen Paukenschlages wie das spurlose Verschwinden der »Scorpion«, um die Verantwortlichen wachzurütteln. Nun bildete die Navy eine Beratungsstelle mit der Bezeichnung Deep Submergence System Review Group – DSSRG. Diese Gruppe fand sehr schnell heraus, daß die Marine keine Möglichkeit besaß, eingeschlossene Menschen in U-Booten aus Tiefen von mehr als 225 Metern zu retten.

Dieses Komitee machte eine Reihe von Vorschlägen zur Rettung tiefer eingeschlossener Männer. Der beste Vorschlag wurde im Deep Submergence Systems Program übernommen. In diesem Programm wurde das Deep Submergence Rescue Vehicle – DSRV – entwickelt. Das Rettungs-U-Boot wurde so konstruiert, daß es die sichere Rettung eingeschlossener Seeleute aus Tiefen von 1050 Metern Tiefe durchführen konnte. Man plante 12 solcher Tieftauch-Rettungsfahrzeuge, die rund um die Welt auf Häfen verstreut eingesetzt sein sollten, um so schnell wie möglich – auf alle Fälle binnen 24 Stunden – mit einem dieser Rettungs-U-Boote ein wo auch immer gesunkenes U-Boot erreichen zu können.

Das Tiefozean-Rettungs-U-Boot «DSRV-1«, das in jedem Rettungsgang 24 U-Boots-Männer aufnehmen kann.

Das Boot wurde so gebaut, daß es in einen der Großraumtransporter des Typs C-141 verladen und zu jedem Punkt der Erde hingeflogen werden konnte. Auch die größere C-5A war für den Transport vorgesehen. Auch auf den Decks der Atom-U-Boote wurden Halterungen für Rettungs-Subs geschaffen, um sie vom nächsten Hafen rasch zum Untergangsort bringen zu können.
Als schließlich 1966 die Kosten für diesen großen Plan errechnet waren, erschienen sie den Verantwortlichen zu hoch. Dennoch wurden sechs dieser Boote gebaut.
DSRV-I lief im Januar 1970 bei der Lockheed Missiles and Space Corporation Sunnyvale, Kalifornien, von Stapel. Es war für eine Maximaltiefe von 1500 Metern gebaut und hatte ein Gewicht von 36 Tonnen. Es konnte drei Piloten und 24 zu rettende Seeleute aufnehmen. Zwei Motoren gaben dem Boot eine Höchstgeschwindigkeit von 8,55 Knoten und dies für drei Stunden.
Drei Fernsehkameras und vier Monitore, ein neues Sonargerät und ein Doppler-Navigator erleichtern im Zusammenwirken mit einem Kontroll-Computer das Auffinden gesunkener U-Boote. Das Boot ist so konstruiert, daß es sich

Hydraulischer Greiferarm in der Erprobung.

mit seinem unteren Stutzen auf die Ausstiegsluken der U-Boote aufsetzen kann. Die Gesamtkosten des ersten Bootes beliefen sich auf 50 Millionen Dollar.
Mitte des Jahres 1971 lief DSRV-II von Stapel. Es ist so gebaut wie sein Vorgänger, operiert jedoch mit dem eigens dazu gebauten Mutterschiff U.S.S. BN 666 »Hawkbill«.
Damit steht nunmehr ein Rettungs-U-Boot für tiefere Tiefen zur Verfügung, in denen ein U-Boot noch lebensfähig ist und nicht vom Wasserdruck zerquetscht wird.

Ein Arbeits-U-Boot für Tiefozean-Arbeiten

Aus der Fülle der weiteren Konstruktionen sei noch das DOWB herausgegriffen. Dieses Deep Ocean Work Boat der AC-Division der Firma General Motors in Santa Barbara, Kalifornien, lief im Jahre 1968 von Stapel. Es besteht aus einer druckfesten Kugel und einer Stahlverkleidung. Die Kugel hat einen Durchmesser von 2,08 Metern. Die Gesamtlänge des Fahrzeuges beträgt 5,4 Meter,

sein Gewicht knapp 10 Tonnen. Dieses Fahrzeug kann bis in Tauchtiefen von 1950 Metern hinabgehen und hat diese Tiefe auch während seiner 115 Tieftauch-Operationen erreicht.
Ein Pilot und ein Techniker haben in dem Boot Platz, dessen wichtigstes Instrument der große hydraulische Greiferarm ist. 180 Stunden kann dieses Arbeitsboot unter Wasser bleiben und während 26 Stunden in Fahrt sein, wobei ein Knoten jeweils vom Horizontal- oder vom Vertikalmotor erreicht werden. Das Boot ist inzwischen fertiggestellt und wird seine Arbeit bald aufnehmen.

Ein neues Unterwasser-Arbeitsfahrzeug – ORB *und* RUM

Eines der wichtigsten Fahrzeuge zur Unterwasserarbeit und zur Auswertung von Bodenschätzen in größeren Tiefen wurde vom Scripps-Institut in Kalifornien entworfen. Es ist die Kombination einer Boje mit einem Unterwasser-Arbeitsfahrzeug.
Die ozeanographische Forschungsboje ORB (Oceanographic Research Buoy) ist ein rechteckiges, hochgetürmtes Fahrzeug. Sie sieht aus wie ein Haus auf einer schwimmenden Plattform. An der einen Querseite ist auf der Plattform das Rettungs- und Patrouillenboot mit Außenbordmotor befestigt. Die ausklappbare Halterung dieses Bootes ermöglicht ein Zuwasserlassen binnen weniger Sekunden. Auf dem Dach dieses »Bojenhauses« ist die Funkantenne zu erkennen. Wettermeßgeräte und Flaggenmast vervollständigen die Aufbauten.
Zwei Schotten führen zum Meßraum des Bojenhauses; von dort aus gelangt man in den Aufenthaltsraum der Freiwache. Die Boje hat ein eigenes Antriebssystem und kann ihren Standort je nach den Meßaufgaben verlagern.
In der Mitte dieser Boje befindet sich ein rechteckiger »Zentralschacht«. Durch diesen Schacht kann der ferngesteuerte Unterwasser-Handhaber RUM (Remote Underwater Manipulator) auf den Meeresboden hinuntergelassen werden.
So ist es ORB möglich, neben den Forschungsaufgaben der eigenen Besatzung eine neue Funktion zu übernehmen, indem von ihr der RUM hinabgelassen, mittels Fernsteuerung kontrolliert und planvoll eingesetzt wird. Dieses ferngesteuerte raupenketten-getriebene Fahrzeug hat vor einiger Zeit seine Endtestaufgaben erfüllt. Eingesetzt, überwacht und kontrolliert von Forschern und Technikern des Scripps-Institut für Ozeanographie hat RUM bis Ende Oktober 1970 bereits 100 Stunden unter Wasser gearbeitet und ist über 16 Kilometer über den Meeresboden gekrochen. Von Einsätzen auf flachem Wasser hat sich die Operationstiefe bis auf 3300 Fuß (rund 990 Meter) gesteigert und

»Alvin« ist getestet. Dieses Foto wurde während der ersten Tests des Unterwasserforschungsschiffes »Alvin« gemacht.

schon bei diesen Versuchen zeigte es sich, daß die wirkliche Operationstiefe bedeutend größer ist. Sie beträgt 1800 Meter bei doppelter Sicherheitsspanne.
RUM ist ein panzerähnliches Gebilde mit einem langen gegliederten Arm und einer Freihand am Ende. Es wird von der Wasseroberfläche – aus dem ORB heraus – durch Sonarsteuerung und Fernsehaugen, die auf dem RUM selbst aufgebaut sind, zum Ziel geleitet. Hüllen und Gleisketten stammen von überzähligen Kettenfahrzeugen des US-Marine-Corps. Der Antrieb besteht aus zwei einzeln kontrollierten und betätigten Elektromotoren, von denen jeder eine Kette antreibt. In der Aufhängungsvorrichtung des großen Zentralschachtes der ORB verankert, erreicht RUM seinen Arbeitsplatz. Forschungsboje und Unterwasser-Greifer wurden vom Scripps-Institut entworfen. RUM wird durch den Zentralschacht an einem Haltekabel niedergelassen, durch das auch die Kraftleitung sowie die Kommandosignale nach unten geleitet werden. Von unten gehen dann – über die gleiche Verbindung – Sonarsignale und Fernsehbilder in den Forschungsraum der Boje empor.
Wenn ORB über die Wasseroberfläche gleitet, wird sie, da ihr eigener Antrieb ausgeschaltet ist, von RUM und dessen Eigenantrieb mit einer Geschwindigkeit von rund einem Knoten mitgezogen. Der ebenfalls fernbetätigte Arm des RUM kann mit seiner Hand Gesteinsbrocken von 50 Pfund Gewicht heben und halten. Der Arm selbst hat eine Auslegertragkraft von 1000 Pfund. Nach der endgültigen Ausgestaltung dieses RUM-ORB-Systems wird es insbesondere gegenüber dem Einsatz von Tauchern oder Tieftauch-Fahrzeugen Vorteile aufweisen. Einer der größten Vorteile ist die Sicherheit der Menschen, denn diese befinden sich ja an der Wasseroberfläche.
Es ist vorgesehen, daß solche Teams zu Routine-Inspektionen von Pipelines eingesetzt werden, insbesondere von solchen, die für die neuen Tiefsee-Unterwasser-Ölbohranlagen in Tiefen über 1500 Metern eingerichtet werden müssen. Mit RUM könnten diese Pipelines auf Rohrbrüche hin untersucht werden.
RUM hat kürzlich seine Arbeiten im Gelände rund um den La Jolla Canyon in Tiefen von rund 1200 Fuß (360 Meter) durchgeführt. Während dieser Arbeiten wurden die auf dem RUM aufgesetzten Meßgeräte verbessert.
Ein anderes Projekt hat RUM zu einer Serie einfacher Arbeiten in Flachwasserzonen mit 100 Fuß (30 Meter) Tiefe geführt, wo es eine Arbeit ausführte, die vorher von einem Team von Tauchern verrichtet worden war. In bezug auf Effektivität und ökonomische Leistung war der RUM diesem Taucherteam gleichwertig.
Damit hat das Streben der Menschen, die dritte Dimension der Erde zu beherrschen und aus dieser Beherrschung Nutzen für sich und andere zu ziehen, einen neuen Teilerfolg errungen.

Neueste Unterwasserfahrzeuge

Ein Unterseeboot ohne Motor, dessen Fortbewegung auf dem Prinzip des Segelfluges beruht, hat der US-Ingenieur R. Forman für das Oceanic Institute in Makapuu auf Hawaii konstruiert.

Dieses Boot ist 24 Meter lang, seine Außenhaut besteht aus einem glasfaserverstärkten Kunststoff und enthält drei Druckkugeln von jeweils 2,6 Meter Durchmesser, die aus 10 Zentimeter starkem Glas gefertigt sind. Die vorderste Kugel dient als Kommandozentrale und reicht bis zur Hälfte nach vorn aus der Außenhaut heraus. Damit hat die Besatzung einen freien Blick nach allen Seiten. Die zwei übrigen Kugeln, die hintereinander hinter der ersten angeordnet sind, dienen Versorgungszwecken des Piloten. Im hinteren Teil des Bootes, der durch ein Schott vom Vorderteil getrennt ist, befindet sich ein mit Hydrazin gefüllter Plastiksack. Der Raum zwischen den Kugeln im Vorderteil wird für den abwechselnd positiven und negativen Ballast genutzt. Am Heck des Bootes befinden sich Steuerflossen und seitlich angeordnete stumpfförmige Flügel.

Will der Pilot mit diesem Fahrzeug tauchen, nimmt er soviel Wasser auf, bis ein negativer Auftrieb von 230 Kilopond erreicht ist. Dadurch sinkt das Schiff. Der Pilot steuert dieses Tauchboot über die Flügel und die Steuerflosse in eine um neun Grad geneigte Gleitfahrt. Bei einer Wassertiefe von 6000 Metern wird er bei neun Grad Neigungswinkel etwa 24 Meilen zurücklegen, bevor er mit seinem U-Boot den Meeresboden erreicht.

Beim Wiederaufstieg stößt das Boot Wasserstoffgas aus, sonst würde mit abnehmendem Wasserdruck das Gasvolumen und damit der positive Auftrieb ansteigen. Die Manövrierfähigkeit des Bootes hängt jedoch von der Aufrechterhaltung eines gleichbleibenden Auftriebs ab. Deshalb wird der überschüssige Wasserstoff mit dem Aufstieg abgestoßen. Das freiwerdende Gas soll zur Erzeugung von elektrischer Energie für das Instrumentensystem und zum Aufladen der Batterie verwendet werden.

Der Ingenieur weist darauf hin, daß sein Entwurf nicht etwa etwas revolutionierend Neues ist, sondern daß verschiedene Firmen bereits ähnliche Versuche unternommen hätten. Allerdings wurde bei diesen Firmen Luft anstelle von Hydrazin benutzt.
»Luft aber«, so führte Willis R. Forman weiter aus, »hat den Nachteil, daß sie zum Beispiel in einer Wassertiefe von 6000 Metern genau so schwer ist wie Wasser, also keinen Auftrieb mehr gewährleistet.«
Diese Konstruktion zeigt bereits auf, daß die Vielfalt der neuen Entwürfe und ihre Originalität frappierend sind. Nicht nur die Großen der Meeresforschung beteiligen sich am Bau solcher Boote. Im Sommer 1972 erfuhr die staunende Fachwelt, daß auch Griechenland ein neues U-Boot bauen werde. Um was für einen Typ es sich handelte, konnte jedoch nicht in Erfahrung gebracht werden. Bekannt hingegen sind Konstruktionen, Arbeitsweise und Eigner eines neuen Tiefsee-Forschungsschiffes.

Mit der »Alcoa Seaprobe« auf Tiefe

Als im Frühjahr 1971 die Aluminium Company of America – ALCOA – in einer Pressemitteilung bekanntgab, daß sie ein Tiefsee-Forschungsschiff aus Ganz-Aluminium baue, hatte wieder eine Firma auf diesen leichten Werkstoff zurückgegriffen.
Ursprünglich für die Suche nach antiken Schiffswracks gebaut, verfügt das Fahrzeug über eine ungewöhnliche Ausrüstung. Es ist dies ein Rohrgestänge von 2300 Metern Länge, an dessen unterem Ende ein Sonar-Ortungsgerät und eine TV-Kamera angebracht werden können. Außerdem besitzt das Fahrzeug ein Bergungsgerät für die gleichen Tiefen. Im Spätherbst 1971 erfolgte der erste Einsatz bei den Westindischen Inseln. Die Qualität der Anlagen wurde bei der Bergung einer akustischen Ortungsanlage vor der Bahama-Insel »Eleuthera« aus 700 Meter Tiefe erprobt.
Das Schiff selbst ist ein Überwasserschiff mit einer Länge von 74 Metern. Die Breite beträgt 12,2 Meter, der Tiefgang 2,44 Meter. Die Geschwindigkeit ist mit 10 Knoten angegeben. 33 Besatzungsmitglieder und 19 Forscher finden an Bord Platz. Der Aktionsradius beträgt 13000 Seemeilen bzw. 45 Seetage. Das interessanteste an diesem Schiff ist die beigegebene Tieftauchkammer, die – sobald ein Wrack gefunden ist – bemannt in die Tiefe hinabgelassen werden kann.
Im Frühjahr 1973 gab die US-Navy der Ocean Search Incorporation einen Einjahresvertrag für Bergung, Rettung und ähnliche Dienstleistungen in der Tiefsee. Die Tieftauchkammer kann bis auf 5000 Meter hinuntergehen.

Unbemannt in 7000 Meter Tiefe

Die US-Marine baute ein neues Unterwasser-Tauch- und Arbeitsboot mit der Bezeichnung »Remote Unmanned Work System«. Das Fahrzeug erlebte 1972 im Naval Undersea Center vor Hawaii seine Jungfernfahrt. Es kann bis auf 7000 Meter hinuntergehen, das heißt, daß es 98 Prozent des gesamten Meeresbodens erreicht.
Dieses Tauchboot wird von einem Oberflächenschiff durch Kabel ferngesteuert. Zur Navigation erhält es ein neues Tiefsee-Navigationssystem, zu dem ein Echolot, eine Fernsehkamera und ein neuer Manipulator gehören. Signale und Energie werden dem Fahrzeug ebenfalls über Kabel zugeführt. Das Kabel allein wiegt 25 Tonnen in der Luft und hat im Wasser noch 8 Tonnen Gewicht. Der Greiferarm dieses Bootes führt sieben Funktionen aus und kann tonnenschwere Gewichte heben und halten.

Unbemannt auch in England

Das britische Institut für Geological Sciences hat der British Aircraft Corporation, Electronic and Space System, im Frühjahr 1973 den Auftrag zur Konstruktion eines unbemannten Fahrzeuges zur Untersuchung des britischen Schelfs erteilt. Dieses Fahrzeug soll den Kontinentalschelf um England erkunden. Es wurde in Bristol erbaut und wird im Augenblick ausgerüstet. Meerestestfahrten werden bereits auf dem Papier geplant. Und zwar soll das Boot in Portland und Dorset getestet werden. Dieses Tauchfahrzeug, von dem noch keine weiteren Daten vorliegen, soll die Größe eines Kleinautos haben. Es wird von einem Oberflächenschiff gesteuert und »fliegt« über den Meeresboden, während seine Fernsehkameras und die Stereokamera interessante Gesteinsformationen und -gebiete filmen. Nach Wahl landet dieses Fahrzeug auf dem Meeresboden und entnimmt mit einem Gesteinsbohrer bleistiftgroße Gesteinsproben.

Japans Tauchboot-Konstrukteure sind vorn!

In Japan, wo man bereits sehr früh mit dem Bau von Tiefsee-Tauchbooten begonnen hatte, geht die Arbeit an verbesserten Typen rasch weiter. Mehr als alle anderen Länder der Erde ist dieses Inselreich darauf angewiesen, ins Wasser und unter Wasser zu gehen. Die Kobe Shipyards der Mitsubishi Heavy Industries in Kobe, Japan, hatte bereits mit der »Yomiuri« im Jahre 1964 ein Boot gebaut, das in 436 Tauchfahrten seine Wirksamkeit unter Beweis stellte. Im Auftrag der Yomiuri Shimbun Newspapers führte es mit zwei Piloten und

vier Beobachtern Fahrten bis in 300 Meter Tiefe rund um die japanischen Inseln aus. Ein Greifarm nahm dabei immer wieder Bodenproben auf.
Mit dem Bau der »Shinkai« im Jahre 1968 für die Japanese Maritime Safety Agency baute diese Werft ein Boot, das bis auf 600 Meter abtauchen konnte. Ende 1970 wurden Tauchfahrten mit diesem Boot begonnen. Bis Ende 1973 ging es zu über 60 Tauchgängen hinunter, wobei auch die Höchsttiefe erreicht wurde. Mit einer Fernsehkamera und anderen Kameras ausgerüstet, hat dieses 95-Tonnen-Boot bereits wichtige meeresgeologische und biologische Probleme lösen helfen.
Im Frühjahr 1971 wurde bekannt, daß neben der genannten Firma und der Japanese Steel and Tube Co. in Hokkaido, welche die beiden Tauchboote des Typs »Kuroshio« bauten, nunmehr auch die Kawasaki Heavy Industries ein Tieftauchboot gebaut hatten, das den Namen »Hakuyo – Weißer Ozean« erhielt. Eigner dieses Tauchbootes ist die Firma Nippon Kaiyo Sangyo Co. in Kanda bei Tokio. Das Boot wiegt 6,6 Tonnen und kann bis zu 600 Meter tief tauchen.
Eine vierte Bauwerft, die Schiffsbauabteilung der Nippon Kokan, trat im Oktober 1971 mit einem kugelförmigen Tauchboot an die Öffentlichkeit. Dieses Boot mit einem Durchmesser von drei Metern wurde mit finanzieller Beteiligung der Japan Ship Machinery Association und der Japan Motorboat Association auf der Tsurumi-Werft erbaut. Es soll nach Fertigstellung von der Fuyo Ocean Development betrieben und zur Prüfung von Unterwasserbauten von Pipelines und Bohranlagen eingesetzt werden. Die ökologische und geologische Forschung soll ebenfalls mit diesem Boot vorangetrieben werden. Ein Manipulator-Arm kann Bodenproben aufnehmen und auch Bergungsarbeiten durchführen.
Dieses Boot ist mit einem Sauerstoff-Versorgungssystem für 48 Stunden ausgestattet. Es hat einen multilateralen Wasserstrahl-Düsenantrieb, welcher der Besatzung dynamische Positionsänderungen gestattet und ein genaues, schnelles und sicheres Manövrieren zuläßt. Das Boot arbeitet in Strömungen bis zu zwei Knoten und in Wassertiefen bis zu 200 Metern. Die obere Hälfte der Außenhülle besteht aus Stahl, die untere Hälfte aus transparentem Acryl. Das Meerwasser zwischen der äußeren und der inneren Acryl-Hülle wird gefiltert, um die Sichtmöglichkeiten zu verbessern. Die Besatzung besteht aus dem Piloten und einem Wissenschaftler. Eine Reihe weiterer Tieftauchboote wird in Japan konstruiert und befindet sich bereits im Bau.

Eine englische Firma baut Arbeits-U-Boote

Die Schiffsbauergruppe der Firma Vickers Oceanics Limited in Barrow-in-Furness, England, erkannte in der Mitte der sechziger Jahre die Notwendigkeit des Baues von Unterwasserfahrzeugen und der Entwicklung der Unterwasser-Technologie. Sie setzte 1966 eine Marketinggruppe ein, die den zukünftigen Ozean-Markt erforschen sollte. Es stellte sich heraus, daß der Bau von Tieftauchfahrzeugen auf einer ökonomischen Basis betrieben werden mußte.
So entstand mit der Vickers Oceanics »Pisces I«, ein Tauchboot von 7,5 Tonnen mit einer Tauchtiefe von 365 Metern und einer Geschwindigkeit von zwei Knoten. Ein Torpedogreifer zum Bergen abgesunkener Torpedos, ein Greifarm mit sechs Operationsmöglichkeiten, drei Außenscheinwerfer von je 1000 Watt Leistung gaben im Zusammenwirken mit dem Unterwasser-Telefon, dem Kreiselkompaß, Sonargerät, Echo-Sounder, Tiefenmesser, Seetemperaturmesser und einer neuen Unterwasser-Gleisketten-Ausrüstung mit der Bezeichnung »Spate II« dem Boot eine große Wirksamkeit.
Mit dieser Ausrüstung können die Boote der »Pisces-Klasse« Kabel auf dem Meeresboden verlegen und Kontrollfahrten entlang der unterseeischen Öl- und Gaspipelines durchführen. Pipelines können mit Hilfe dieses Fahrzeugs instand gehalten werden. Die Suche nach verlorengegangenen Objekten und Fahrzeugen ist ein Hauptzweig der Einsatzmöglichkeiten. Unterwasserstudien, Bodenprobenentnahmen, Vermessungsarbeiten und die Bergung von Torpedos stehen auf dem weiteren Operationsplan. Unterwasserschneidearbeiten und hydraulische Bewegungen können mit »Pisces I« ausgeführt werden. Fischfarmenüberwachung und das Studium von Fischfangmethoden wurden mit »Pisces«-Fahrzeugen durchgeführt. Das Unterwasserfahrzeug wird an Bord des Mutterschiffes »Vickers Venturer« zum Platz seines Einsatzes geschleppt und über die Heckrampe von Bord gegeben.
»Pisces II« ist mit 11,5 Tonnen Gewicht und 790 Meter Tauchtiefe eine bedeutende Verbesserung des Prototyps. Dieses Boot kann doppelte Zuladung von insgesamt 900 Kilogramm mitnehmen. Ein Pilot und zwei Beobachter finden in ihm Platz. Die Höchstfahrt beträgt vier Knoten. »Pisces III« ist in der Ausrüstung ebenfalls vervollkommnet worden.
Mit VOL L I wurde ein Tiefenforschungsboot für vier Personen und 13 Tonnen Gewicht entwickelt, das 365 Meter tief tauchen kann. Dieses Boot ist zusätzlich mit einer für 366 Meter Tiefe geeigneten Deck-Dekompressionskammer ausgerüstet, die zu dem Boot hinunter vordringen und dort angedockt werden kann, um Wissenschaftler auszutauschen und nach oben an Bord des Begleitschiffes zu bringen. Ein Turm in der Mitte des Bootes bietet einen

völligen Rundblick. Typisch für dieses Tiefen-Ausguckboot ist die Möglichkeit, auch aus der Druckkugel nach allen Seiten freien Ausblick zu haben. Vier Besatzungsmitglieder, der Pilot im höher gelegenen Turmstand, der Sonarmann im Bug, der Tiefenausguck, der durch ein Acryl-Fenster im Boden des Bootes den Meeresboden und die zu überwachenden Pipelines sehen kann, und der Ausguck für die Seitenfenster sichern schnellstes Auffinden von Beschädigungen jeder Art.
Diese Boote sind für Unterwasserarbeiten vorbildlich ausgerüstet. Mit ihnen haben Forscher und Wissenschaftler, Techniker und Konstrukteure auf einem weiten Operationsfeld rund um die Britischen Inseln, um Irland, vor der westfranzösischen Küste und vor der Küste von Norwegen Tiefenarbeiten aller Art durchgeführt.

Der Tod fährt immer mit

Als Ende August 1973 »Pisces III« sich bei einer Telefonkabelverlegung 250 Kilometer südwestlich der irischen Stadt Cork befand, um zusammen mit dem Überwasserschiff »Vickers Voyager« diese Aufgabe auszuführen, schien dies ein ganz gewöhnlicher Routineauftrag zu sein. Alles ging klar. Doch dann kam es zu einem Zwischenfall. Das Boot hatte seine übliche Tauchzeit beendet und gab sein Auftauchen über das UW-Telefon bekannt. Es stieg nach oben und sollte nun mittels eines dafür bestimmten Stahlkabels an die »Vickers Voyager« herangeschleppt werden. Offenbar hatte sich dabei das Schleppseil um den Lukendeckel des Bootes verfangen. Noch unter Wasser riß das Schleppseil den Lukendeckel ab. Ein Wassereinbruch war die Folge, und »Pisces III« sackte rasch ab. In einer Tiefe von 50 Metern löste sich außerdem noch das Schleppseil. Das U-Boot sank weiter und geriet in 420 Meter Tiefe auf Grund. Hier lag es mit dem Bug nach oben im Wasser.
Über Funk wurde sofort zu Rettungsmanövern aufgerufen. Die »Vickers Voyager« nahm Kurs auf den Hafen von Cork, nachdem die »John Cabot« zur Unfallstelle gelaufen war und Kontakt mit den beiden eingeschlossenen Männern aufgenommen hatte. In Cork schließlich wurden einige Spezialtaucher, ferner »Pisces II« und das neueste U-Boot »Pisces IV« an Bord der »Vickers Voyager« genommen und sofort die Rückfahrt angetreten.
Von der US-Luftwaffe wurde aus Kalifornien »Curv III« herübergeflogen, eine Taucherglocke, die diese Tiefen erreichen kann.
Als diese Rettungsschiffe um Mitternacht zum Freitag, dem 31. August 1973, eintrafen, wurden sofort Vorbereitungen zum Inseelassen von »Pisces II« getroffen. Dieses sollte um sein Schwesternschiff Stahlseile legen und es damit

anheben. Mit einem Unterwasserauge wurde der genaue Standort festgestellt. »Pisces II« tauchte ab. Ihr Versuch zur Rettung der eingeschlossenen Unterwassertechniker Roger Chapman und Roger Mallison mißlang. Die Eingeschlossenen hatten zwar genügend Vorräte an Bord, aber der Sauerstoffvorrat reichte nur für maximal 72 Stunden, und am Samstagmorgen war er aufgebraucht.

Das britische Marine-Hilfsschiff »Sir Tristram« war inzwischen herangekommen und hatte ebenfalls Funkkontakt mit den Eingeschlossenen aufgenommen. Am Freitag spitzte sich die Bergungsarbeit dramatisch zu. Die Hafenbehörden von Cork erhielten einen verzweifelten Funkspruch der »John Cabot«. Darin hieß es: »Die Männer benötigen dringend ärztliche Hilfe. Beide

Der Einsatz der »Pisces«-Tauchboote mit Hilfe des Mutterschiffes »Vickers Voyager«.

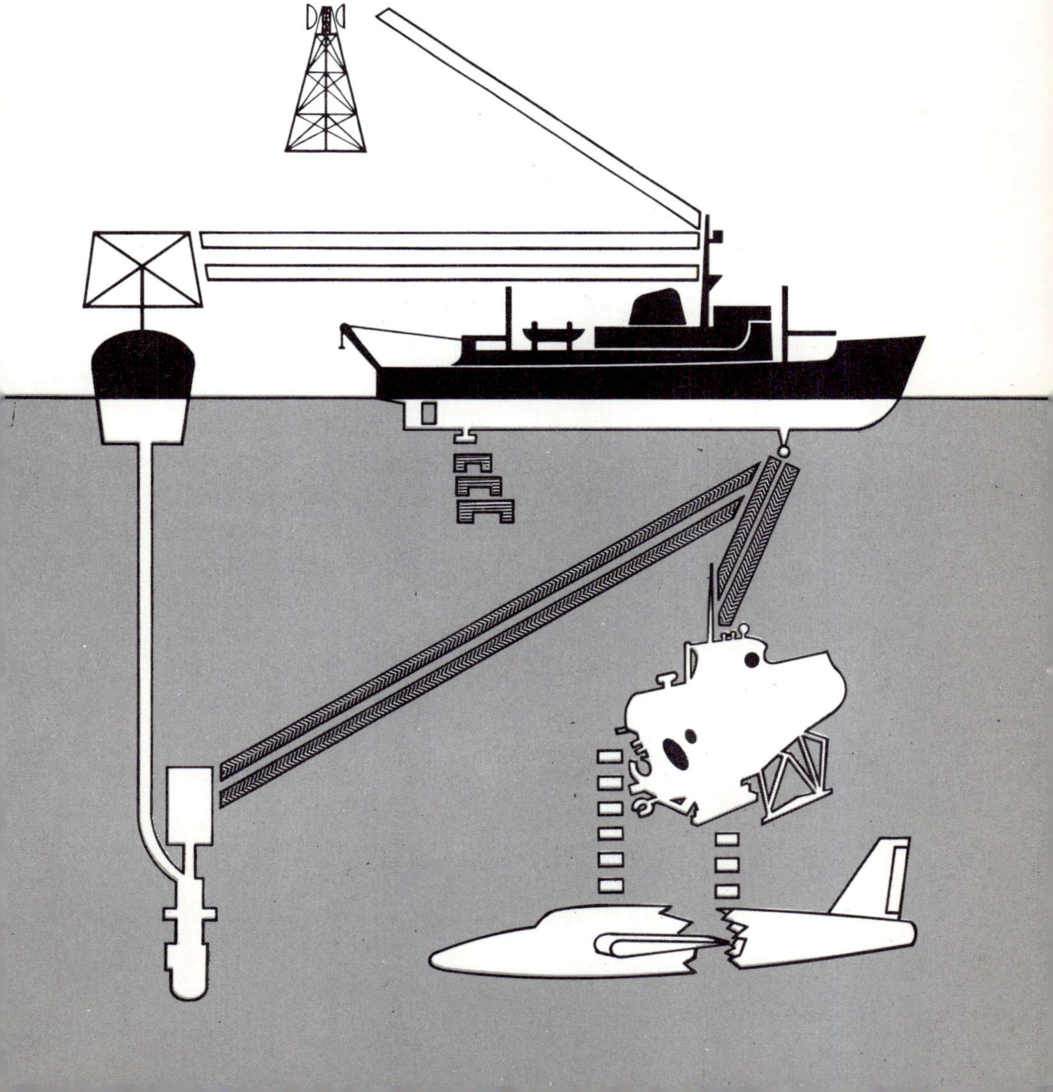

sind auf engstem Raum eingeschlossen, haben hohe Temperatur und Fieberphantasien. Gefahr einer Kohlendioxydvergiftung und Sauerstoffmangel. Botschaft beendet.«
Der Wettlauf mit der Zeit ging verloren. Die U-Boots-Fahrt in die Tiefen der Meere hatte zwei weitere Opfer gefordert.

Mit »Johnson-Sea-Link« in den Tod

Edwin A. Link, einer der frühen Pioniere des Tieftauchbootsbaues erbaute im Jahre 1971 mit dem »Johnson-Sea-Link« für die Smithsonian Institution in Washington ein Tauchboot, das bis zu 600 Meter tief hinabgehen konnte. Die Zerstörungstiefe liegt bei diesem Boot bei 1500 Meter, es wiegt knapp neun Tonnen und kann eine Zuladung von 500 Pfund mitnehmen. Ein Pilot und vier Wissenschaftler als Beobachter können an Bord dieses nur 6,9 Meter langen Fahrzeuges genommen werden. Das Boot war vorgesehen für Forschungs-Tauchfahrten der Smithsonian Institution.
60 Stunden konnten die fünf Männer auf Tiefe bleiben. Die Maschinenanlage gestattete eine Fahrt von 7,6 Kilometer für die Dauer von 24 Stunden. Dieses Boot, das außerdem als Tauchlabor eingerichtet ist, besteht aus zwei Acryl-Plastikkuppeln von jeweils zwei Meter Durchmesser. Diese sind auf dem als Labor eingerichteten Unterbau angebracht. In einer dieser Kuppeln befinden sich der Pilot und sein Steuermann, in der anderen können zwei Aquanauten Platz nehmen. Diese können aus ihrer Kugel durch das Labor das Fahrzeug zu Außenarbeiten und Schwimmversuchen verlassen und wieder entern. Über der Tauchstelle dieses Laboratoriums bleibt das Mutterschiff »Sea Diver« verankert, mit dem die Besatzung des Labors über Sprechfunk und Telefon verbunden ist.
Als dieses Laboratorium mit seinem Mutterschiff am Sonnabend, dem 16. Juni 1973, von Miami aus in Richtung Key-West lief, hatte es den Auftrag, den vor der Insel versenkten Zerstörer »Fred T. Berry« aufzusuchen. Er war an dieser Stelle auf Grund gesetzt worden, um als künstliches Riff neue Brutplätze für Fische und Meerestiere zu schaffen. Edwin Link, der Erbauer des Tauchlabors, leitete die Expedition von Bord des Mutterschiffes »Sea Diver« aus.
Das Boot ging am Sonntag, dem 17. Juni, auf Tiefe. An Bord befanden sich Clayton Link, der Sohn des Erbauers als Ozeanaut, Archibald »Jock« Menzies aus Schottland als Pilot, der 51jährige U-Boots-Kommandant und Tiefseetaucher Albert Stover aus West Palm-Beach und der Wissenschaftler Robert Meek aus Santa Barbara, Kalifornien. Mühelos erreichte das Boot die Tiefe von

120 Metern, auf der das Zerstörerwrack liegt, und das Team ging an die Arbeit. Näher und näher schob es sich an die verrottenden Trümmer des Zerstörers heran. Fische wurden in großer Zahl gesehen. Die ersten Meldungen ließen auf eine reiche Ausbeute schließen.

Plötzlich kam die alarmierende Meldung nach oben: »Wir hängen fest! Haben uns in Stahlstreben des Wracks verfangen! Versuchen durch Manövrieren wieder freizukommen.«

An Bord des Überwasserschiffes hielt man den Atem an. Was würden die nächsten Minuten bringen? Die Zeit verging von nun an rasend schnell. Dann kam die erste Meldung: »Wir kommen nicht los!«

»Versucht es weiter, aber vorsichtig!« rief Edwin Link hinunter.

Während das Boot vergeblich freizukommen trachtete, gingen bereits die Funksprüche an alle zur Rettung in Betracht kommenden Institutionen hinaus. Eile war geboten, denn die Eingeschlossenen hatten nur für 60 Stunden Sauerstoff. Der sofort verständigte Kommandierende Admiral der Marinebasis Key West, Admiral John Maurer, alarmierte die Rettungsstationen. Er fuhr sofort hinaus und telefonierte von der »Sea Diver« aus mit den Eingeschlossenen. Danach kommentierte er: »Zwei der vier Männer in der Hauptkugel sind in bester Verfassung. Die beiden anderen aber geben Grund zur Besorgnis.«

Als es Abend wurde, beklagten sich die Eingeschlossenen über Sauerstoffmangel. Wenig später rief der Wortführer hinauf: »Es wird uns kalt. Die Temperatur nähert sich dem Gefrierpunkt. Starker Kohlendioxydgehalt im Boot.«

Inzwischen war aus San Diego, Kalifornien, eine unten offene neue Tauchkammer eingeflogen worden. Sie kam am Montag zum Einsatz. Doch in 48 Meter Tiefe mußte die mit zwei Tauchern hinabgelassene Kammer wieder emporgehievt werden. Einer der Taucher hatte Schwierigkeiten mit seiner Sauerstoffversorgung.

Selbst wenn es mit Hilfe dieser Glocke gelungen wäre, zum Tauchlabor hinabzukommen, wäre die Rettung der Eingeschlossenen immer noch fraglich gewesen. Die vier Männer hätten ihre Kabinen verlassen und unter dem hohen Druck der Tiefe in die unten offene Glocke hinüberwechseln müssen. Danach dauert der Aufstieg, entsprechend der Dekompressionszeiten, viele Stunden. Dennoch mußte der Versuch gewagt werden, um das Leben der vier Eingeschlossenen zu retten.

Die zweite – bessere und erfolgversprechendere – Lösung wäre es allerdings gewesen, wenn es geglückt wäre, mit Freitauchern, aus der Taucherglocke heraus operierend, an das Unterwasserboot heranzukommen und das Klein-

U-Boot aus seinen Fesseln zu lösen. Dann hätte die Chance bestanden, daß es selbständig hätte aufsteigen können.
Einem der eingesetzten Marinetaucher gelang es, sich dem im Gestänge des Zerstörers verfangenen Tauchboot bis auf Sichtweite zu nähern. Er meldete, betroffen von dem Anblick, der sich ihm dort unten in 120 Meter Tiefe geboten hatte: »Um zwei der Männer steht es kritisch. Einer schwitzt ganz schrecklich und steht offensichtlich unter der Einwirkung eines schweren Schocks. Die beiden anderen sind auch sehr schwach.«
Am Montagmittag sagte Admiral Maurer bewegt: »Um 17 Uhr geht im Boot der Sauerstoff zur Neige. Dann überfällt die Besatzung ein Koma und dem folgt unweigerlich der Tod. Es ist wie mit einem Kleinkind, das sich eine Plastiktüte über den Kopf stülpt und langsam erstickt.«
Als man zu diesem Zeitpunkt Maurine Link, die Gattin des eingeschlossenen Clayton Link, fragte, ob sie Hoffnung habe, erwiderte die tapfere Frau: »Das Labor ist außerordentlich sicher. Ich bin selbst darin auf Tiefe gegangen und gefahren und habe es mitgetestet. Mein Mann fühlt sich darin immer sehr sicher. Allerdings bin ich wegen der schwindenden Sauerstoffvorräte besorgt.«
Am Montagnachmittag wurde in Key West bereits davon gesprochen, daß von den vier eingeschlossenen Aquanauten zwei erstickt oder vor Angst wahnsinnig geworden seien. Von diesem Zeitpunkt an blieben alle hinabgeschickten Funksprüche ohne jede Antwort.
Die See und die Arbeit an ihrer Erschließung hatte wieder einmal vier Todesopfer gefordert. Zwei Rettungs-U-Boote der US-Navy wurden eingesetzt, um die Stahlträger, in denen sich das Labor verfangen hatte, mit ihren Unterwassergeräten zu zerschneiden. Auch sie kamen zu spät. Ebenso scheiterten verzweifelte Versuche, das Unglücksboot von der Wasseroberfläche aus mit Sauerstoff zu versorgen und das Kohlendioxyd abzusaugen.

Gibt es deutsche Unterwasser-Fahrzeuge?

Nach dem Zweiten Weltkrieg wurde in Deutschland der Bau von U-Booten abermals verboten. Dieses Verbot bezog sich nicht etwa nur auf U-Boote zu kriegerischer Verwendung, sondern auf sämtliche Unterwasserfahrzeuge. So blieb es auch unverhältnismäßig lange still um die deutschen Bemühungen zum Bau von Unterwasserfahrzeugen.

Am 28. Juni 1972 wurde in Kiel mit der »Antonio Magliulo« ein Arbeits-Klein-U-Boot des Ingenieurkontors Professor Dipl.-Ing. Ulrich Gabler vorgestellt. Das Boot wurde von der Maschinenbau Gabler GmbH gebaut und ist bereits das zweite U-Boot dieser Art. Das erste wurde bereits im Februar 1971 in aller Stille nach Taiwan an die Kuofeng Ocean Development Corporation geliefert und führte die Typenbezeichnung »Tours 66«. Es kann bis auf 200 Meter Tiefe tauchen.

Das erste Boot diente der Gewinnung von Korallen in Küstengewässern und an Korallenriffen. Nachdem dieser Einsatz optimistisch stimmte, wurde das zweite Boot zum Korallenbrechen gebaut und öffentlich vorgestellt.

Inzwischen sind viele weitere Bestellungen bei der Lübecker Firma eingegangen. In der Entwicklung stehen in diesem Ingenieurkontor weitere Typen von Klein-U-Booten, die anstelle eines Dieselmotors für die Überwasserfahrt mit einer Tauchkammer für zwei Schwimmtaucher ausgerüstet werden können. Damit würden sich diese Boote auch als ortsbewegliche Forschungslaboratorien eignen.

Die technischen Daten dieses Bootes sind: Länge über alles 7,1 Meter, größte Breite 3,8 Meter, Tiefgang 2,1 Meter. Das Gesamtgewicht beträgt 14 Tonnen, die Tauchtiefe ist mit 300 Meter angegeben. Der Antrieb besteht aus einem Dieselmotor von 25 PS für die Überwasserfahrt und aus einem batteriegetriebenen Elektromotor von zweimal 7,5 PS für die Unterwasserfahrt. Bei der Überwasserfahrt können 4,5 Knoten und in Unterwasserfahrt 5 Knoten Geschwindigkeit erzielt werden.

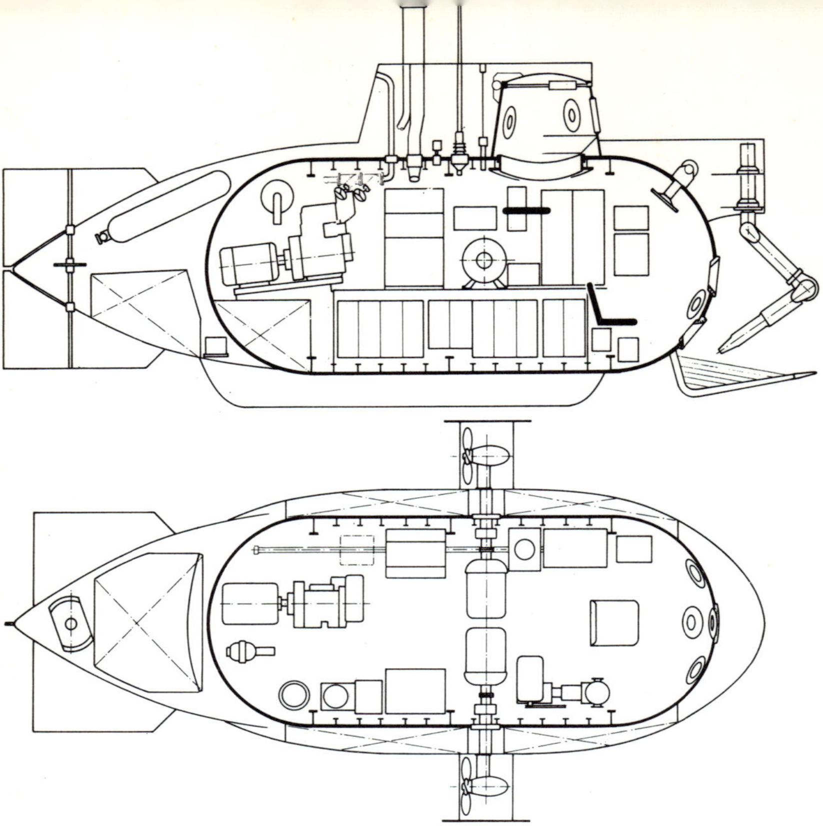

»Tours 66« des Ingenieurkontors Lübeck.

Drei Mann finden in diesem Korallen-Arbeitsboot Platz. Das Boot ist mit Unterwassertelefon, Horizontal- und Vertikal-Echoloten und einer technisch ausgereiften Ausrüstung zum Korallenbrechen versehen. Mit 1,5 Millionen DM ist das Boot für die Korallenbrecherei erschwinglich, denn schon nach zweimaligem vollen Einsatz könnte der Preis davon bezahlt werden.
Es hat den Anschein, als sollte sich die Gewinnung von Korallen als weiterer lukrativer Teilzweig der Rohstoffgewinnung aus dem Meer entwickeln, denn die Preise für Edelkorallen liegen bei rund 1000 DM je Kilogramm.

Mit der »Mermaid« auf Tiefe

Als im Mai 1972 vor der Felsenküste von Malta das von der Firma Bruker, Karlsruhe, erbaute Tieftauchboot »Mermaid« zum erstenmal auf Tiefe ging, befand sich ein Aquanaut und Fachwissenschaftler an Bord, dessen Name vor einigen Jahren in aller Munde war: Hans Hass.
Dr. Hans Hass, der weltbekannte Unterwasserforscher, hatte sich für die mehr-

»Tours 66«, das Tauchboot von Prof. Dipl.-Ing. Ulrich Gabler, Lübeck.

wöchige Versuchsserie dieses deutschen Tieftauchbootes als wissenschaftlicher Berater zur Verfügung gestellt.
Die »Mermaid I« ist ein auf 300 Meter Tauchtiefe angelegtes Boot mit einem Gesamtgewicht von 6,3 Tonnen und 5,1 Meter Länge. Der Hauptantriebsmotor schafft 5,7 Kilometer pro Stunde. Mit zwei Mann Besatzung kann das Boot bis zehn Stunden tauchen. Die Sauerstoffversorgung ist für 60 Stunden sichergestellt. (Technische Daten siehe »Technische Daten der Tieftauchboote«.)
Als die »Mermaid I« mit gefluteten Tauchzellen an einem schönen Maimorgen hinabsank, wurde sie von Aqualungen-Schwimmtauchern so weit begleitet, wie diese es schafften. Fische spielten um das Boot, das sicher gesteuert werden konnte. Nur wenige Minuten nach dem Abtauchen leuchtete bereits der Meeresboden an dieser so sauberen Stelle des Mittelmeeres zu den beiden Männern im Boot herauf und wenig später setzte die »Mermaid I« sanft in einer Tiefe von 110 Metern auf den beiden schwimmerartigen unteren Zylindern auf.

Die »Mermaid« kurz vor dem Abtauchen.

»Das Sonnenlicht ist so intensiv«, berichtete Dr. Hass, »daß man ohne künstliche Beleuchtung Zeitung lesen könnte. Das Erleben der Fahrt, das Neue, das Unberührte, das unheimlich Seltsame, das überraschend Schöne dieser sanftwelligen Sandebene fasziniert so stark, daß die Verlockung zum Verweilen sehr groß ist. Aber Erprobungen stehen auf dem Programm. Eine Versuchsreihe folgt der anderen.«

Die »Mermaid« löste sich wieder vom Grund des Mittelmeeres und stieg in die Höhe, um die »Umbrina«, das Forschungsschiff der Bruker-Meerestechnik, anzusteuern. Schleppversuche schlossen sich an. Es galt, das Seeverhalten des Bootes auch bei Überwasserschleppfahrt zu einem anderen Einsatzort unter rauhen Bedingungen zu testen. Die See ging hoch, das Boot arbeitete schwer, aber es überstand auch diese Belastungsprobe ohne jeden Schaden.

Am anderen Tag bat die Führung eines Ölbohrversuchsschiffes die Besatzung, noch einmal hinabzutauchen, um nach ihrem Anker zu sehen, der nicht richtig trug. Das Schiff mußte an einer genau vermessenen Stelle vor Anker liegen und der niedergebrachte Anker, samt den Zusatzankern, brachte keine rich-

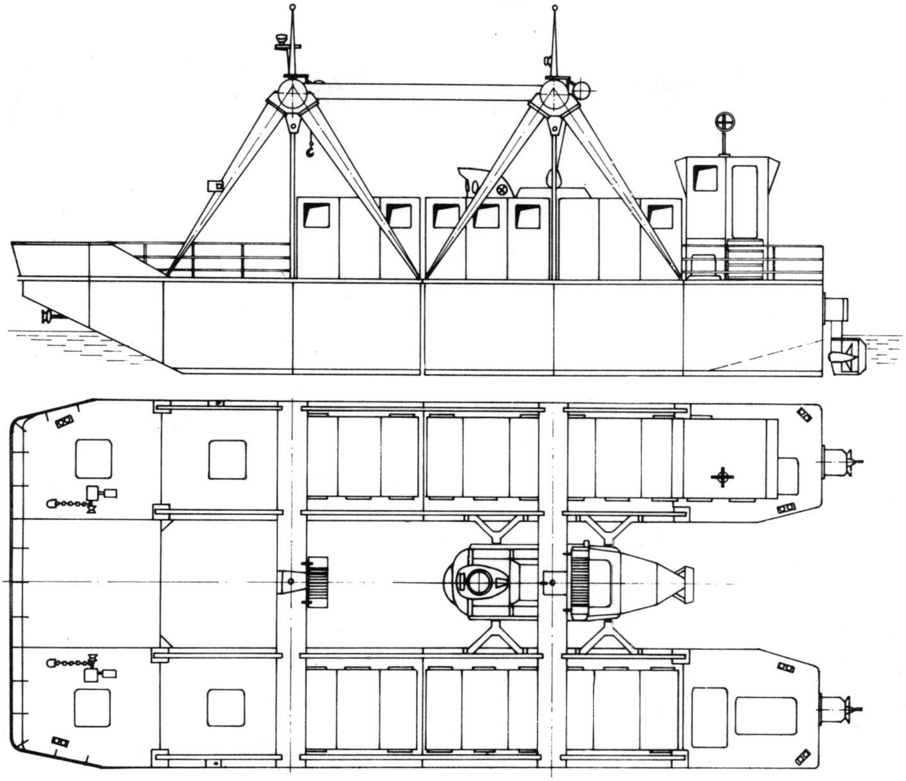

Der »Brukamaran«, das Aufnahme- und Transportfahrzeug für die »Mermaid«.

tige Lage. Die Preßlufttaucher des Bohrschiffes aber konnten nur bis zu 70 Meter tief absteigen, während die Anker in 110 Meter Tiefe lagen.

Die »Mermaid« tauchte ab. Sie erreichte den Wellhead, die Stelle also, wo das Bohrgestänge in den Boden dringt. Entlang einer auf dem Meeresgrund liegenden Ankertrosse wurde der Anker erreicht, der mit Stock und Pflugen fast senkrecht im Grund steckte.

Der mit dem Piloten der »Mermaid« hinuntergegangene Ingenieur der Bohrgesellschaft staunte nicht schlecht, als er sah, wie rasch die »Mermaid« ihre Aufgabe meisterte. Aufgrund dieser Besichtigung konnte eine Methode entwickelt werden, die den Anker zum Tragen brachte.

Auf ihrer weiteren Erprobungsfahrt suchte die »Mermaid« auch das Wrack eines vor Malta verlorengegangenen römischen Schiffes. Hier, wo auch ein Schiff des Apostels Paulus im Sturm unterging, stieg die »Mermaid« hinab und fand in 60 Meter Tiefe auf Grund, über ein weites Gebiet verstreut, Amphoren und Amphorentrümmer. Nicht weit von dieser Untergangsstelle entfernt, fand Dr. Hass ein weiteres antikes Wrack.

Dann aber kam der Tag, an dem für die »Mermaid« die Stunde der Wahrheit schlug. Sie mußte in die Testtiefe von 300 Meter hinabsteigen. Das Boot tauchte ab, verschwand in der Tiefe und gab seine Meldungen durch. Meter um Meter ging es tiefer, bis es auch in diesem hellen Meer dunkel wurde. Und dann meldete der Testingenieur in der nüchternen Sprache der Technik: »Testtiefe 300 erreicht!«

Glückwünsche wurden übertragen. Kurz danach stieg das Boot wieder an die Wasseroberfläche empor, und im Logbuch wurden jene Worte eingetragen, die das Gütesiegel bedeuten: »Testserie der ›Mermaid‹ in Malta erfolgreich beendet. Alle Unternehmen verliefen planmäßig. Nur geringfügige Änderungen am Boot notwendig.«

Der »Mermaid I« folgte der Typ »Mermaid II« mit insgesamt sieben Fenstern. Damit wurden die Sichtmöglichkeiten bedeutend verbessert.

Mit der »Mermaid III« wurde ein ebenfalls autonomes Arbeits-U-Boot, das jedoch nur bis 200 Meter Tiefe gehen konnte, gebaut. Dieses Boot besitzt eine Taucherausstiegskammer, die über eine Verbindungsschleuse vom Pilotenraum aus zugänglich ist. Diese Taucherkammer kann nach erfolgtem Druckausgleich unter Wasser durch einen Ausstiegsschacht verlassen werden. In dieser Taucherausstiegskammer finden zwei Taucher mit ihren Geräten Platz. Das bedeutet, daß »Mermaid III« mit insgesamt vier Mann Besatzung abtauchen und auch Unterwasseraußenarbeiten ausführen kann.

Um solche Tieftauchgeräte wirkungsvoll einsetzen zu können, sind neben dem Tauchboot selbst weitere wichtige Arbeitsgeräte notwendig. Zum Transport des Tauchbootes zum Beispiel gehört ein Trägerfahrzeug. Dieses wurde für die »Mermaid« von der Firma Bruker in Gestalt eines Katamarans mit der Firmenbezeichnung »Brukamaran« gebaut. Es handelt sich um einen Doppelrumpf-Kran-Ponton, in dessen Mitte die »Mermaid« auch bei leichtem Seegang aufgenommen werden kann, indem das Tauchboot mit dem Kran auf Deckhöhe angehoben und mit einer Winde eingeholt wird. Von diesem »Brukamaran« aus erfolgt auf See auch die Versorgung der »Mermaid« mit Elektrizität, Druckluft, Sauerstoff und Helium. Reparatur- und Wartungsarbeiten können sicher ausgeführt werden. (Siehe Abbildung Seite 225.)

Ein deutsches Touristen-U-Boot – »Tourist Cat«

Aufgrund von Anregungen verschiedener Touristik-Unternehmen wurde bei der Firma Bruker auch eine Projektstudie für ein Fahrzeug erstellt, mit dem Touristen die Unterwasserwelt kennenlernen sollen. Dieses »Tourist Cat« kann in natürlichen und künstlichen Unterwasserparks eingesetzt werden. Es besteht aus einem Überwasserschiff und einer an dieses Überwasserschiff angehängten druckfesten Fahrgastzelle.

Die komplizierte Technik eines autonomen Tauchbootes wird umgangen, indem man diese druckfeste, an dem Überwasserschiff hängende Zelle an Stahlkabeln vorn und achtern so tief hinabläßt, wie dies notwendig ist. »Tourist Cat« wurde für eine Tauchtiefe von 50 Meter konzipiert. Das Überwasserschiff ist ebenfalls in der Katamaran-Doppelrumpf-Bauweise ausgeführt. Zwölf Fahrgäste können die druckfeste Gondel nach Erreichen des Tauchgebietes besteigen. Nachdem das Einstiegsluk geschlossen ist, wird mittels der Lifteinrichtung der Tauchkörper hinabgelassen. Dieser Ab- und Auftauchvorgang ist sowohl vom Katamaran aus wie auch aus der Gondel selbst möglich. Durch große gewölbte

Die »Mermaid« während ihres ersten Tauchversuches, begleitet von Aquanauten.

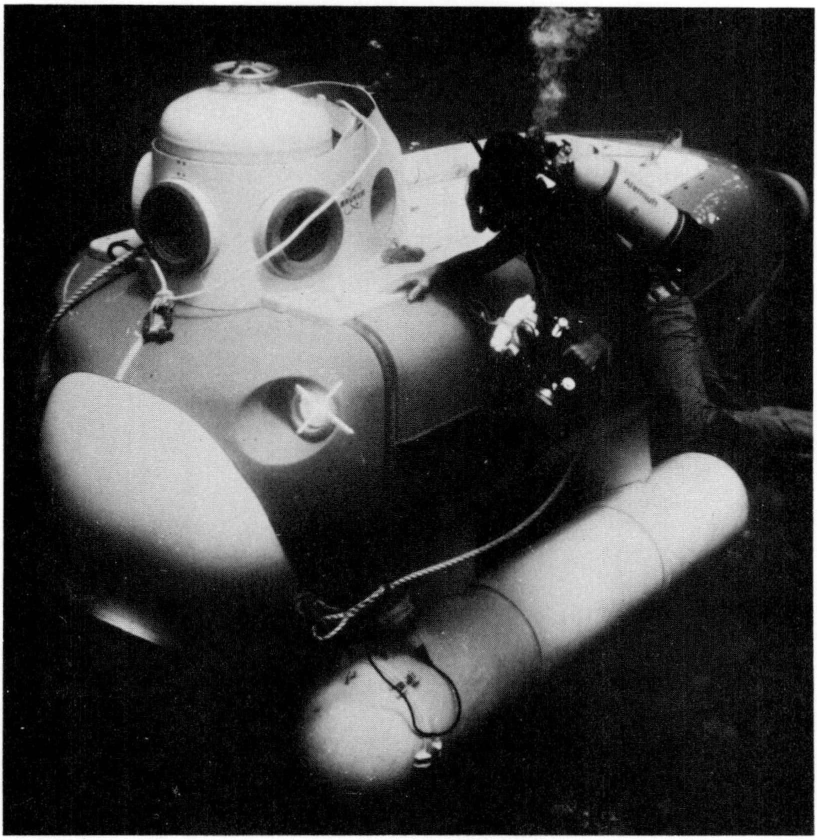

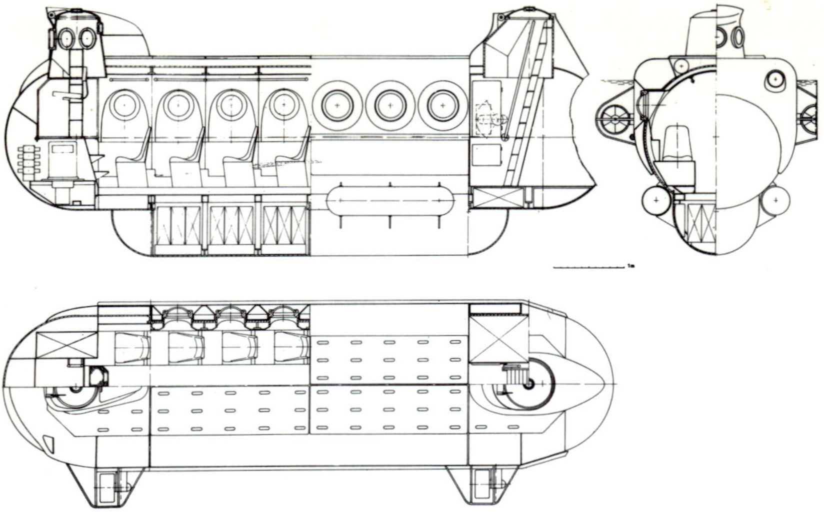

Das Bruker »Tourist Sub B-TS 14/150« der Bruker-Physik AG.

Fensterflächen bietet sich den Gästen bei langsamer Fahrt ein grandioses panoramaförmiges Bild der Unterwasserwelt. Durch diese Panoramafenster lassen sich mit jeder herkömmlichen Kamera Unterwasserfotos machen. Die »Tourist Cat« ist 7,6 Meter lang und 2,1 Meter breit. Mit diesem Unterwasserfahrzeug wird es möglich sein, auch den Nichtforschern, aber dennoch Tauchbesessenen den Zugang zum Meer und zu seinen Lebewesen direkt zu erschließen.

Mit dem »Tourist Sub« auf 150 Meter Tiefe

Eine weitgehend verbesserte Entwicklung wurde Ende des Jahres 1973 von dieser Firma vorgestellt. Es handelt sich um ein Touristen-U-Boot, das bis zu 150 Meter tief hinabsteigen und 14 Touristen mitnehmen kann. Dieses Boot mit einer Gesamtverdrängung von 24 Tonnen ist 8,6 Meter lang, hat eine Breite von 3,6 Metern und eine Höhe von ebenfalls 3,6 Metern. Der Antrieb besteht aus vier schwenkbaren Propellergondeln, die dem Boot eine Geschwindigkeit von 4 Knoten geben. Die Pilotenkanzel, die sich vorn am Bug in einer turmartigen Überhöhung befindet, ist mit sechs Fenstern ausgerüstet, die dem Führer einen Rundblick von 360 Grad gestatten, so daß er das gesamte Boot in seiner Umgebung während der Fahrt überwachen kann. Ein Fenster im Turmdeckel gibt außerdem volle Sicht nach oben.
Der achtere Aufbau ist der Einstieg für die Touristen. Er ist an der Öffnung 70

Zentimeter groß und weitet sich unten im Bereich einer Treppe auf 70 × 100 Zentimeter. Über diesen Turm können die Passagiere bequem den Passagierraum erreichen.

Die Sitzplätze befinden sich zu beiden Seiten eines Mittelganges, dessen Boden den darunter liegenden Batterieraum abschließt. In Kopfhöhe ist an jedem Platz ein Panoramafenster mit einem lichten Durchmesser von 30 Zentimeter eingelassen, das einen Sehwinkel von 90 Grad ermöglicht.

Aufgrund dieser Entwicklung wird es bereits im Sommer 1975 möglich sein, die ersten Unterwasserfahrten durch die schöne und sagenumsponnene Unterwasserwelt zu unternehmen. Damit wäre ein weiterer Schritt zur Eroberung des Meeres getan, denn eigene Anschauung vermag mehr als alle theoretischen Abhandlungen den Menschen davon zu überzeugen, daß er diese dritte Dimension der Erde für sich gewinnen muß.

Die industrielle Meerestechnik

Unsere Erde ist zu 71 Prozent von Wasser und nur zu 29 Prozent von Land bedeckt. Der Mensch machte sich jene 29 Prozent der leichter zugänglichen Erde untertan. Er machte nicht vor afrikanischen Urwäldern und australischen Wüsten, nicht vor den Gebirgen des Himalaya und den Hochflächen Tibets halt. Lediglich das Meer war für Jahrtausende menschlicher Entwicklung nicht mehr als die Wasserstraße von Land zu Land, von Kontinent zu Kontinent.
An den Gestaden des Mittelmeeres machten die Griechen halt. Vor der unendlichen Weite des Atlantik und des Indischen Ozeans blieben die Einwohner Afrikas gefesselt stehen. Das Meer, jenes Element, das den ersten Lebenskeim barg, dem der Mensch seine Entstehung verdankt, blieb das Reich finsterer Mächte, die sich ihre Geheimnisse nicht entreißen ließen und jeden mit tödlicher Gewalt bedrohten, der hinabzutauchen wagte.
Seit einigen Jahrzehnten jedoch, spätestens seitdem Menschen erkannt haben, daß ihr Raumschiff in den bewohnbaren Teilen für sie zu klein wurde, daß ihr Raumschiff ihnen nicht mehr in unbegrenzter Menge seine Schätze würde liefern können, entsann man sich der Tatsache, daß es noch 71 Prozent dieses Raumschiffes gab, die überhaupt nicht genutzt wurden. Daß man Fischfang betrieb, änderte nichts daran, daß das Meer selbst völlig ungenutzt dalag.
Seit geraumer Zeit sind Wissenschaftler, Forscher, Techniker und ganze Industriezweige in allen Kulturstaaten dieser Erde an der Arbeit. Von ihnen wurde erkannt, daß im Meer Nahrungsmittelreserven, Rohstoffe und Energiequellen vorhanden sind, die bisher nicht genutzt wurden.
Meeresnutzung als Zukunftsaufgabe, Meerestechnik als Überlebenschance zu erkennen, das ist das Gebot der Stunde. Aber nur wenn die im Meer enthaltenen gewaltigen Reserven an Rohstoffen und Nahrung, an Wasser und Energie auch genutzt werden können, wenn also Forschung und Technik die Voraussetzungen zur Gewinnung dieser Schätze schaffen, ist das Meer der große Ausweg. Erst wenn wir die Schlüssel zum gewaltigen Tor dieser Schatzkammer

in Händen halten, können wir das Tor aufschließen und an diese Schätze gelangen. Hier ist die Forschung, hier ist die technische Industrie einer jeden Kulturnation aufgerufen.
Von den Schelfgebieten der Erde führen rund 70 Prozent mit großer Wahrscheinlichkeit Kohlenwasserstoffe: also Erdgas und Erdöl. Wir müssen also die Offshore-Technik weiter ausbauen und verbessern und Geräte und Anlagen schaffen, die diese Quellen erschließen. 40 Prozent der gesamten Welterdölreserven schlummern unter den Schelfgebieten. Zwanzig Prozent der Weltförderung an Erdöl werden bereits heute aus dem Meer geholt. Bis 1980 werden es 40 Prozent sein. Allein für die Nordsee wird mit Vorräten von 5 Milliarden Tonnen gerechnet. Hinzu kommen 1700 Milliarden Kubikmeter Erdgas. Aber nicht nur im Festlandsockel, sondern auch auf dem Schelfabhang und in der Tiefsee wurden geologische Strukturen entdeckt, in denen Erdöl vermutet wird.
Was die Förderung mineralischer Rohstoffe sowohl aus dem Meerwasser wie aus dem Meeresboden betrifft, so sind bisher Erze in Form von Mineralseifen und Erzknollen entdeckt worden. Allein die Gesamtmenge der Manganknollen wird im Pazifik auf 1600 Milliarden Tonnen geschätzt. Und in diesen Mengen sind unter anderem 400 Milliarden Tonnen Mangan, 16,4 Milliarden Tonnen Nickel, 8,8 Milliarden Tonnen Kupfer und 1,5 Milliarden Tonnen Blei enthalten. Diese Rohstoffe zu fördern, wurde bereits begonnen. Die Voraussetzungen zur lohnenden Großförderung müssen noch von Forschung und Technik gemeinsam geschaffen werden.
Während in den USA die National Oceanic and Atmospheric Administration – NOAA – die sogenannte »nasse NASA« – Planung und Realisierung eines nationalen Programms in großzügigen organisatorischen und finanziellen Dimensionen aufbaut, arbeiten in Frankreich, im Centre National Pour L'Exploitation des Océans, Staat, Wissenschaft und Wirtschaft eng zusammen. Auch in Japan und Großbritannien sind zum mindesten auf Teilgebieten Organisationen entstanden, die mit staatlicher Hilfe industrielle Entwicklungsprojekte vorantreiben.
In der BRD hingegen ist eine solche staatliche Förderung lediglich im Bereiche der Meeresforschungstechnik vorgesehen, der Technik also, die sich nur mit der Forschung befaßt. Die Förderung einer Technologie zum Beispiel zur Gewinnung von Erdöl und Erdgas aus dem Meer fehlt völlig. Dies in einer Situation, die eine solche Förderung zwingend notwendig macht.

Die Wirtschaftsvereinigung Industrielle Meerestechnik e. V.

Die deutsche Industrie hat sich deshalb zur Wirtschaftsvereinigung Industrielle Meerestechnik e.V. zusammengeschlossen, um die »Planung, Entwicklung und Herstellung sowie den Einsatz von Geräten und Verfahren zur Erforschung des Meeres, zum Aufsuchen, Gewinnen und Verarbeiten von Nahrungsmitteln, mineralischen Rohstoffen und Trinkwasser aus dem Meer, zur Erstellung von See- und Küstenschutzbauten, zur Bekämpfung der Meeresverschmutzung und zum Unterwassereinsatz von Menschen zu schaffen.«

Diese Wirtschaftsvereinigung ist ein Querschnittsverband, dem heute 52 Mitglieder angehören. Es sind Industrieunternehmen beinahe aller Wirtschaftszweige. Diese Vereinigung hat es sich zur Aufgabe gemacht, die Zusammenarbeit von Staat, Wirtschaft, Wissenschaft und Industrie zu fördern. Sie hat Vorschläge zur völkerrechtlichen Regelung der Meeresbodennutzung unterbreitet. Eines ihrer Hauptanliegen ist die Information der Öffentlichkeit über alle Fragen der Meerestechnik, der Meeresnutzung sowie Beratungs- und Organisationshilfe bei meerestechnischen Kongressen und Ausstellungen. Mit ähnlichen Instituten des Auslandes hält die Wirtschaftsvereinigung Industrielle Meerestechnik engen Kontakt. Insbesondere zu Frankreich, Großbritannien und Kanada. Mit der Association Scientifique et Technique pour l'Exploitation des Océans – ASTEO – besteht eine Kooperationsvereinbarung, durch die Arbeitsgruppen aus Industrievertretern beider Länder gebildet wurden. In Zusammenarbeit mit der Arbeitsgemeinschaft Meerestechnik und mit Unterstützung des Instituts für Dokumentationswesen wurden die Voraussetzungen für die Errichtung eines maschinellen Informations- und Dokumentationssystems für Meeresforschung und Meerestechnik geschaffen.

In vielen Publikationen und Pionierleistungen der Firmenmitglieder hat die Wirtschaftsvereinigung Industrielle Meerestechnik e.V. ihre Wirksamkeit unter Beweis gestellt.

Rohstoffe aus dem Meer

Das Meerwasser ist nicht etwa nur eine aus Wasser und Salz gemischte Flüssigkeit, sondern im Meerwasser sind viele chemische Elemente enthalten. Zum großen Teil allerdings in kleinen und kleinsten Konzentrationen. Bisher konnten rund 70 Elemente im Meerwasser nachgewiesen werden. Neben Wasserstoff und Sauerstoff finden sich in ihm elf Hauptkomponenten, die 99 Prozent der im Meerwasser gelösten Salze ausmachen. Es sind dies: Chlor, Natrium, Schwefel, Magnesium, Kalzium, Kalium, Kohlenstoff, Bromid, Bor, Strontium und Fluor. Die restlichen Elemente sind als Spurenelemente im Wasser zu finden. Unter ihnen ist eine Reihe metallischer Substanzen. Bisher wurden nur vier Elemente, die im Meerwasser enthalten sind, industriell genutzt und gefördert. Die Salzgewinnung aus dem Meerwasser ist seit Urzeiten bekannt. Mehr als ein Drittel des in der Welt benötigten Salzes wird auch heute noch aus dem Meer gewonnen.

Brom, das wir in der Hauptsache als Äthylenbromid verwerten, indem wir es als Antiklopfmittel dem Benzin beimischen, wird in den USA aus Meerwasser extrahiert. Auch in der UdSSR und in Japan gibt es Firmen, die sich mit diesem Zweig der Gewinnung von Rohstoffen aus dem Meer befassen. 70 Prozent der Weltproduktion an Brom wird aus dem Meerwasser gewonnen.

Magnesium, das für viele Legierungen im Auto und Flugzeugbau Verwendung findet und auch für Leichtmetallkonstruktionen von Unterwasserschiffen benutzt wird, ist ein Stoff, der seit Jahrzehnten bereits aus Meerwasser gewonnen wird. In den USA wird der gesamte Bedarf an diesem Rohstoff durch Magnesium gedeckt, das aus Meerwasser gewonnen wird. Dies waren im Jahre 1972 50000 Tonnen im Wert von 70 Millionen Dollar. Ein großer Teil des in den USA benötigten Vanadiums stammt ebenfalls aus dem Meerwasser.

Nach den Schätzungen der Experten werden in aller Welt ca. 60 Prozent der jährlich benötigten Menge an Magnesium aus Meerwasser gewonnen. Ver-

fahren zur Gewinnung von Uran aus Meerwasser sind in der Entwicklung, können jedoch noch nicht rentabel angewandt werden.
Damit ist die bisher erfolgte Gewinnung von Rohstoffen aus dem Meerwasser umrissen. Die Chancen sind nicht sehr groß. Was aber die Meeresschätze auf dem Meeresboden und im Meeresbodenuntergrund betrifft, so bieten sich hier Möglichkeiten zur Förderung in großer Zahl. Bereits heute werden eine Reihe solcher Rohstoffe gefördert. Zum Beispiel ist die Auswertung in folgenden Fällen bereits verwirklicht worden: Diamanten vor der Küste von Südwestafrika, Gold und Rutil vor der Küste von Alaska, Zinn vor der Küste von Südostasien, Öl vor der Küste von Louisiana und im Persischen Golf, vor der Nigermündung und in der Nordsee, Kohle vor Nordostengland, Erdgas beinahe vor allen Küsten der Welt konnten gefördert werden.

Mineralneubildungen und Mineralseifen

Rohstoffe auf und in Lockergesteinen auf dem Meeresboden gibt es ebenfalls in großen Mengen. Da sind einmal die Lagerstätten mit Mineralneubildungen, von denen die wichtigsten die erzreichen Schlämme in den drei Senken des Roten Meeres sind, in denen man Bunt- und Edelmetalle in reichen Vorkommen entdeckt hat. Dann gibt es die Mineralsande und die Mangan- und Phosphoritknollen. Über den Umfang der vorhandenen Manganknollenfelder reichen die Schätzungen bis in die Billionen Tonnen. Es sieht ganz so aus, als seien diese Zahlen durchaus nicht überzogen.
Die sogenannten Mineralseifen sind umgelagerte Vorkommen mit Verwitterungsmaterial des Festlandes. So stellen zum Beispiel die Küsten und Schelfregionen nicht nur Sand- und Kieslager für die Bauindustrie, sondern enthalten in vielen Fällen abbauwürdige Minerale. Aus »Seifen« werden in vielen Teilen der Erde Gold, Platin, Diamanten, Magnetit, Ilmenit und Rutil abgebaut. Zirkon, Columbit (zur Gewinnung von Niob. Niob ist ein Metall, das als Legierungsanteil von Magnetstählen in Atomenergieanlagen benötigt wird), Chromeisenerz, Casserit (zur Zinngewinnung), Scheelit und Wolframit (zur Wolframgewinnung), Monazit (zur Gewinnung von Thorium) und Kalziumkarbonat (zur Herstellung von Zement) werden ebenso gewonnen.
Die mineralischen Vorkommen in Festgesteinen treten in gleichen oder ähnlichen Formen auf wie auf dem angrenzenden Festland. Es handelt sich in der Hauptsache um Erze, Steinsalze, Schwefel, Kohle und Kohlenwasserstoffe (Erdgas und Erdöl). Bereits seit vielen Jahren werden diese Vorkommen vor den Küsten einiger Staaten abgebaut. Zum Beispiel werden 12 Prozent der gesamten benötigten Menge an Schwefel aus Schelfgebieten gefördert.

Da sich nach neuesten Schätzungen der Weltbedarf der wichtigsten Mineralien bis zum Jahre 1985 verdoppeln wird und bis zum Jahr 2000 das Dreifache an Förderung notwendig macht, ist es lebensnotwendig, die Förderung aus dem Meer, dem Meeresboden und dessen Untergrund mit allen Mitteln voranzutreiben und zu neuen Technologien zu gelangen, um diese Schätze aus der Tiefe erschließen und fördern zu können.

Der Wettlauf zu den Schätzen im Meer

In einer 1946 von den USA durchgeführten Untersuchung, bei der die gesamte US-Küste und die davor liegende See in 3 Kilometer Breite Meter um Meter geprüft wurde, kam man zu beinahe unglaublichen Ergebnissen. Man wußte nun, daß in den Schelfgebieten des Atlantik ebenso wie des Pazifik Gold-, Silber-, Kupfer- und Bleilager vorhanden waren. Man fand Riesengebiete, die übersät waren mit Manganknollen. Die wichtigen Blacksände ergaben förderwürdige Anteile an Rutil. Besonders vielversprechend erschienen den Experten jedoch auch die den Küsten von Kalifornien und Louisiana vorgelagerten Ölfelder, die allen bis dahin erschlossenen Ölgebieten des Festlandes an Ergiebigkeit gleichzukommen schienen und allein es ermöglichten, den sich ständig steigernden Weltverbrauch an Energie zu decken.
Wenig später schaltete sich eine zweite Großnation in den Wettlauf ein, dessen Ziel der »Innere Weltraum« war – wie man die Unterwasserwelt in Fachkreisen bezeichnet –, um nicht abgehängt zu werden: die Sowjetunion. Sie erklärte den Sibirischen Schelf, ein Gebiet von insgesamt rund 9000 Kilometer Länge als ihr Eigentum.
Dies war der Startschuß zu einem Wettrennen, das dem um den Weltraum nicht nur gleichkommt, sondern bei weitem übertrifft, denn hier geht es um handfeste Dinge, wie zum Beispiel die Weiterexistenz der Weltbevölkerung. Dieser Wettlauf wurde nicht lauthals in die Welt hineingeschrien. Er fand im Stillen statt, beinahe völlig unbemerkt. Dieser gigantische Wettlauf hat heute seinen ersten Höhepunkt erreicht, da sich die Förderung von mineralischen Rohstoffen aus dem Meer der Phase der Auswertung nähert. Eines stand bereits seit langem für diese beiden Supermächte fest:
»Nicht der unendlich lange Flug in den Weltraum, sondern die verhältnismäßig kurze Tauchfahrt in die Tiefen des Meeres, das weithin unberührt und unerschlossen ist, wird die Machtverhältnisse auf der Erde in den nächsten drei Jahrzehnten entscheidend beeinflussen, denn: Nur wer die Rohstoffe besitzt, die eine ins Gigantische gesteigerte Industrieproduktion benötigt, wird an der Entwicklung der Welt von morgen teilnehmen können.«

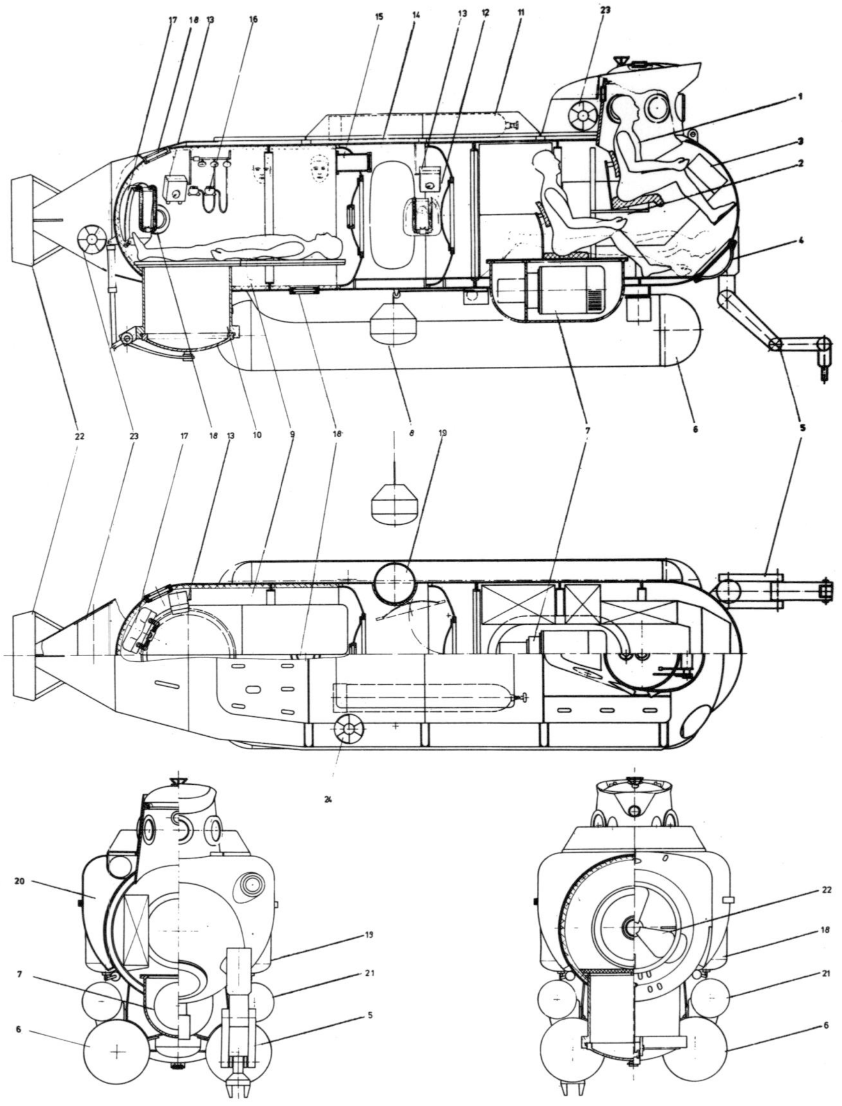

Arbeits-U-Boot mit Taucherausstieg

1 Fahrer
2 Beifahrer
3 Steuerpult
4 Bugfenster
5 Manipulator
6 Batteriebehälter
7 E-Motor
8 Anker
9 Druckkammer (Tauchkammer)
10 Ausstiegschacht
11 Helium – Sauerstofflaschen
12 Atemgeräte
13 Mischgasversorgung
14 Schleuse
15 Durchreiche
16 Reserveatemstelle
17 Tauchgeräte
18 Bullauge
19 Regelzelle
20 Tauchzellen
21 Druckluftbehälter
22 Hauptpropeller
23 Querschubpropeller
24 Vertikalschubpropeller

Wenn sich erst die »Entwicklungsländer« in die Phalanx der Industrienationen einreihen, werden die Rohstoffe immer rascher ausgebeutet sein.
Da wir den heutigen Verbrauch der Industrieländer an Energie und Rohstoffen kennen, ist der Bedarf der nächsten Jahre beinahe mathematisch genau vorauszuberechnen. Dieser vorausberechnete Bedarf erfordert die Nutzung der vorhandenen unterseeischen Erdöllager und die Entdeckung weiterer Fundstellen. Er erfordert die Erschließung der Tiefsee-Erzvorkommen und ihre Förderung.
In den ersten Jahren der Erkenntnis, daß die Welt in der Tiefsee einen unerschöpflichen Speicher an wertvollen und lebensentscheidenden Rohstoffen besitzt, hat man den Schwerpunkt der Förderung aus dem Meer auf den Sektor der Ernährung gelegt. Dies war insofern richtig, als der Hunger zuerst bekämpft werden muß.
In der Zwischenzeit wurde aber bereits auch schon Gold in kleinen Mengen aus dem Meerwasser gelöst. Vor der Küste von Alaska fand man auf einer Expedition des Forschungsschiffes »Acona« in den Black Sands das Rutil – ein Erz des Titaniums –, das als Material für die Raumfahrt sehr wichtig ist. Vor der südafrikanischen Küste errichtete der Tauchingenieur Samuel V. Collins die erste Diamantenförderungsanlage auf See.
Als im Jahre 1958 erstmalig Wissenschaftler der Universität von Kalifornien auf dem Meeresboden größere Manganvorkommen feststellten, begann eine Entwicklung, die heute das Endstadium unmittelbar vor der Förderung aus der Tiefsee erreicht hat.
Damals befanden sich die Wissenschaftler mit dem Forschungsschiff OSS 01 auf einer Expedition im pazifischen Raum, um praktische Meeresbodenuntersuchungen durchzuführen. Bei Fernsehaufnahmen des Bodens entdeckten sie zahlreiche dunkelbraune bis schwarze, beinahe kreisrunde »Steine«. Einige wurden an Bord untersucht und man stellte fest, daß diese »Knödel« einen durchschnittlichen Metallgehalt von 20 Prozent Mangan aufwiesen, daß rund 15 Prozent aus Eisen bestand und daß noch jeweils 0,5 Prozent Kobalt, Nickel und Kupfer darin enthalten waren. Es begann eine fieberhafte Suche nach weiteren Mangan-Knollenfeldern, und schließlich fand man solche Knollen, die bis zu 60 Zentimeter Durchmesser hatten.
Im Kern dieser Knollen glaubt man die winzigen Schalengehäuse des Einzellers Foraminifere entdeckt zu haben. Den weiteren Entstehungsprozeß dieser Knollen erklärt man so, daß sich nach dem Tod dieses Einzellers ein noch kleinerer Organismus auf ihm angesiedelt habe, um das Eiweiß des toten Artgenossen zu verzehren. Dieser zweite Einzeller nahm Meerwasser auf und entzog ihm die darin enthaltenen Metalle.

Phosphoritknollen wurden ebenfalls gefunden, vor allem vor der US-Küste des Westens bei San Diego.
Darüber hinaus ist Uran einer der wichtigsten Bestandteile des Meerwassers. Im Weltmeer schwimmen in gelöstem Zustand rund zwei Millionen Tonnen Uran. Mit dieser Menge könnten sämtliche Atomreaktoren der Erde auf beinahe unbegrenzte Zeit hinaus mit Brennstoff versorgt werden.
Inzwischen fand man bei Erdölbohrungen heraus, daß in dem roten Urschlamm des Meeres Radium in größeren Konzentrationen enthalten ist als in der Pechblende. Selbst die hohen Radiumanteile der kongolesischen Erze stehen hinter dem Gehalt des Globingerinenschlamms der Tiefsee zurück.
Das große Problem, das sich bei der Gewinnung dieser Schätze aus dem Meer stellte, war die Förderung derselben. Zwar gab es und gibt es schon seit langem Bergwerke unter dem Meeresboden. Doch dies nur unter dem Flachseegürtel der Kontinente. Was aber in bezug auf die Erze und ihre Lagerstätten in der Tiefsee fehlte, waren Fördermittel und Unterwasserfahrzeuge aller Art.
Während man also bereits seit langem auch Mineralseifen – die Ansammlung spezifisch schwerer Mineralien wie z. B. Gold, Platin, Diamanten, Monazitsand, Zinn-, Titan- und Eisenerze – aus den Lagerstätten in der küstennahen Flachsee förderte und dabei bis zu 40 Meter Tiefe hinunterging, entzogen sich bislang diese gigantischen Mineralfelder der Ausbeutung. Immerhin liegen die Manganknollen in abbauwürdigen Lagerstätten in Tiefen von 3500 bis 5000 Meter. Es gibt sie im Pazifik, im Indischen Ozean und im Nordmeer.
Es gilt, die Mineralien vom Meeresboden aufzusammeln, sie zur Wasseroberfläche emporzubringen und in die Transportmittel zu schaffen. Der Abtransport des gewonnenen Materials, die Versorgung des Personals und der Transport der Betriebsmittel und Hilfsstoffe ist Teil eines Gesamtsystems, das einige Firmen bereits zur Ausführungsreife entwickelt haben. Dieses System besteht aus einem Schiff mit einem zentral gelegenen Schaft, von dem aus eine Leitung zu einer Konstruktion führt, die als Gelenkgerüst gestaltet und fest an einer Bodenraupe installiert ist. In der Leitung befinden sich schwimmfähige Pumpenkapseln. Die Bodenraupe selbst kann von einem Überwasserschiff hinabgelassen und angetrieben werden. Sie kann aber auch im Schlepp des Schiffes gezogen werden. Sie läuft auf Gleisketten und kann auch in Radausführung erstellt werden. Ein Sammelkopf saugt die Manganknollen an, die durch die Leitung mittels der Pumpenkapseln zur Oberfläche gepumpt und in die Leichter geladen werden.
In Japan wurde ein anderes Gerät zur Förderung von Manganknollen aus der Tiefsee entwickelt. Als es im Jahre 1972 erprobt wurde, waren auch drei

»Star II« und »Star III« kurz vor dem Tauchgang.

deutsche Firmen an den Versuchen beteiligt. Es handelt sich hierbei um eine Art Dredge mit Seilförderung, die bereits ab 1960 von einer Firmengruppe der japanischen Industrie entwickelt wurde. Das Fördergerät wurde bei Probehebungen bereits in Tiefen von 4000 Meter eingesetzt. Allerdings reichen die Förderergebnisse noch nicht aus.

Ein weiterer Konkurrent auf diesem Fördergebiet sind die amerikanischen »Deepsea Ventureres«, deren Air-Lift-Verfahren erfolgreich war, wenn auch erst nur in 1000 Meter Tiefe.

Darüber hinaus hat diese Firma ein Extraktionsverfahren in einer Versuchsanlage entwickelt. Es gelang ihr, Mangan, Nickel, Kupfer und Kobalt aus Manganknollen vom Meeresboden durch eine chemische und hydrometallurgische Methode abzuscheiden.

Der Präsident dieser Gesellschaft, John Flipse, sagte bereits im Sommer 1971: »Wir erwarten den kommerziellen Erzabbau aus der Tiefsee für spätestens 1976. Ich denke dabei an Anlagen in der Größenordnung von 400000 bis 800000 Kubikmeter mit 7000 Beschäftigten.«

Auf der kleinen Versuchsanlage in Gloucester, Virginia, werden die geförderten Manganknollen gebrochen, getrocknet und durch eine Reaktion mit Chlorwasserstoff reduziert. Mangan, Nickel, Kobalt und Kupfer werden gleichzeitig mit der Umwandlung einer großen Menge Chlorwasserstoff in Chlor erschmolzen. Diese Umwandlung erfolgt in einem Ofen mit mehreren Schmelzräumen. Danach werden die löslichen Metallchloride mit Wasser ausgelaugt. Nach einem weiteren komplizierten und geheim gehaltenen Ionenaustauschverfahren entstehen wäßrige, reine Nickel-, Kobalt- und Kupferlösungen. Schließlich wird die restliche Manganchloridlösung gereinigt und durch ein weiteres Verfahren in Manganmetall umgewandelt.

Bei diesem Verfahren werden aus 100 Kilogramm Manganknollen je ein Kilogramm Kupfer, Nickel und Kobalt und rund 20 Kilogramm Mangan gewonnen.

Die Firma Deepsea Ventures hofft auf eine Lizenz für die Ausbeutung eines Gebietes von 4000 Quadratmeilen. Bei einer Abbaurate von einer Million Tonnen im Jahr könnten auf diesem Gebiet 20 Jahre lang Manganknollen gefördert werden.

Inzwischen hat im Frühjahr 1972 die National Oceanic and Atmospheric Administration – NOAA – aus einer ersten geophysikalischen Untersuchung des Meeresbodens über dem gesamten Ozean eine starke Verkrustung desselben mit Manganerzen, Nickel, Kupfer und Kobalt, entdeckt. Diese Verkrustungen sind dort besonders stark, wo Erdbewegungen Brüche im Meeresboden verursacht haben. Diese Ablagerungen sind möglicherweise viel umfassender als die Manganknollen, die in den letzten Jahren gefunden wurden.

Dieses Unternehmen trug die Bezeichnung Trans Atlantic Geotraverse – TAG – und wurde mit der »Discoverer« vom 6. April bis zum 17. Juni 1971 von der NOAA durchgeführt.

Interessant ist, daß die gefahrene Traverse in einer Breite von 325 Kilometer und einer Länge von 5700 Kilometer von Cap Hatteras an der US-Ostküste bis nach Cap Blanc an der Westküste Afrikas führte, also genau entlang jener Stelle, wo vor rund 200 Millionen Jahren durch das Auseinanderreißen des Nordkontinentes Afrika und Amerika entstanden sind.

Da darüber hinaus in einem Gebiet bis zu 320 Kilometer vor den Küsten riesige Salzdome entdeckt wurden, dürften sich auch in der Tiefsee gigantische Ölvorkommen befinden.

Das größte Tiefsee-Bergbauprojekt wird vorbereitet

Seit geraumer Zeit läßt »der schweigsame Milliardär« Howard Hughes, einer der wagemutigsten Unternehmer der Welt, die Suche nach Tiefsee-Mineralien betreiben.

Die »Global Marine« arbeitet seit 1970 mit der »Glomar II« im Pazifik auf der Suche nach Bergbau-Gebieten und hat Bodenproben genommen sowie Aufnahmen auf Videoband gemacht. Das Forschungsschiff »Glomar Explorer« der Hughes-Gesellschaft lief Ende 1972 von Stapel. Bei der Jungfernrede gab der Chef der Tiefsee-Bergbauprojekte der Hughes Tool, Paul Reeves, zu erkennen, daß die Firma an der Gewinnung von Manganknollen interessiert sei. Er fügte einschränkend hinzu, daß es »noch Jahre um Jahre« dauern würde, bis an einen wirtschaftlichen Tiefseebergbau zu denken sei. Daß diese Firma für die Entwicklung des Tiefseebergbaus jedes Jahr 30 bis 40 Millionen Dollar ausgab, gab ebenso zu denken wie die Engagierung der »Global Marine«.

Bei der Firma Lockheed Missiles bestellte die Hughes Tool schließlich Tiefsee-Bergbausysteme und bei der Armco Steel wurden Röhren in Auftrag gegeben, deren Wandstärken von 20 Zentimetern nur die Aufgabe haben konnten, in der Tiefsee eingesetzt zu werden. Andere Firmen erhielten weitere Teilaufträge.

Anhand dieser spärlich durchsickernden Fakten stellten Fachleute Ende 1972 fest, daß die 200 Meter lange »Glomar Explorer« mit einer Verdrängung von 35000 Tonnen als Führungsschiff der Firma die Tiefseestellen erreichen soll, an denen gefördert wird. Das Schiff wurde mit Positionierungspropellern, Satelliten-Empfangsgeräten und anderem Navigationsgerät ausgerüstet. Die Maschine zum Abbau der Knollen selbst, so vermutet man weiter, sei jene, für die die »Global Marine« das Patent Nr. 433531 erhalten hatte. Diese Abbaumaschine, die druckfest gebaut ist, hat einen Rüssel von etwa 30 Meter Länge, der in Kreisbewegungen den Abbau vornimmt. Ist der Boden geräumt, wird die Maschine gehoben und weitergesetzt.

Nach diesen Gerüchten schien der Bergbau aus der Tiefsee doch nicht in so weiter Ferne zu liegen. Dies bestätigte sich wenige Monate später, denn seit dem 6. August 1973 schwimmt das erste einsatzfähige, kommerzielle Tiefsee-Bergbauschiff, die »Glomar Explorer« der »Summa Incorporation«, die wiederum eine Firma des Großkonzerns der Hughes Tool ist. Der Bericht darüber in der International Harald Tribune sowie einige Fotos und spärliche weitergehende Nachrichten lassen den sicheren Schluß zu, daß nunmehr das Zeitalter des Tiefseebergbaues begonnen hat.

Der Tiefseebergbau hat begonnen

Es handelt sich bei der »Glomar Explorer« nicht um ein Versuchsschiff wie die »Deepsea Miner« der »Deepsea Ventures«, die vor drei Jahren mit Abbauversuchen von Manganknollen in einem nichtkommerziellen Testfeld auf dem Blake Plateau in 1000 Meter Wassertiefe den neuen Zweig des Metallerzbergbaus einleitete. Die Dimensionierung der »Glomar Explorer« und vor allem die Förderleitung von 40 Zentimeter Durchmesser, mit der sie Manganknollenerze aus Tiefen bis zu mindestens 5000 Meter fördern soll, läßt darauf schließen, daß das Hughes-Schiff bereits zum Abbau in wirtschaftlichen Dimensionen in der Lage ist. Nachrichten lassen vermuten, daß Hughes mit seinen Investitionen von vermutlich mindestens 250 Millionen DM auch sofort in die Praxis des Manganknollenbergbaus gehen wird – ohne Rücksicht auf internationale Rechtsfragen, die zur Zeit den übrigen Firmen (die sich nicht in Privatbesitz eines einzelnen befinden, und kein derartiges Risiko eingehen können wie der experimentierfreudige Ingenieur und Milliardär Hughes) in den USA, Deutschland, Japan usw. Beschränkungen auferlegen.
Die Technik der Gewinnung scheint jener der »Deepsea Ventures« nicht unähnlich: Ein Dredgenkopf auf dem Tiefseeboden sammelt die Manganknollen auf, die durch das Förderrohr an die Oberfläche gebracht werden. Die Förderenergie wird durch Preßluft erzeugt, die in 600 Meter Tiefe in die Förderleitung injiziert wird. Die aufsteigende Preßluft expandiert mit abnehmendem Druck und reißt mit zunehmender Geschwindigkeit eine Wassersäule empor. Die Steiggeschwindigkeit der Wassersäule wird so hoch, daß sie das Fördergut mitreißt.
Das Prinzip dieser Förderung wurde schon vor fast 200 Jahren im Harzer Bergbau als »Mammutpumpe« erfunden. Möglicherweise verwendet Hughes diese Tatsache dazu, Patentansprüche der »Deepsea Ventures« (die dieses System als erste erprobte) zurückzuweisen. Die Dimensionierung der Förderleitung wird eine Tagesförderung ermöglichen, die an 5000 Tonnen Manganknollen heranreichen könnte. Das würde eine Produktion von 50 bis 100 Tonnen Nickel und Kupfer sowie kleinere Mengen an Kobalt, Blei und Edelmetalle pro Arbeitstag ergeben.
Die Besonderheit der Konstruktion von Hughes ist, daß der Dredgenkopf von 15 Meter Länge aus einem getaucht unter dem Mutterschiff schwimmenden Druckzylinder heraus ausgesetzt wird (bei der »Deepsea Venture« durch einen offenen Schacht in der Mitte ihres Schiffes), was zweifellos Vorteile im Seegang hat. Der »Mutterzylinder« ist mit dem Mutterschiff fest verbunden. Nach einigen Kommentaren wird das Manganknollenerz bei Hughes bereits

auf dem Tiefseeboden aufbereitet. Das kann sich aber nur auf eine mechanische Zerkleinerung und Egalisierung der Knollen beziehen. Es ist undenkbar, daß die eigentliche Aufbereitung (die Extraktion der Metalle oder ihre Voranreicherung) schon auf dem Meeresboden durchgeführt wird. Für die Förderung in der viele tausend Meter langen Rohrleitung hätte eine solche mechanische Voraufbereitung sicher große Vorteile: Sie erhöhte die Kapazität der Leitung und verminderte das Risiko von Förderstörungen durch die ungleichen Dimensionen der Manganknollen. Damit stellt das Hughes-Schiff das wahrscheinlich fortschrittlichste System für den Tiefseebergbau dar, das es bisher gibt, und das erste, das in Funktion tritt. Ob die komplizierte Mechanik, die in dem Dredgenkopf auf dem Tiefseeboden arbeitet und nicht gewartet werden kann, störanfällig ist, wird sich zeigen. Jedenfalls hat mit diesem sensationellen Schritt der Technik die Erschließung der Erzschätze auf dem Tiefseeboden begonnen.

Schwefelgewinnung aus dem Schelfgebiet

Neben diesen zukunftsträchtigen Industrien sind jedoch bereits seit 1960 in den sowjetischen Schelfgebieten der Kurilen unterseeische Schwefelvorkommen ausgebeutet worden. Dort lagern nach sowjetischen Schätzungen mehrere Millionen Tonnen Schwefel. Dieser Schwefel soll nach dem Frasch-Verfahren gewonnen werden. Das bedeutet, daß von einer Bohrinsel aus ein Stahlrohr von 25 Zentimeter Durchmesser in den Meeresboden getrieben wird. Nach dem Erreichen des Schwefelvorkommens wird in dieses Rohr ein zweites von nur 15 Zentimeter Durchmesser eingebracht. Dieses zweite nimmt ein drittes von 7 Zentimter Durchmesser auf.

Nun wird durch das äußerste Rohr Wasser gepreßt, das 160 Grad heiß ist. Dieses, in das Schwefellager gepreßte Wasser bringt den Schwefel zum Schmelzen. Der verflüssigte Schwefel sammelt sich am Rohrfuß und wird von hier aus durch heiße Druckluft, die mit 40 Atmosphären von oben her in das zweite Rohr gepreßt wird, zusammen mit dem Heißwasser durch das dritte Rohr zum Meeresboden emporgepumpt. Von hier aus wird er in einer Unterwasserrohrleitung zur Küste gepreßt. Durch das heiße Wasser bleibt der Schwefel flüssig. Erst an der Küste erstarrt er in vorbereiteten Kammern zu großen Blöcken. Als 99,5 Prozent reiner Schwefel kann er direkt zur Weiterverarbeitung gelangen, womit die sonst übliche Destillation gespart wurde.

Rutil-, Gold-, Zinn- und Phosphoritgewinnung

Auch die Nordsee wurde als Lieferquelle für Zirkon-Titanerz erkannt. Vor der niedersächsischen Küste hat ein kleines Prospektionsschiff im Sommer 1971 Untersuchungen durchgeführt. Nach den vorausgegangenen Untersuchungen der Bundesanstalt für Bodenforschung in Hannover wurden flächenhaft ausgedehnte Lagerstätten vermutet, die trotz der relativ niedrigen Erzanteile wegen der großen Reserven abbauwürdig sein sollen. Die Erzmineralien sind Bestandteile auch des normalen Küstensandes. Rutil, Ilmenit und Zirkonerze wurden vermutet.

Sowjetische Untersuchungen in der Ostsee wiederum ergaben im Herbst 1971, daß sich metallhaltige Sande in nur einem Kilometer Entfernung vor der Küste befinden. Diese Vorkommen sind jeweils zwei Kilometer lang und 650 bis 850 Meter breit. Die Dicke der Schicht beträgt bis zu zwei Meter. Je Kubikmeter Sand könnten hier zwischen 30 und 150 Gramm Ilmenit, Rutil und Zirkon gefördert werden. Auch die ersten Explorationen auf Zinn, Gold und andere Metalle und zudem auf Bernstein lassen ergiebige Felder vermuten.

Andere sowjetische Forschungen fanden neben den Vorkommen bei den Kurilen auch Gold am Strand von Nachotka und an der Küste des Ochotskischen Meeres wie auch an den Küsten Kamschatkas.

Die Expedition des Forschungsschiffes »Tura« von 1969 bis 1970, erbrachte gute Ergebnisse von Zinnerzvorkommen an den Stränden und im Schelf des Arktischen Ozeans.

Auch im Japanischen Meer wurden in nur 5 bis 7 Meter Wassertiefe Zinnerzvorkommen entdeckt.

Der größte Zinnbagger der Welt, TEMCO II, wurde von der japanischen Mitsui Shipbuilding & Engineering Co. Ltd. für die Thailand Exploration & Mining Company, Bangkok, gebaut. TEMCO II ist sowohl für Bagger- als auch für Aufbereitungsarbeiten von Unterwasserzinn ausgerüstet. Ein Gesteinsbohrer lockert den Seeboden auf, über ein Saugrohr wird das Sand-Schlamm-Gemisch in das Schiff gesaugt. Im Heck des Schiffes befindet sich ein Drei-Stufen-Separator für die Aufbereitung. Der zinnhaltige Sand und Schlamm wird in den Laderäumen des Schiffes gelagert, während der Rest zurück in die See gepumpt wird. Die Baggerarbeiten werden von einem Computer gesteuert.

Magneteisenvorkommen im Schwarzen Meer und Rutil im Asowschen Meer – und dort möglicherweise auch Diamanten – sind ebenso wie die Vorkommen von Titan an den Küsten von Sachalin die großen Reservoire der UdSSR.

In der Bucht von Bengalen vor der indischen Küste wurden enorme Sedimentanhäufungen festgestellt. Das Forschungsschiff »George Wallace Melville« der Scripps-Institution of Oceanography hat während einer 15monatigen Forschungsreise im Pazifik und im Indischen Ozean ein Sedimentbecken von 2000 Meilen Länge und 1000 Meilen Breite entdeckt, das 54000 Fuß stark ist, also über 16 Kilometer. Dies sei, so hörte man inzwischen, der Sedimentschutt der Erosion des Himalaya, der durch den Ganges hierher abgelagert worden sei. Da die Erdölhöffigkeit solcher Küstensedimente proportional zur Sedimentmächtigkeit zunimmt, wird hier das *größte* Offshore-Erdölvorkommen der Welt vermutet.

In den Küstengewässern der Bundesstaaten Baja California und Sinaloa wurden reichhaltige Phosphoritvorkommen ausgemacht, die in geringer Tiefe und nahe dem Festland liegen und somit ohne Schwierigkeiten abgebaut werden können. Der Abbau von Phosphorit ist bisher in Mexiko mangels erschlossener Lagerstätten gering. Als Folge dieses Fundes zeichnen sich deshalb günstige Perspektiven insbesondere auch für den Export ab.

Phosphorit-Erz lagert auf vielen Stellen des Meeresbodens und soll nach der Theorie eines sowjetischen Wissenschaftlers dort gebildet werden, wo kalte Aufquellströmungen mineralsalzreiches Tiefenwasser zur Oberfläche transportieren, dessen Phosphatgehalt dann direkt oder nach Konzentration durch biologische Vorgänge ausgefällt wird. Tatsächlich decken sich die Phosphoritvorkommen auf dem heutigen Meeresgrund vielfach mit den Aufquellgebieten. Die Theorie sagt, daß sich Phosphoriterze auch heute noch in den entsprechenden Gebieten bilden. Das konnte jetzt durch radiologische Altersbestimmungen an Phosphoritvorkommen vor der peruanischen Küste nachgewiesen werden: deren Alter, nach verschiedenen Methoden bestimmt, liegt zwischen rund 2000000 und 2000 Jahren. Die Untersucher – A. Soutar von Scripps-Institution of Oceanography, H. H. Veeh und W. C. Burnett vom Hawaii Institute of Geophysics – ziehen daraus den Schluß, daß die Phosphoritbildung in Wassertiefen zwischen 450 und 120 Meter ein Prozeß sein muß, der sich von der Eiszeit bis heute kontinuierlich fortsetzt. Daraus muß man schließen, daß der kalte und nährstoffreiche Humboldtstrom auch bereits seit der Eiszeit fließt.

Auf sowjetischen Werften werden bereits die Vorarbeiten zum Bau einer riesigen Flotte von Schiffen vorangetrieben, die die Aufgabe haben, die marine Gewinnung und Aufbereitung von Erzen aus dem Meer zu vollziehen. Die ersten Einheiten sind inzwischen im Bau. Sie werden in den nächsten Monaten ihre Arbeit aufnehmen. Im soeben gebildeten sowjetischen Amt für die Gewinnung der marinen Bodenschätze des nördlichen Eismeeres wird ein kernenergiegetriebenes Riesenschiff mit einer Aufbereitungsanlage ge-

baut. Dieses Schiff wird als schwimmende Fabrik und Wohnstadt zwei Jahre allein auf See arbeiten können und ist für die Zinngewinnung konstruiert. Der Zinngehalt der Sände im nördlichen Eismeer liegt mit 300 Gramm pro Tonne Sand rund um ein Dreifaches über dem der eisfreien Meere. Die Kosten eines solchen Schiffes werden durch die nur ein Drittel betragenden Kosten der Zinngewinnung gegenüber jenen an Land rasch amortisiert sein.
Dies sind nur einige Aspekte der Förderung von Schätzen aus dem Meer, doch sie zeigen auf, daß zum einen das Weltmeer beinahe unerschöpfliche Vorräte besitzt und, daß es bis heute noch nicht gelungen ist, diese Schätze in ausreichendem Maß zu fördern.

Finden – Fördern – Verarbeiten

Die in den vergangenen Jahren eingeleiteten deutschen Arbeiten auf diesem Gebiet zielen auf Klärung über die Entstehung, Art, Lage und Zusammensetzung wirtschaftlich wichtiger mineralischer Rohstoffvorkommen am Meeresboden und in seinem Untergrund ab. Die Bemühungen der Industrie müssen auf die technischen Folgerungen daraus abgestellt werden. Denn nach der Entdeckung muß die Förderung folgen, soll erstere nicht umsonst gewesen sein.
Erzschlämme, die u. a. Kupfer, Blei und Zink führen, sind gefunden worden. Manganknollen, die neben dem zur Zeit weniger interessierenden Mangan vor allem Kupfer, Nickel und Kobalt enthalten, wurden in gigantischen Lagerstätten entdeckt. Mineralseifen, die neben Titan und Zinn auch Zirkon liefern können, wurden exploriert. Die Industrie hat jene Fördermittel zu entwickeln, die diese Werte bergen und verarbeiten.
Eine Koordinierung zwischen den Unternehmen der Industrie einerseits – die durch die Wirtschaftsvereinigung Industrielle Meerestechnik gewährleistet ist – und den Staatsstellen andererseits – wie der Bundesanstalt für Bodenforschung, Hannover, dem Geologisch-Paläontologischen Institut und Museum der Universität in Kiel – hat zu erfolgen. Nur in gemeinsamer Anstrengung beider Gruppen können die Ziele angegangen und verwirklicht werden, die zu einer sinnvollen und notwendigen Nutzung des Meeres für die Menschheit erstrebenswert sind.
So gewaltig und teilweise unerschöpflich die in den Weltmeeren vorhandenen Reserven auch sind, nur wenn Technik und Forschung die Voraussetzungen dazu schaffen, können sie auch genutzt werden.
Die Ozeane sind noch teilweise unerforscht. Die technischen Möglichkeiten der Nutzung der erforschten Teile stehen erst im Anfang. Bis zu einer wirklich

entscheidenden Erschließung des Weltmeeres für die Menschheit sind gigantische Anstrengungen notwendig, durchaus jenen der Raumfahrt vergleichbar. Soll aber die ganze Welt – und damit auch die Länder der Dritten Welt – an dieser weisen Nutzung des Meeres teilhaben, dann ist neben den nationalen Zusammenschlüssen auch internationale Zusammenarbeit notwendig, denn Meeresforschung und Meeresnutzung setzt eine weltweite Zusammenarbeit voraus. Ein völlig neues Seerecht, viele völkerrechtliche Aspekte und andere offene Fragen lassen den seit einiger Zeit gebildeten »Meeresbodenausschuß« nicht ruhen.

Die Stockholmer Umweltkonferenz hat im Juni 1972 erkennen lassen, welch eine Fülle ungeklärter Fragen noch im Raum steht. Es sind Fragen, von deren Beantwortung es weithin abhängt, ob wir das Meer als Lebensreservoir erhalten können oder nicht. Die Intergovernmental Oceanographic Commission – IOC – hat die Erforschung und Überwachung der maritimen Umwelt der Einzelstaaten mehr noch als zuvor zu fördern und zu koordinieren. Das von der IOC vorbereitete und in Arbeit befindliche ozeanische Meßnetz dient dieser Aufgabe im Bereich der Überwachung der Meeresverschmutzung.

Hunger, Durst und das Meer

»Das Meer«, so haben Forscher und Wissenschaftler in den letzten Jahrzehnten festgestellt, »ist eine einzigartige Schatzkammer, ein gigantischer, noch kaum genutzter Speicher für die Hungrigen der Welt.«
Infolge der Bevölkerungsexplosion droht die Gefahr, daß in naher Zukunft Millionen und auf weitere Sicht Milliarden Menschen verhungern und verdursten müssen, wenn wir nicht neue Nahrungs- und Süßwasser-Reserven erschließen. So ist also das Meer einer der wichtigsten Faktoren im Kampf gegen Hunger und Durst. Wie weit dies zutrifft, wird auf dem Sektor der Ernährung näher untersucht.
Kommt die Rettung für die hungernde Menschheit wirklich aus dem Meer? Werden jene 71 Prozent unseres Planeten, die vom Weltmeer bedeckt sind, einen entscheidenden Beitrag zur Überwindung des Hungers leisten können?
Bereits im Jahre 1963 wurde in der Deklaration des Welternährungskongresses der »Kampf gegen Hunger und Unterernährung als eine primäre Aufgabe dieser Generation« erkannt. Untersuchungsergebnisse des Jahres 1972, daß zwei Drittel der Menschheit nach wie vor an Proteinmangel leiden, sagen uns, daß diese Deklaration ungehört verhallt ist.
Jene zwei Milliarden Menschen auf der Welt, die heute unter Proteinmangel leiden, sind krank. Ihre Sterblichkeitsziffer ist hoch. Proteinmangel bewirkt darüber hinaus eine erhöhte Anfälligkeit gegen Infektionskrankheiten und vor allem ein geringeres körperliches und geistiges Leistungsvermögen.
Experten haben ausgerechnet, daß wir Wohlstandsbürger in Deutschland in einem 70jährigen Leben 10000 Pfund Fleisch verzehren und 14000 Liter Milch trinken. In den Hungergebieten der Erde gibt es 14jährige Kinder, die noch *niemals* in ihrem Leben ein Stück Fleisch gegessen haben.
Viele sensationelle Meldungen sind bereits durch die Weltpresse gegangen, in denen eine Revolution der Nahrungsmittelerzeugung angekündigt wurde. Diese reicht von Eiweißen aus Erdöl über Kohlenhydrate aus Kohlendioxyd

und Wasserstoff mit einem Zusatz an Sauerstoff bis zum Rindersteak aus dem Reagenzglas. Zweifellos sind alle diese Dinge möglich und werden teilweise auch schon in Kleinanlagen betrieben. Doch im ganzen gesehen, ist dies reinste Zukunftsmusik. Der Hunger aber ist ein Gegenwartsproblem, das sofort angegangen werden muß, denn die nächsten dreißig Jahre stellen nach den Berechnungen der Weltgesundheitsorganisation – FAO – den kritischsten Abschnitt in der Geschichte der Ernährung der Menschheit dar.
Von woher also kann Soforthilfe kommen? Wie sieht es mit der Landwirtschaft aus? Haben wir nicht überall eine Überproduktion, so daß bei uns sogar Lebensmittel auf dem Abfallhaufen landen?
Das trifft bedingt zu. Dennoch beträgt die Zuwachsrate der Nahrungsmittel aus der Weltlandwirtschaft bei günstigster Beurteilung 2 Prozent. Die Zuwachsrate der Weltbevölkerung hingegen beträgt bis 1980 4 Prozent und wird progressiv weiter steigen. Hinzu kommt, daß gerade dort, wo die Landwirtschaft gesteigert werden müßte, ein starker Wassermangel herrscht, der dies verbietet.
Wir müssen uns also dem vom Wasser bedeckten Weltmeer zuwenden.
Das Meer hat seit den Anfängen der Fischerei Jahr für Jahr einen steigenden Beitrag zur Ernährung der Weltbevölkerung geleistet. Die Fischereierträge sind vom Beginn unseres Jahrhunderts an mit hohen Steigerungsraten emporgeschnellt. Während noch das Jahr 1904 z. B. mit einer Gesamtfördermenge von vier Millionen Tonnen abschloß, waren es im Jahre 1966 bereits 66 Millionen Tonnen. Die Zuwachsrate betrug in den zehn Jahren von 1956 bis 1966 allein 42 Prozent. Das Jahr 1972 wurde mit einem Gesamtfangertrag von 70 Millionen Tonnen abgeschlossen.
Bei Nennung dieser Zahlen drängt sich sogleich auch die bange Frage auf: Wird nicht auch im Fischfang Raubbau getrieben? Hat das Weltmeer genügend Reserven, um einen solchen Aderlaß zu ertragen, oder wird das Meer leergefischt? Alarmierende Nachrichten sickern durch, daß sich zum Beispiel die Heringsfänge im Nordatlantik – dem Hauptfanggebiet für die BRD – mit einer Rekordquote im Jahre 1968 von 921000 Tonnen bis zum Jahre 1970 um 150000 Tonnen verringert haben und weiter rückläufig sein werden. Der Heringsfang vor der Georges Bank zum Beispiel, aus dem neun Zehntel der westdeutschen Fangerträge an Heringen kommen, soll nach einer Sondersitzung der Internationalen Kommission für die Nordatlantikfischerei – ICNAF – der 18 Mitgliedsstaaten angehören – um 42 Prozent reduziert werden. Vor allem sollen den einzelnen Nationen gewisse Quoten zugeteilt werden.
Damit will man dieses letzte große Heringsfanggebiet im Atlantik vor der US-Küste erhalten. Der Bestand der Nordsee ist ebenfalls weitgehend vernich-

tet und muß durch Schonmaßnahmen wieder aufgebaut werden. Der Bestand der atlanto-skandinavischen Heringsschwärme, die zwischen Island und Norwegen wanderten, ist vernichtet. Nun soll dieses große Revier vor der US-Küste – im Gebiet der Georges Bank, vor Neuschottland und im Golf von Maine –, das erst 1966 von sowjetischen Forschungsschiffen entdeckt wurde, vor einer ebensolchen Vernichtung bewahrt werden.
Die Gesamtfangmenge ging bereits bis zum Jahr 1971 um ein Drittel zurück und am Ende der Saison 1971/72 war nur noch ein Drittel des Bestandes übriggeblieben.
Auch das neueste sowjetische Fischfabrikschiff, die »Vostok«, hat nach seiner Erprobung in der Ostsee im Frühjahr 1972 seine Jungfernfahrt in diese Gewässer angetreten. Dieses Schiff ist mit 43400 Tonnen eines der größten Fabrikschiffe der Erde. Vierzehn kleine Fangschiffe von »Vostok 1« bis »Vostok 14« werden mit jeweils fünf Mann Besatzung von diesem Schiff aus eingesetzt. Die kleinen Boote sind mit Ausrüstungen für die Schleppnetzfischerei und auch für die Ringwadenfischerei versehen. Mit ihren 600 Mann Besatzung und einer Geschwindigkeit von 19 Knoten in der Stunde ist die »Vostok« in den Augen derjenigen, die um die Erhaltung der Fischbestände besorgt sind, eine Gefahr.
Die Sowjetunion, die eine kräftige Planung zur Expansion hin betreibt, sieht dies allerdings nicht so. Wenn sie diese Fischfabriken durch die Erschließung neuer Fanggründe in entlegenen Teilen des Weltozeans einsetzte, würde auch keine Störung des Gleichgewichtes erfolgen.
Die radikale Umstellung der Fangtechniken hat mit einem gewaltigen Materialeinsatz moderne Fischereiflotten geschaffen, die zum Teil bis zu 4000 Kilometer zu ihren Fangplätzen zurücklegen können. Dies wiederum macht es notwendig, daß vorher ganze Flotten von Meeresforschungsschiffen und Fischereihilfsschiffen systematische Erkundungsfahrten nach reichen, bisher ungenutzten Fischfanggründen durchführen. Auf diesem Weg will die Sowjetunion, die bereits im Jahre 1970 mit einem Fangertrag von 7,3 Millionen Tonnen neben Peru zweitgrößte Fischereination der Welt wurde, ihre Ernte aus dem Meer bis zum Jahre 1975 auf 10 Millionen Tonnen steigern. Die sowjetische Fischereiflotte, die diese gewaltige Leistungssteigerung bewirkt – schließlich wurde der Ertrag von 6,08 Millionen Tonnen 1968 binnen zweier Jahre um 1,2 Millionen Tonnen gesteigert (die BRD hat dagegen einen Gesamtfangertrag von 675000 Tonnen) –, wird durch Gefriertrawler und Fabrikschiffe, durch Spezialschiffe zur Versorgung der Einheiten auf See, durch Gefriertransporter zum Heimtransport des Fanges, sowie durch Tanker, Bergungsschlepper und Hafenschlepper unterstützt. Mit ihrem neuen Dop-

pelrumpf-Trawler des Typs »Experiment I«, durch die Verwendung von künstlichem Locklicht bei der Ringwadenfischerei und durch die Entwicklung von Schleppnetzen zur pelagischen Fischerei in Tiefen von mehr als 1000 Meter ist es den Sowjets gelungen, sich in die Spitzengruppe der Fischereinationen hinaufzuarbeiten.

Möglichkeiten im Meer

Doch zurück zu den Möglichkeiten, die das Meer bietet:
Die Internationale Konferenz der Welternährungskommission hat ausgerechnet, daß sich aus der errechneten Menge von Phytoplankton im Meer von 500 Milliarden Tonnen jährlich 1,65 Milliarden Tonnen Fische und andere Meerestiere ernähren könnten. Doch diese theoretische Möglichkeit wird durch eine Anzahl biologischer, geographischer, technischer und wirtschaftlicher Faktoren begrenzt. Aber: ein Sechstel dieser Menge würde auch schon genügen!
Die Weltfischerei, die im Jahre 1968 rund 15 Prozent des Welteiweißbedarfs deckte – in den asiatischen Ländern beträgt der Anteil bereits 52 Prozent – könnte ja bereits bei einer Steigerung um das Doppelte, von Experten für mühelos erreichbar gehalten, ihren gewichtigen Beitrag zur Überwindung des Hungers leisten. Ist nun eine Verdopplung, ohne Raubbau zu treiben, überhaupt möglich?
Nach den Ausführungen des Direktors der Fischereiabteilung der FAO, des Kanadiers Dr. Finn, befindet sich die Fischerei auch heute noch im Zustand der bloßen Aneignung. Sie ist, nach den Worten dieses Experten »in dem Zustand, der in der Landwirtschaft beim Übergang vom Holzpflug zum Eisenpflug erreicht wurde.«
Es gibt in der Fischerei noch kein System von Saat und Ernte. Diese einfache Aneignung, die oftmals zur Raubfischerei ausartete, bedingte – wie vorhin schon am Beispiel der Heringsbestände erklärt – eine Ausbeutung der Grundfischarten, die in einigen Gebieten der nördlichen Hemisphäre die ökonomisch vertretbare Grenze überschritten hat. Dies hat vielerorts den Eindruck entstehen lassen, daß das Weltmeer leergefischt sei.
Richtig ist jedoch, daß einige kleine, eng umgrenzte Gebiete bedenklich überfischt wurden, denn bis vor wenigen Jahren wurde die gesamte Fischerei aus den Gewässern über dem Kontinentalschelf bestritten. Diese Schelfgebiete umfassen jedoch nur eine Fläche von 27,5 Millionen Quadratkilometer; das sind ganze 7,6 Prozent der gesamten Meeresoberfläche. Die übrigen 92,4 Prozent des Weltmeeres wurden überhaupt noch nicht oder nur wenig befischt. Hier liegen die großen Chancen der Weltfischerei! Diese Chancen können mit sol-

Links: Naßtaucheranzug, Schwimmflossen und Atemgerät. Rechts: Berufstaucher taucht durch das Eis ab.

chen Fischfang-Mutterschiffen wie der »Vostok« ergriffen und genutzt werden.

Mit der Erkundung der Kontinentalabhänge und der Tiefsee durch Forschungsschiffe aller seefahrenden Nationen und mit dem Fortschritt in der Fangtechnik wie in den Fanggeräten, ist es heute möglich, pelagische Fischbestände, die aufgespürt wurden, im Bereich der Tiefsee auch zu befischen.

Dr. Gerhard Meseck, Ministerialdirigent im Bundesministerium für Ernährung, Landwirtschaft und Forst, sagte anläßlich des Internationalen Seminars der Deutschen Stiftung für Entwicklungshilfe in Berlin-Tegel am 10. September 1968 zu diesem Problem: »Bei dem weiteren Zuwachs der Fischereierträge der Welt dürften vor allem pelagische Fischarten im Vordergrund stehen, da von der Annahme ausgegangen werden kann, daß wir nur 5 Prozent des biologischen Potentials nutzen.«

Diese These wurde durch die Tatsache erhärtet, daß die Fischerei im Pazifischen Ozean, die bis 1956 noch überhaupt nicht zu Buche schlug, in dem vergangenen Jahrzehnt einen Ertragszuwachs von 150 Prozent erzielte.

Als der damalige US-Außenminister Stewart Üdall vor einigen Jahren einen Zuwachs der Weltfischerei von rund 100 Prozent innerhalb von 25 Jahren voraussah, war man skeptisch. Die Ertragssteigerungen der letzten Jahre aber bewiesen, daß dies eine sehr nüchterne Vorausschau war und daß es möglich sein wird, die Erträge aus dem Meer bis zum Jahr 2000 auf mindestens 150 Millionen Tonnen zu steigern. Spitzenschätzungen ergeben eine Steigerung in diesem Zeitraum bis zu 250 Millionen Tonnen.
Was alles möglich ist, hat die peruanische Fischerei eindeutig unter Beweis gestellt. Der Fischfang Perus betrug im Jahr 1956 rund 100000 Tonnen. Die Fangsaison 1970 endete mit einem Ertrag von 9,8 Millionen Tonnen, womit Peru innerhalb eines Jahrzehnts zur weltgrößten Fischereination wurde. Diese Entwicklung der peruanischen Fischerei wurde weitgehend durch die Erschließung der Fanggründe der Anchoveta-Fischerei durch das Ozeanische Institut del Mar erreicht. Da die Fischerei vor allem das biologisch hochwertige Eiweiß liefert, und gerade in der Versorgung der Menschheit mit tierischem Eiweiß der größte Engpaß besteht, kann es allein durch sie gelingen, diese Lücke zu schließen.
Das Muskeleiweiß des Kabeljau zum Beispiel enthält alle wichtigen Aminosäuren, die Bausteine des Lebens.

Gigantische Anstrengungen der UdSSR

Um die Fischerei weiter auszubauen, um neue Fanggebiete zu erkunden und die Eiweißgewinnung aus dem Meer zu steigern, waren viele Vorarbeiten notwendig. Eine jener Nationen, die auf diesem Gebiet führend arbeitet, ist die UdSSR. Umsonst ist es ihr nicht gelungen, den Fangertrag von 600000 Tonnen des Jahres 1936 auf das Zwölffache im Jahre 1970 zu steigern. Mit über 200 Forschungsschiffen und über 1000 Wissenschaftlern besitzt die UdSSR neben den USA das größte Meeresforschungspotential der Erde. Sowjetische Forschungsschiffe kreuzen auf allen Meeren, seitdem die Sowjetunion mit der berühmt gewordenen Eisdrift des Eisbrechers »Sedow« im Jahre 1938 in die Meeresforschung einstieg.

Deutsche Forschungsschiffe im Kampf gegen den Hunger

Was aber geschieht zum Beispiel auf dem Gebiet der Fischereiforschung in der Bundesrepublik? Welchen Anteil haben unsere Forscher und Experten an der Aufgabe, den Hunger zu besiegen?
Am 8. September 1950 wurden die vier bestehenden staatlichen Institute der

ehemaligen Reichsanstalt für Fischerei mit der seit 1892 bestehenden Biologischen Anstalt Helgoland zur »Bundesforschungsanstalt für Fischerei« zusammengelegt.
Dieser Anstalt fällt die Aufgabe zu, alle Forschungen auf dem Gebiet der Fischerei zu betreiben. Zu den Aufgabenbereichen zählen: die Erkundung neuer Fischschwärme, die Erschließung neuer Fangplätze, die Entwicklung neuer Fangtechniken, die Bearbeitung des Fangs nach neuesten Methoden, die Konservierung desselben.
Die Fischerei-Forschungsschiffe »Anton Dohrn« und »Walther Herwig« sind auf diesem Gebiet tätig. Von 1955 bis 1967 legten diese beiden Schiffe auf ihren Forschungsfahrten während 131 Reisen mit 3594 Seetagen rund 590000 Seemeilen zurück. Auf 18183 hydrographischen und biologischen Stationen in allen Teilen des Weltmeeres haben sie Erfahrungen gesammelt und quasi als Randaufgabe 76655 Wettermeldungen abgesetzt.
Auf ihrer sechsten Reise z.B. entdeckte die »Anton Dohrn« zwischen Island und der Südspitze von Grönland einen neuen Fanggrund, der sich in der Folgezeit als ausgezeichneter Rotbarsch-Fangplatz erwies. Der neue Fangplatz erhielt den Namen »Dohrn-Bank«. Von der »Walther Herwig« wurde unter anderem die Schwimm-Schleppnetz-Fischerei, die Ringwadenfischerei und die Elektrofischerei entwickelt.
Auf dem Gebiet der Entwicklungshilfe für die Dritte Welt war die Bundesrepublik unter anderem in Togo bei der Entwicklung der Schleppnetz-Fischerei führend tätig. Der Fischfang dieses kleinen Staates konnte von 8000 auf 25000 Tonnen gesteigert werden. Im Jahre 1971 erreichte Togo eine Förderung von 62000 Tonnen.
Auch für Guinea, für die zentralafrikanische Republik Tschad, für Malaysia und Thailand wurde Fischereientwicklungshilfe geleistet. Das deutsche Thailand-Projekt wurde ein sensationeller Erfolg. Fünf Jahre, von 1961 bis 1966, waren deutsche Experten in diesem fernöstlichen Land tätig. Mit ihrer Hilfe konnte der Fangertrag der thailändischen Fischerei von 220000 Tonnen auf 615000 Tonnen gesteigert werden. Davon entfielen allein 340000 Tonnen auf die mit deutscher Hilfe erstmals eingeführte Schleppnetz-Fischerei. Doch das war noch nicht alles!
Unter der Leitung von Professor Dr. Tiews wurde der Fischereiertrag Thailands bis 1969 auf 1090000 Tonnen gesteigert; dies heißt: die Fischerei Thailands hat sich in rund zehn Jahren verfünffacht. Nunmehr kann der Eiweißbedarf der Thais zu über 50 Prozent aus der Fischerei gedeckt werden. Und das für 32 Millionen Menschen. Der nicht für die menschliche Ernährung nutzbare Anteil an Fischen wird für die Entenzucht verwandt. Mit diesem

Kraftfutter werden 11 Millionen Enten gehalten, die jährlich 2 Milliarden Enteneier liefern, ein sehr beliebtes Nahrungsmittel.
Aufgrund der Erfahrungen in diesen Gewässern und der Forschungsergebnisse der »Walther Herwig« auf diesen tropischen Schleppnetz-Fangplätzen könnten allein in Südostasien jährlich 6,5 Millionen Tonnen Bodenfische mehr gefangen werden, ohne den Bestand zu stören. Das wäre eine Verdopplung.
Daran knüpft sich sogleich die Frage, was in Indien, dem größten Hungerland der Erde, in dieser Hinsicht getan werden könnte.
Nun, die indische Fischerei, die sich mit einem Fangertrag von 1320000 Tonnen 1964 auf 1530000 Tonnen im Jahre 1969 gesteigert hat, könnte eine Steigerung um weitere 100 Prozent erzielen, wenn entsprechende Hilfen gewährt werden. Darüber hinaus bestünde hier die große Chance, riesige Areale für die Fischaufzucht zu benutzen: die Reisfelder, die bis acht Monate im Jahr unter Wasser stehen. In diese Reisfelder, das haben Versuche gezeigt, könnten schnell wachsende Fische eingesetzt werden. Tilapia und Milchfische z. B. gedeihen in solchen Brackwässern vorzüglich. In sieben Monaten erreicht z. B. ein Milchfisch-Fingerling eine Gewichtszunahme von rund 650 Gramm. Der Hektarertrag der Milchfisch-Farmen auf den Philippinen beträgt 5000 Kilogramm im Jahr auf einem (!) Hektar Teichfläche. Chinesische Farmen erreichten Hektarerträge von 10000 Kilogramm, von den 18000 Kilo-Erträgen Thailands zu schweigen. Allein durch diese Methode, Fische in Reisfeldern einzusetzen, könnte Indien seine Eiweißlücke beträchtlich schließen.
Dazu ist es notwendig, ein gut ausgewogenes System von Aufzucht und Ernte zu entwickeln.
»Wir müssen die Natur verbessern! Wenn in der Natur 99 Prozent der Fischbrut stirbt, dann müssen in der Zuchtanstalt 99 Prozent durchkommen.« So formulierte es ein sowjetischer Wissenschaftler, der darüber hinaus die Fischerei-Medizin und ausgeklügelte Zuchtsysteme entwickelte.

Unterwasserernte der Zukunft – Neue Fischfang-Systeme

Wie z. B. V. P. Alexander Vinogradow von der Sowjetischen Akademie der Wissenschaften die Nahrungsgewinnung des Jahres 2000 aus dem Meer sieht, das formuliert er folgendermaßen:
»Die Unterwasserernte wird sich auf alle Lebewesen des Meeres erstrecken. Eine Expedition des Zoologischen Instituts von Moskau hat ergiebige Mollusken- und Algenfelder in den küstennahen Gebieten des arktischen Meeres entdeckt. Die gesamte Biomasse dieser Pflanzenorganismen beträgt 500 Gramm pro Quadratmeter in niedrigen Tiefen. Bis zum Ende unseres Jahrhunderts

haben Meeresagronomen gelernt, Pflanzen und Fische zu ziehen. Es wird dann nicht mehr erforderlich sein, nach Fischschwärmen zu suchen. Das Projekt einer großen Fischfarm irgendwo auf See sieht dann folgendermaßen aus:

Ein Unterwasser-Oberleitungsbus bewegt sich auf dem Meeresboden. Dieser Bus wird zum Bau einer untermeerischen Kaianlage benutzt. Roboter mit mechanischen Händen von großer Wirksamkeit leisten Hilfestellung.

Ein anderes Unterwasserfahrzeug, das wie ein verlängerter Tropfen mit Ruderflossen aussieht, erkundet den weiteren Umgebungsbereich. Dazu sitzt im transparenten Kapselteil ein Geologe oder Archäologe. Scheinwerfer erhellen seine Umgebung und ermöglichen ein sicheres und genaues Arbeiten.

Die Algenzucht wird auf Plantagen betrieben. Die Algen selbst werden mit einer Schiffsmähmaschine abgeerntet, die auch in die unkultivierten Dickichte eindringen und arbeiten kann. Ein Spezialschiff für die Ernte der Algen- und Tangbestände des Weißen Meeres wird die UdSSR von Murmansk aus in Fahrt bringen. Das Schiff wird mit Unterwasserfernsehanlagen und Einrichtungen zur Ernte der Tangwälder versehen. Insgesamt sind im Gebiet des Weißen Meeres 160 verschiedene, zur Beerntung in Frage kommende Algen und Tange bekannt.

Fisch-Schwärme werden durch ein anderes Fahrzeug geortet, das in einem Unterwasser-Bunker der Kaianlage stationiert ist und zu Forschungs- und Erkundungsfahrten aufbricht. Es ist wie eine längere Zigarre geformt. Der Fahrer, der zugleich auch der Fischer ist, führt Ortungsgeräte mit, die jeden Fischschwarm aus großer Distanz entdecken. Das auf hohe Geschwindigkeit konstruierte Fahrzeug kann an die betreffende Stelle laufen und mit seinem Schleppnetz große Fänge einbringen, indem es den Schwarm umrundet und ein Netz darum schließt. Dann schleppt es das Netz zur Kaianlage zurück und läuft erneut aus.«

Dies ist nicht etwa eine Zukunftsvision. Einige Versuche haben bereits gezeigt, daß es möglich ist, Fisch-Schwärme unter künstlichen Bedingungen zu züchten. Und zwar Schollen, Seezungen und auch Steinbutt, wie Experimente in Großbritannien bewiesen. Außerdem wurden im japanischen Zentrum für Meereskultur von Yoshida Regenbogenforellen durch Schallsignale dressiert. Sie kehren, freischwimmend, bei Ertönen des Schallsignals zur Futterstelle zurück. Darüber hinaus wurde bei freischwimmenden pelagischen Fischbeständen die Entdeckung gemacht, daß man diese Schwärme anlocken kann. Diese Erkenntnis ist so alt wie die östliche Fischerei, denn bereits seit langer Zeit werden von diesen Fischern treibende Flöße aus Bambus oder Palmblättern benutzt, unter denen sich die Schwärme tagsüber sammeln. Diese Erkenntnis hat man sich zu-

nutze gemacht, indem man Kunststoff-Unterstände aus Plastikdächern und zeltartig geformte Platten angelegt hat, unter denen sich ebenfalls große Schwärme sammeln.
Die Lockwirkung des Lichtes wurde in den USA weiterentwickelt. Und zwar wird mitten in der Tiefsee eine große Plattform verankert, die aus einem Ring von zeltartigen Unterständen besteht, an die der Länge nach Lichterketten angebracht werden. Die Fische sammeln sich dort, werden durch die Lichteffekte zur Zentralplattform gelockt, wo sie in ein elektrisches Feld geraten und zur Anode wandern, wo wiederum die Pumpe sie durch eine Rohrleitung auf die Plattform emporpumpt. Dies ist eine erste vollautomatische Fischfang-Plattform, welche allerdings nur in südlichen Breiten eine rentable Anwendung finden kann.
Die neue Studie eines »Integrierenden Fischfangsystems« wurde von einer deutschen Arbeitsgemeinschaft führender Firmen erarbeitet und im Januar 1972 präsentiert. Bei diesem System wurde die Fischortung durch größere Erfassungsbereiche und durch eine komplexe Signalverarbeitung verbessert. Eine neue Kombination von horizontalen und vertikalen Ortungssensoren am Schiff und am Netz ergeben in Verbindung mit computergesteuerten integrierten Darstellungen eine laufende Übersicht über die Fangobjekte und deren Position zum Schiff und zum Netz.
Durch eine Automatisierung der Fischnetzwinde können Teilprozesse beim Einholen und Aussetzen des Netzes automatisch ablaufen. Eine Schiffsautomation, die den Aufgabenstellungen entspricht, kann durch die Ankopplung von Verstellpropellern, Windenanlagen, Stromerzeugern, einer Rudermaschine und durch andere technische Vorgänge an einen Rechner realisiert werden.
Als dieses System am 11. Januar 1972 in Bremen vorgestellt wurde, wies Dr. Wilckens vom Bundesministerium für Bildung und Wissenschaft darauf hin, daß seine Bedeutung darin liege, daß die Kenntnisse aus den technischen Bereichen von Luft- und Raumfahrt auf dieses völlig neue technische Anwendungsgebiet übertragen worden seien. Dieses Fischfangsystem wird dazu beitragen, die Fischerei wirksamer auszuüben.

Krill, die Nahrung der Zukunft

Neben den Fischen wird mehr und mehr auch andere Nahrung aus dem Meer gefragt sein. Von Algen war bereits die Rede. Als das sowjetische Forschungsschiff »Akademik Knipowitsch« im Frühjahr 1971 zu einer achtmonatigen Expedition in die Antarktis auslief, galt ihre Aufgabe der Untersuchung der dortigen »Krillvorkommen«. Dieser Krill ist die größte Form des tierischen Plank-

tons und besonders reich an Eiweiß. Von ihm sagte nach der Rückkehr dieses Schiffes A. G. Naumow vom sowjetischen Institut für Seefischerei und Ozeanographie:
»Die Seeoberfläche in der Antarktis war über Meilen hinweg mit diesen winzigen Krebsen bedeckt. Auf einen Kubikmeter Wasser kommen rund 30 Kilogramm Krill. Nach meiner Schätzung leben dort in einem umgrenzten Raum 5000 Millionen Tonnen Krill. Das ist das bedeutendste Reservoir an Eiweiß auf der Welt.«
»Gekochter Krill«, führte der Wissenschaftler weiter aus, »ist eine wirkliche Delikatesse, nicht schlechter als Dosenkrabben aus Kamschatka.«
Russische Firmen haben inzwischen diesen Krill, der in unendlichen Mengen in der Antarktis vorkommt und früher als Walnahrung diente, als Proteinpaste unter dem Namen »Okean« in den Handel gebracht. Kulinarische Experten und Ärzte bezeichnen »Okean« als gut geeignet für Hors d'oeuvre und – mit Reis gebacken – als klassisches Dessert. Mit Krill angereicherter Käse ist in der UdSSR unter der Bezeichnung »Korall« im Handel. Zwei große Fischtrawler sind inzwischen erneut ausgelaufen, um mehr Krill zu fangen.
Man hat in der UdSSR, wie vorher angedeutet, Krill in vielerlei Form auf den Markt gebracht. Im Herbst 1973 wurde eine Fabrikanlage zur Extraktion des Krillsaftes erbaut und in Betrieb gesetzt. Das Extrakt wird gefroren und zu Meerespaste weiterverarbeitet. Diese enthält rund 20 Prozent Proteine. In ihr sind alle für den Menschen wichtigen Aminosäuren enthalten, außerdem wichtige Bestandteile an Spurenelementen und fast der gesamte Komplex der Vitamin-B-Gruppe. Sie hat den typischen Geschmack von Schalentieren. Wie Mediziner feststellten, ist diese Paste bei Krankheiten des Verdauungstraktes von guter Heilwirkung. Aus den Abfällen wird ein hochwertiges Viehfutter hergestellt.
Mehr als alle anderen Darstellungen macht diese neueste Erkenntnis, daß Krill in beinahe unbegrenzten Mengen zur Verfügung steht und zugleich ein hochwertiges Nahrungsmittel ist, die Bedeutung des Meeres zur Beseitigung der riesigen Eiweißlücke in der Welt deutlich.

FAO-*Konferenz empfiehlt Meeresbewirtschaftung*

Die Zwei-Jahres-Konferenz der Organisation für Ernährung und Landwirtschaft – FAO – der Vereinten Nationen hat am 29. 11. 1973 in Rom zum Abschluß ihrer Beratungen eine Welt-Ernährungskonferenz im folgenden Jahr sowie Maßnahmen zur Bekämpfung der weltweiten Nahrungsmittel-Verknappung gefordert. Die Konferenz beschloß, FAO-Generaldirektor Addeke Boerma mit der Ausarbeitung eines Plans zur weltweiten Abstimmung der Nahrungsmittel-Produktion zu beauftragen. Die Teilnehmer wiesen auch auf die Bedeutung der Fischerei-Industrie für die Nahrungsmittelversorgung hin und empfahlen eine systematische Meeresbewirtschaftung.

Die organisierte Meereswirtschaft hat also die Raubfischerei abzulösen. Die Bodendüngung und die Urbarmachung großer Meeresgebiete muß begonnen werden.

Meeresagronomen haben mit völlig neuen Schiffsflottillen die verschiedensten Aufgaben zu erfüllen: die Düngung der Meeresflächen, die Abfischung der »schlachtreifen« Fische und das Neueinsetzen von Jungfischen gehören dazu; aber auch die Gesunderhaltung der Arten und die Abwehr der Fischräuber stehen auf dem Programm.

Wenn es gelingt, die Gefahren, die das Meer bedrohen, zu beseitigen, wenn wir die Schätze des Meeres erhalten, sie weise nutzen und vor jeder Gefahr schützen, wird es seine Funktion zur Ernährung der wachsenden Menschheit erfüllen können.

Wasser für die Menschheit

Lange Zeit hatte man den Wasservorrat auf der Erde für unerschöpflich gehalten, wenn auch in vielen Teilen der Welt seit Beginn der geschichtlichen Zeit Wassermangel geherrscht hat. Heute weiß man allerorten, daß die Wasserreserven der Welt nicht unbegrenzt sind und, daß sie – bei weiterem rasanten Fortgang des Verbrauches – in wenigen Jahren nicht mehr den Bedarf decken können.

In den Industrieländern der Welt wächst der Bedarf an Wasser jährlich um 4 Prozent, dies bedeutet eine Verdoppelung in einem Zeitraum von 15 Jahren. Die vorhandene Menge aber des Wassers bleibt ständig gleich. Alljährlich regnet die gleiche Menge auf die Erde herunter, um wieder im bekannten Kreislauf über Bäche und Flüsse ins Meer zurückzuwandern. Was also liegt näher, als den großen Wasserbehälter Meer anzuzapfen? In ihm lagern doch 1,2 bis 1,4 Milliarden Kubikkilometer Wasser.

Dieses Verfahren wäre leicht, wenn nicht in jedem Liter Meerwasser 35 Gramm Salz enthalten wären, die es ungenießbar machen und ungeeignet für die vielen industriellen Arbeitsgänge. Bereits im Altertum wurde das Meerwasser von Seeleuten nach einfacher Destillation als Trinkwasser benutzt. Den Phöniziern war die umgekehrte Osmose nichts Neues.

Die erste industrielle Wasserentsalzungsanlage wurde jedoch erst im Jahre 1872 in Las Salinas, Chile, in Betrieb genommen. Sie wurde mit Sonnenenergie be-

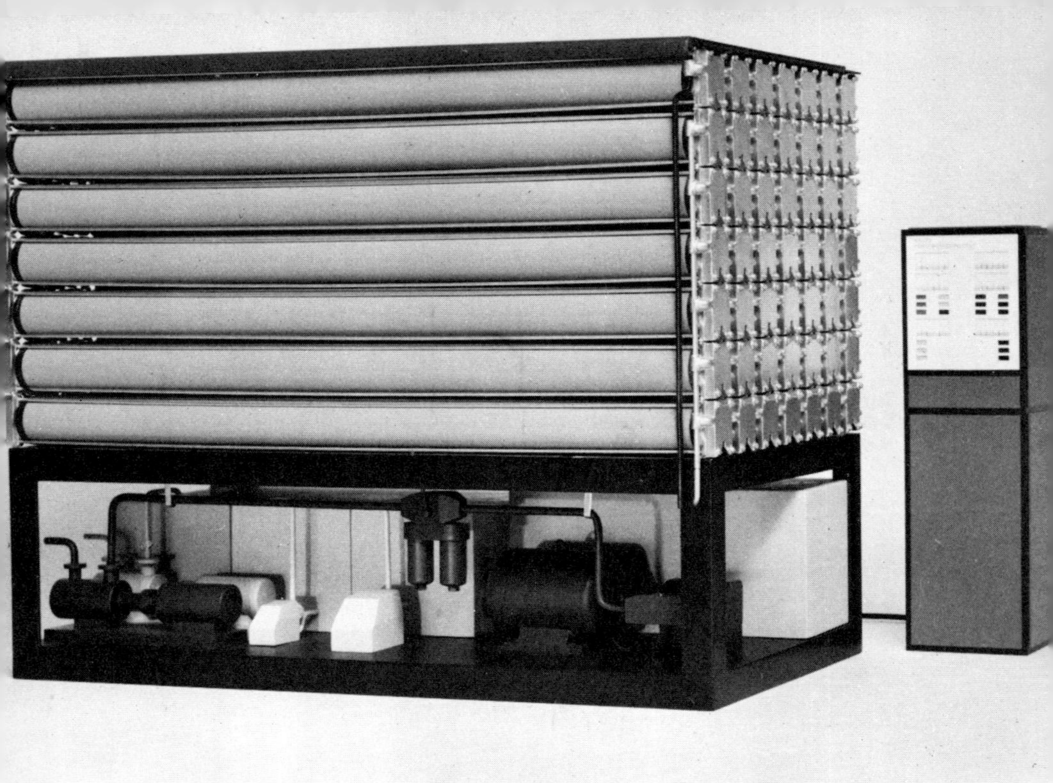

Modell einer Versuchsanlage. Diese Anlage erzeugt nach dem Verfahren der umgekehrten Osmose aus Brackwasser täglich etwa 80 m³ Süßwasser. Dabei wird Brackwasser mit etwa 40 bar Druck durch perforierte Stützrohre geleitet, an deren Innenseite halbdurchlässige Membranen angeordnet sind. Ein Teil des Brackwassers passiert als Trinkwasser die Membranen, während dort fast alle Fremdstoffe, Bakterien und Viren zurückgehalten werden. Das Verfahren kann für Brackwasserentsalzungsanlagen mit Tagesleistungen bis etwa 1000 m³ die Entspannungsverdampfung wirtschaftlich ergänzen.

trieben und erzeugte täglich 5000 Liter Trinkwasser. In der asserbeidschanischen Stadt Baku wurde fünf Jahre später eine ähnliche Anlage errichtet, die bereits eine Tageskapazität von 120 Tonnen hatte. Hier wurden Masutöfen anstelle der Sonnenenergie benutzt. Heute sind in aller Welt insgesamt 800 Wasserentsalzungsanlagen in Betrieb. Die Kapazität dieser Anlagen liegt zwischen 480 Tonnen Wasser und 600000 Tonnen am Tage. Allein im Jahre 1971 wurden 27 neue Wasserentsalzungsanlagen gebaut, eine davon von der Firma Krupp in Assawiya, Libyen, die 1300 Tonnen Süßwasser täglich erzeugt.
Eine der größten Wasserentsalzungsanlagen der Erde ist »Bolsa Island«, eine künstliche Insel von 370 × 450 Metern, die knapp einen Kilometer vor der Küste der Bolsa Chica State Beach liegt. Diese Insel wurde bei acht Meter

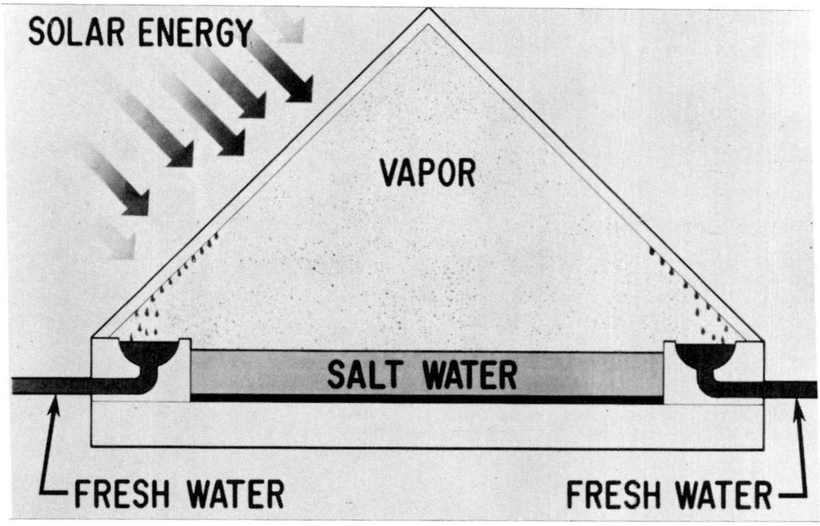

Das schematische Diagramm einer Wasserentsalzungsanlage, die mit Sonnenenergie arbeitet.

Wassertiefe aus einem Berg von 1,7 Millionen Tonnen Felsblöcken aufgeschichtet. Zwischen diese Felsmassen wurden Sand und Meeresbodenschlamm eingebettet.

»Bolsa Island« erzeugt täglich 600000 Tonnen Süßwasser aus Seewasser mit Atomkraft. Bei dieser Umwandlung fallen 1800000 Kilowattstunden elektrischer Energie an, genug also, um eine Zweimillionenstadt mit Licht zu versorgen. Bolsa Island war die erste Wasserentsalzungsanlage, die mit Kernenergie betrieben wurde. Erst im Jahre 1977 wird diese Doppelanlage mit voller Kapazität arbeiten.

Eine ganze Reihe weiterer Wasserentsalzungsanlagen wurde in den USA in Betrieb genommen, um den immer größer werdenden Bedarf decken zu können. So geschah es in San Diego, Freeport, Roswell, Webster und Wrightsville Beach.

In der bekannten sowjetischen Erdölstadt Schewtschenko am Rande des Kaspischen Meeres, hat die UdSSR kurz nach den USA ebenfalls eine auf Atomkraft basierende Wasserentsalzungsanlage erbaut. Diese Anlage lieferte in der ersten Phase 120000 Tonnen Trinkwasser und erzeugte so nebenher 350000 Kilowattstunden elektrischer Energie. Eine Statistik besagt, daß beispielsweise im Donezbecken, dem großen Kohlenrevier der Ukraine, das Wasserdefizit bereits 1975 rund eine Milliarde Tonnen im Jahr betragen wird.

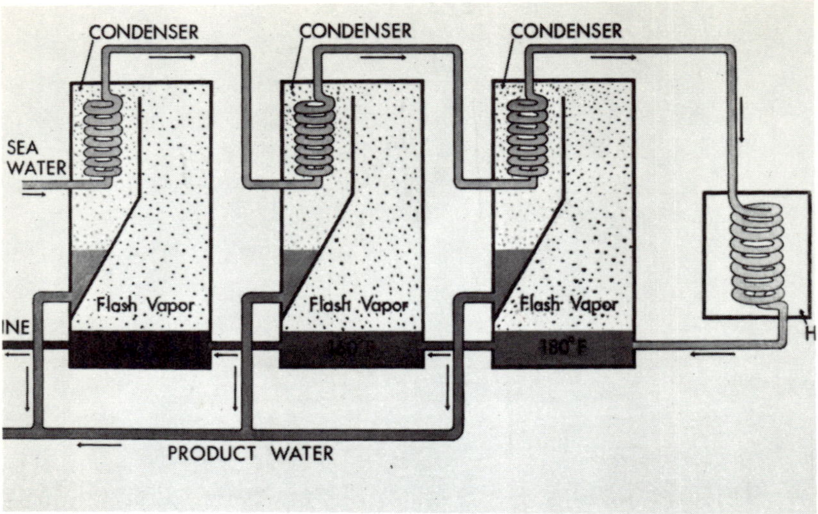

Schema-Diagramm der vielstufigen Schnell-Destillationsanlage.

Um diesem Fehlbetrag zu begegnen, sind bereits mehrere Pläne entwickelt worden. So z. B. der Bau von zwei atomkraftgetriebenen Entsalzungsanlagen am Asowschen Meer mit einer Gesamt-Kapazität von 100 Millionen Tonnen Trinkwasser jährlich und 3,5 Millionen Kilowatt Energie.

Die wichtigsten Entsalzungsverfahren

Die Destillation ist die bekannteste und auch am häufigsten angewandte Art der Wasserentsalzung. Diese ermöglicht die Trennung von Flüssigkeiten von nicht oder nur schwer verdampfbaren Stoffen. Wasser wird hierbei in Dampf verwandelt und der Dampf in einem zweiten Gefäß durch Abkühlen wieder zu Wasser. Die nicht verdampfbaren Stoffe bleiben jeweils in dem ersten Kessel zurück.

Aus dieser Tatsache wurden einige Destillationsmöglichkeiten entwickelt, so die »Flash«-Verdampfung. Bei diesem System wird erwärmtes See- oder Brackwasser von 120 Grad Temperatur unter einem bestimmten Druck in ein Gefäß gespritzt, das unter einem etwas niedrigeren Druck steht. Durch die sehr rasch eintretende Entspannung geht das Salzwasser in Dampf über, kondensiert an den Rohren, durch die das kühlere Salzwasser einströmt und fließt als Süßwasser ab. Die ganze Anlage besteht aus einer Serie von Vakuumgefäßen. Bis zu 50 Kammern werden hintereinander geschaltet. Dabei steht die jeweils fol-

gende Kammer immer unter einem etwas niedrigeren Druck als die vorhergehende. Da in jedem Gefäß ein Teil des Meerwassers verdampft und zu Süßwasser kondensiert, erhöht sich jeweils in dem Rest, der weitergeführt wird, der Salzgehalt.
Weitere Verfahren sind das Gefrierverfahren und die Dampfverdichtung. Ein besonders interessantes und stromintensives Verfahren ist die Elektrodialyse, eine Weiterentwicklung der Dialyse.

Eisberge als Süßwasser-Lieferanten

Das Problem einer Wasserversorgung durch Eisberge aus der Arktis oder der Antarktis war bereits vor Jahren im Gespräch. Es kam zu Projektstudien, die jeweils nach langem Zögern verworfen wurden. Erst mit einer neuen Studie der Rand Corporation vom November 1973 scheint sich ein realisierbares Verfahren herauszubilden, das hier erwähnt werden soll. Diese Studie befaßt sich mit dem Transport von Eisbergen über eine Distanz von 15- bis 20000 Kilometern. Dabei sollen zwei Fliegen mit einer Klappe geschlagen werden.
Zum einen will man die ungeheuren Wassermassen gewinnen und zum anderen die durch Industrieabwässer herbeigeführte schädliche Erwärmung des Meerwassers vermindern helfen.
Die mit der Ausarbeitung dieser Studie beauftragten Physiker John L. Hult und Neill C. Ostrander haben herausgefunden, daß sich zum Transport in die Küstenstaaten der USA das Eis aus der Antarktis besser eignet als jenes aus der Arktis. Bei den Eisbergen aus der Antarktis wäre einmal die Navigation leichter. Außerdem – so führten die Physiker aus – treten diese meistenteils als Tafelberge auf, die nicht wie andere dazu neigen zu kentern, wenn ihre Unterseite stärker abschmilzt.
Die westliche Antarktis, westlich der großen arktischen Halbinsel, vor allem das Gebiet des Ross-Schelfeises, böte sich förmlich an. Von dort führt eine 8700 Seemeilen lange Route nach Südkalifornien, die unter Ausnutzung des Perustromes entlang der Küste von Südamerika gut mit den Eisbergen zu überwinden wäre. Eine zweite Route von 6900 Seemeilen führt direkt vom Ross-Meer nach Kalifornien. Sie kreuzt jedoch mehrere Strömungen. Auf dieser Route müßte man allerdings Schleppkraft zusätzlich aufbringen.
Man will Schrauben an den Flanken der Eisberge anbringen und diese mit Elektromotoren antreiben. Der elektrische Strom wird von einem kleinen Atomkraftwerk an Bord des Begleitschiffes geliefert. Eine Fahrtgeschwindigkeit von zwei Knoten soll nicht überschritten werden. Auf der kürzeren Route würde damit die Reise eines Eisberges ein Jahr dauern.

Die Süßwassermengen dieser Eisberge scheinen nahezu unbegrenzt zu sein. Nach den Schätzungen dieser Studie – die wie eine Science-fiction-Story anmutet – sind an beiden Polen der Erde rund drei Viertel des gesamten Süßwasservorrats der Welt in Gestalt von Eis aufgespeichert. Das entspricht ungefähr dem Niederschlag von 10000 Jahren auf dem gesamten Erdball.
Während seiner einjährigen Reise würde der Eisberg nicht wesentlich abschmelzen. Die Verflüssigung auf der flachen Oberfläche und das Weiterpumpen in die Reservebehälter an Land bieten keine technischen Schwierigkeiten. Das so gewonnene Wasser würde billiger sein als das aus Seewasser gewonnene Süßwasser.
Fast alle Staaten der Erde haben im vergangenen Jahr weitere Entsalzungsanlagen gebaut. Der Iran z.B. will in seinem neuen Fünf-Jahres-Plan, der im März 1973 begann, die Kapazität der Entsalzungsanlagen von gegenwärtig 3 auf 16 Millionen Kubikmeter im Jahre 1978 erhöhen.
Eine interessante Perspektive der Wasserentsalzung zeichnet sich in dem Projekt »Wilhelmshaven« für die BRD ab. Nach einigen kleineren und mittleren Entsalzungsanlagen könnte hier die erste Großanlage entstehen. Die Alu Suisse beabsichtigt nämlich bei Wilhelmshaven ein neues Aluminiumwerk zu bauen, das einen erheblichen Wasserbedarf hat. Dieser Bedarf kann aus den Süßwasservorräten der Stadt nicht gedeckt werden. Deshalb muß hier eine große Wasserentsalzungsanlage errichtet werden. Mit der Beteiligung des Bundes durch Fördermittel, der Auftragsvergabe durch die Alu Suisse, sowie mit Fördermaßnahmen des Landes Niedersachsen müßte es möglich sein, die erste Großanlage in Deutschland zu bauen.
Alles Wasser der Erde ist eine stets gleichbleibende Größe. Es wird nie wesentlich mehr oder weniger Wasser geben. Alles Wasser, das es gibt – mit Ausnahme des im ewigen Eis enthaltenen –, steigt im immer gleichen Kreislauf aus dem Weltmeer als Wasserdampf in die Höhe und fällt als Regen auf die Erde zurück. Dies in jedem Jahr in der gleichen Menge, nur daß diese Menge sich verschieden auf dem Globus verteilt. Dieses Wasser rein zu erhalten, ist die Forderung und die Aufgabe unserer Zeit.

Wasserverschmutzung – Tod unseres Wassersterns?

Wer die Schätze des Meeres nutzen und für sich gewinnen will, der muß auch die Verantwortung für die Reinerhaltung des Meeres tragen. Wenn wir auf unserem Wasserstern nicht an Wassermangel zugrunde gehen wollen, müssen wir der Verunreinigung des Meeres Einhalt gebieten. Zwar ist es sehr einfach und kostensparend, alle möglichen Abfälle flüssiger Art in die Flüsse und von dort ins Meer zu leiten. Es kostet ebenfalls nicht viel Geld, wenn man Tausende von Tonnen Giftstoffe auf Schiffen in die offene See bringt und sie dort »verklappt«. Dies geschieht zum Beispiel durch jenes Werk an der Wesermündung, das nach wie vor seine Abfälle aus der Titandioxyd-Produktion – und das ist 20prozentige Abfall-Schwefelsäure – laufend in die Nordsee verbringt. Seit Mai 1969 werden diese Abwässer in die Deutsche Bucht gebracht und dort ausgekippt. Mit Spezialtankern werden täglich etwa 1800 Tonnen in ein Seegebiet 12 bis 16 Seemeilen nordwestlich von Helgoland gebracht und ausgegossen. Dort also, wo Wassertiefen von nur 25 bis 28 Metern sind.

Es bestehen Industrieplanungen, den Rotschlamm, der bei der Aluminiumgewinnung aus Bauxit entsteht, in die Nordsee zu bringen und zwar in ein Gebiet nordwestlich der Weißen Bank. Dies soll nicht etwa in »kleinen Portionen« geschehen, sondern in Größenordnungen von mehreren Millionen Tonnen. Dies wird mit Sicherheit das Ökosystem der Nordsee beeinflussen und zum Absterben vieler kleiner Larven von Bodentieren führen, die für den Lebenszyklus im Meer entscheidend und wichtig sind.

Meerwasserentsalzungsanlage in Ceuta/Nordafrika.

Die Deutsche Forschungsgemeinschaft ist diesen Dingen auf den Grund gegangen. In ihrem Forschungsbericht »Abwässer in Küstennähe« hat sie eine Schrift erstellt, die aufzeigt, was alles auf uns zukommen wird, wenn nicht entsprechende Schritte durch die Regierung unternommen werden.
Eine der wichtigsten Ursachen für die Meeresverschmutzung aber ist die Verschmutzung durch – Wärme.
Als nach dem Ende des Zweiten Weltkriegs die Atom Energy Commission – AEC – gegründet wurde, die es sich zum Ziel machte, die Atomenergie zu friedlichen Zwecken zu nutzen, war der Anfang dieser gewaltigen Verschmutzung des Meeres gekommen. »Man wollte das Schwert der Atombombe in Pflugscharen umschmieden, aber man hatte nur wieder eine Langzeitbombe geschaffen« (Rutherford Pratt).
Kernkraftwerke arbeiten, indem sie riesige Mengen kalten Wassers in heißes Wasser umwandeln, von dessen Wärme nur 30 Prozent gebraucht werden. Die übrigen 70 Prozent des Wassers müssen rasch abgekühlt werden. Deshalb wird kaltes Wasser in den Reaktor geleitet und verläßt ihn wieder als – warmes Wasser, in dem alles Leben erstickt. Man hat errechnet, daß die US-Atomkraftwerke heute bereits einen Bedarf von 750 Milliarden Liter Wasser am Tage haben. Dies ist genau die Hälfte allen Wassers in Bächen, Flüssen und Strömen der USA. Welchen Schaden diese warmen Abwässer anrichten, hat Dr. Dean E. Abrahamson in seinem Buch »Thermal Pollution. Its Sources, Control and Cost« dargelegt.
Doch diese Entwicklung der Wasserverschmutzung liegt viel weiter zurück, als wir denken, und es ist nicht allein die Wärmeverschmutzung, die zu größter Besorgnis Anlaß gibt. Dr. Bombard, ein bekannter französischer Wissenschaftler, formulierte dies auf einem Kongreß im Jahre 1964 in Nizza folgendermaßen: »Es lastet heute eine große Gefahr über dem Meer. Es ist die Sache der Wissenschaft wie auch der Regierungen in aller Welt, die industrielle Verschmutzung der Gewässer und damit letztlich das Ende des Meeres zu verhindern.«
Was auch immer wir ins Meer bringen, es kommt früher oder später zu uns ans Land zurück!
Ölrückstände werden immer noch einfach ins Meer gepumpt. Giftgas-Kampfstoffe wurden nach dem Zweiten Weltkrieg ins Meer gekippt. Atommüll wurde unter einer Wasserdecke von 4500 Metern begraben. Diese billige Methode wird sich als die teuerste herausstellen, denn sie kostet vielen Menschen das Leben. Deutsche Industriekonzerne schütten seit Jahren 500000 Tonnen Dünnsäuren jährlich ins Meer. Belgische Firmen schlossen sich mit 350000 Tonnen an. Senfgas bei Bornholm, Arsen im Bottnischen Meerbusen, Nervengas irgendwo im Atlantik, so wird unsere Nahrungsquelle wirksam und sicher vergiftet.

24stufiger Verdampfer für eine Meerwasserentsalzungsanlage.

Der Schiffbruch des Tankers »Torrey Canyon« auf den Stones Riffs zeigte uns, was eine Küstenverseuchung durch Öl anrichtet.

Als am 18. 6. 1969 oberhalb von Bingen von einer deutschen Industriefirma giftige Abfallstoffe in den Rhein geleitet wurden, gab es von Mainz bis Amsterdam Großalarm. Tote Fische trieben auf dem Wasser. Binnen weniger Stunden war der größte Teil des Fischbestandes auf dieser Rheinstrecke ausgerottet. Eine holländische Behörde analysierte das Gift als Insektenvertilgungsmittel.

Die Wasserverseuchung durch Öl ist nach wie vor gravierend. Alljährlich werden zwischen fünf und zehn Millionen Tonnen Öl irgendwo ins Meer gepumpt. Viele Methoden, dieses gefährliche Öl abzusaugen und zu vernichten, wurden entworfen, aber das wirksamste Mittel ist immer noch, dieses Öl gar nicht erst ins Wasser gelangen zu lassen. In dieser Sache unterzeichneten zwölf Länder Europas am 15. 2. 1972 in Oslo eine Konvention gegen Meeresverschmutzung durch Schiffe und Flugzeuge. Die Unterzeichnerländer sind: Belgien, Großbritannien, Dänemark, Finnland, Frankreich, Island, Holland, Norwegen, Portugal, Spanien, Schweden und die Bundesrepublik.

Um die Einleitung von Schwermetallverbindungen wie Quecksilber und Kadmium in die Nordsee künftig zu verhindern, haben sich diese zwölf Nordsee-Anrainerstaaten weiterhin auf ein Abkommen geeinigt, welches das Auskippen sowohl dieser Stoffe als auch von Plastics aller Art untersagt.
Als die dänische Arzneimittelfirma Grinsted im Frühjahr 1973 »Salze« und salzhaltige Abfall-Laugen nahe Helgoland versenken wollte, berief sich die BRD auf das Osloer Abkommen vom Februar. Nunmehr will diese Firma die chemischen Abfälle 40 Seemeilen westlich von Hvide Sande und 65 Seemeilen nordwestlich von Esbjerg in internationalen Nordseegewässern verklappen. Doch jetzt erheben die dänischen Fischer Protest, denn dieses Gebiet der jütischen Westküste ist ein traditionelles Fischfanggebiet.
Alle diese entsetzlichen Funde der vergangenen Jahre an Arsen und Cyanid auf dem Lande und in der See, von Chemieabfällen und Gas, von 314 Ölverschmutzern allein im Jahre 1970, haben aufgezeigt, daß Profitsucht, Verantwortungslosigkeit und Bequemlichkeit die Zukunft des Meeres und seiner Lebewesen gefährden. Doch endlich haben fast alle Staaten der Welt Schritte unternommen, um in letzter Stunde die Selbstvernichtung der Menschheit zu verhindern.
Seit dem 23. April 1973 ist das Versenken von Abfällen vor den Küsten der USA verboten. Im Juni dieses Jahres hat sich in London der Council of Inter-Governmental Maritime Consultative Organization – IMCO – darüber geeinigt, die internationalen Vereinbarungen zur Reinerhaltung des Meeres stärker durchzusetzen.
Schließlich wurde nach vierwöchigen Beratungen im November 1973 in London eine Einigung der Delegationen aus 79 Ländern über ein »Abkommen zum Schutz der Weltmeere vor der Verschmutzung durch die Schiffahrt« erzielt. Eine der wesentlichen Bestimmungen dieses Abkommens sieht vor, daß im Mittelmeer, in der Ostsee, im Schwarzen wie im Roten Meer und im Persischen Golf das Ablassen von Altöl grundsätzlich verboten wird. Außerdem sollen in Zukunft keine gefährlichen Chemikalien mehr ins Meer versenkt werden; wo auch immer dies sei.
Man berät noch, während Tag für Tag mehr als 20000 Tonnen flüssiger und fester Abfallstoffe in das nur 20 bis 40 Meter tiefe Binnenmeer Nordsee geschüttet werden. Uns bleibt zum Schluß nur jener Satz zu zitieren, den Prof. Dr. h. c. Julius Speer so formulierte: »Die Diskrepanz zwischen der Gefahr, die flachen Binnenmeere Nordsee und Ostsee ökologisch irreversibel (nicht mehr rückgängig zu machend) zu zerstören und unseren wissenschaftlichen Kenntnissen, wie man eine solche Zerstörung noch rechtzeitig aufhalten könnte, wächst von Tag zu Tag.«
Diese Worte sind ein Mahnruf, der nicht ungehört verhallen darf!

Was der Weltozean sonst noch ist

Bis zum Mai 1972 waren rund 60 große Bohreinheiten überall in der Welt in Betrieb und weitere 60 im Bau, mit denen Ölbohrungen ausgeführt werden konnten. Bei der Beibehaltung dieses Tempos ist damit zu rechnen, daß bis 1980 rund 600 dieser Bohrinseln – die fest auf dem Schelf in flachem Wasser stehenden Ölbohrtürme nicht gerechnet – in Betrieb sein werden. Halbtaucher-Bohrinseln und fernbediente Bohr- und Fördersysteme kommen hinzu. Pipelines, Plattformen und Stationen auf dem Meer ergänzen diesen neuen Teil des Stahlmarktes Ozean. Allein jene Pipeline erforderte einen Einsatz von 70000 Tonnen Stahl.

Zentralstationen für Erdöl – wie zum Beispiel jene, die in Küre, Süd-Kyushu, Japan, gebaut wurden – müssen 120000 Tonnen Stahlkonstruktionen haben.

Infolge dieser erkannten Anforderungen und der zu erwartenden ständigen Marktsteigerung wird erwartet, daß in den nächsten zehn Jahren für den Bau von Förderanlagen, Bohrausrüstungen, Ladevorrichtungen, Pipelines und sonstigen Offshore-Produkten – ohne Tanker – 30 Millionen Tonnen Stahl benötigt werden.

Für eine Wasserentsalzungsanlage mit einer Kapazität von einer Million Kubikmetern werden 10000 Tonnen Stahl benötigt. Schwimmende Flughäfen und schwimmende Städte werden ebenfalls riesige Mengen an Stahl erfordern. Bei der Insel Hawaii soll anläßlich des 200. Jahrestages der amerikanischen Unabhängigkeit im Jahre 1976 eine schwimmende Stadt errichtet werden.

Der Unterwasser-Tunnel, der die japanischen Inseln Hokkaido und Honshu miteinander verbinden soll, wird schätzungsweise 350000 Tonnen Stahl verschlingen. All dies zeigt, daß der neue Stahlmarkt Weltozean ein gewaltiger Stahlabnehmer ist. Nach den Informationen, die vom Ocean Development Promotion Committe des Kozai Club veröffentlicht wurden, werden zur Realisierung der bereits heute geplanten Vorhaben auf und im Weltozean in den nächsten zehn Jahren 50 Millionen Tonnen Stahl benötigt.

Bohranlagen aller Art gehören zur Produktion des neuen Stahlmarktes Ozean. Hier eine Bohranlage der Firma Wirth & Co.

Energieerzeugung aus dem Meer

Viel wurde bereits über dieses Gebiet geschrieben. Phantastische, tollkühne Pläne wurden entworfen und – verschwanden wieder. Dennoch ist gerade dieses Feld der Nutzung des Meeres und seiner Kräfte zur Erzeugung elektrischer Energie nicht erschöpft. Die Frage, ob die Gezeitenleistung diesem Zweck nutzbar gemacht werden kann, wurde praktisch erprobt und verwirklicht. Das Gezeitenkraftwerk an der Mündung des Rance-Flusses nahe St. Malo an der französischen Atlantikküste, ist allerdings das erste praktische Zeugnis dafür, daß diese Pläne realisierbar sind.
Da der Gezeitenhub im Mündungstrichter der Rance rund sechs Meter hoch ist, wird bei halbtägigem Rhythmus bedeutende Energie frei. Sie wird durch Rohrturbinen eingefangen, die in einem quer zum Flußlauf gelegten Staudamm eingebaut sind. Die Schwierigkeit bei dieser Art von Kraftwerk, das übrigens seit 1967 in Betrieb ist und mit einer Jahreskapazität von 550 Millionen kWh arbeitet, bestand darin, Turbinen zu bauen, die sowohl bei einlaufendem wie bei auslaufendem Wasser arbeiteten und die bei Stillstand der Aggregate das Wasser in beiden Richtungen frei durchströmen ließen.

Ein weiteres Projekt dieser Art, das noch in der Entwicklung steht, ist das »Passamaquoddy-Tidal-Power-Projekt« in der Fundy-Bay an der Grenze zwischen den USA und Kanada. Hier, wo der größte Gezeitenhub des Weltozeans wirksam wird und eine Höhe von 17 Metern erreicht, soll ein Kraftwerk mit größter Leistung entstehen.

Ein drittes Großprojekt ist in der Bucht von San José, Argentinien, geplant. Auch hier ist der Gezeitenhub groß. Die Küstengestaltung läßt an dieser Stelle die Anlage großflächiger Wasserbecken zu. Es dürfte sicher sein, daß nach dem Vorbild des Rance-Kraftwerks in den nächsten Jahren weitere Projekte ähnlicher Art entstehen werden. Einmal abgesehen von den hohen Baukosten, sind die weiterlaufenden Betriebskosten sehr gering.

Neben diesen mechanischen Leistungen des Meeres soll auch seine thermische Energie genutzt werden. Dies ist besonders in tropischen Ozeangebieten mit starkem senkrechten Temperaturgefälle möglich. Dieses Temperaturgefälle vom warmen Oberflächenwasser zum kalten Tiefenwasser kann durch einen thermodynamischen Kreislauf genutzt werden. Diese Nutzung der thermischen Energie ist aber sehr schwierig. Für die Errichtung solcher Kraftwerke kämen nur tropische Küstenplätze in Frage mit steil abfallendem Meeresgrund.

An einer anderen großen Chance der Nutzung von Meeresenergie wird bereits seit geraumer Zeit gearbeitet. Und zwar handelt es sich um die Trennung von Deuterium – einem schweren Wasserstoff mit dem chemischen Zeichen D – und Tritium – ebenfalls ein schwerer Wasserstoff mit dem chemischen Zeichen T – aus Meerwasser. Im Wasser ist das Wasserstoff-Isotop Deuterium mit dem Atomgewicht 2,0147, das im Jahre 1932 von dem amerikanischen Chemiker Harold Clayton Urey entdeckt wurde, in unbegrenzten Mengen vorhanden. In 6000 Teilen Wasser ist jeweils ein Teil schweres Wasser enthalten.

Dieses Isotop verwandelt sich bei einer Temperatur von über 14 Millionen Grad Celsius durch Kernverschmelzung in das Element Helium. Dabei werden ungeheure Energien frei. Gelänge es, diesen im Meer schwimmenden »Brennstoff« in nutzbare Energie umzuwandeln, wäre das Problem des Weltenergiebedarfs für immer gelöst.

Bei dieser Kernverschmelzung, um deren Verwirklichung sich Wissenschaftler in England, in der UdSSR und in den USA seit Jahren bemühen, würde nicht wie bei der Atomspaltung Uran oder Thorium gespalten; vielmehr würden die leichten Kerne des Deuteriums zu schweren Kernen verschmolzen, wodurch thermonukleare Energie entstünde. Dieser Vorgang käme praktisch einer künstlichen Sonne gleich.

Erdöl und Erdgas aus dem Meer

Seit der Entdeckung des ersten Erdöl-Offshore-Feldes vor der Küste von Louisiana im Jahre 1938 wurde die Erdölförderung auf und aus dem Meer von Jahr zu Jahr weiterentwickelt. Aber erst nach dem Zweiten Weltkrieg erlebte diese Art der Erdölförderung einen gewaltigen Aufschwung. Dies führte so weit, daß im Jahre 1972 bereits 22 Prozent der Weltrohölförderung von insgesamt 2,6 Milliarden Tonnen aus den Ozeanen gewonnen wurden. Bis zum Jahre 1980 wird die Erdölförderung aus Offshore-Feldern sich auf 30 bis 40 Prozent steigern.

Nach bereits älteren Schätzungen sollen 40 Prozent allen Erdöls unter dem Meer liegen. Das Meer, als Erzeuger des Erdöls, wird demnach auch in Zukunft mehr und mehr von diesem primären Reichtum der Erde abgeben müssen. Und es sieht – glaubt man den neueren Forschungen – genauso aus, als sei das Meer auch die Stelle, die die reichsten Vorräte an Erdöl besitzt. Die Erdölforschung hat inzwischen unter Beweis gestellt, daß nicht nur auf dem Schelf, sondern auch unter dem Kontinentalabhang und in der Tiefsee Erdölvorkommen zu erwarten sind. Es ist lediglich eine Frage der Bohr- und Fördertechnik, wann aus der Tiefsee das erste Öl nach oben strömt.

Heute wird vermutet, daß die Erdölvorkommen, die auf dem Festland erbohrt und erforscht wurden, nur ein *Rest* des einst auf dem Grund des Weltmeeres entstandenen Erdöls ist. Sobald man die Förderung näher zum Ursprung lenke, müsse man immer mehr und immer größere Lagerstätten finden.

Diese Theorie wird bestätigt, wenn man die Ölvorkommen in Norddeutschland mit den neu erschlossenen Vorkommen in der Nordsee vergleicht, die um ein Vielfaches größer sind. Während man in der »zurückgedrängten Nordsee« – dem jetzigen Norddeutschland – nur rund 200 Millionen Tonnen Vorräte hat, sind in der ersten Exploration der Nordsee-Offshore-Gebiete bereits Vorkommen in Höhe von über einer Milliarde Tonnen entdeckt worden.

Folgt man dieser Theorie, dann müßte sich im Untergrund der 71 Prozent

unserer Erde, die von Wasser bedeckt sind, ein Mehrfaches an Erdöl finden lassen als auf dem festen Land. Diese Theorie ist erst einige Jahre alt. Erst heute lassen es die modernen Konzeptionen der Geodynamik möglich erscheinen, daß das, was heute Tiefsee ist, früher Flachmeer war und Schelf, oder gar Land.
In 3000 Meter Wassertiefe vor Kalifornien erbohrte man Erdöl, und nachdem die »Glomar Challenger« Tiefseebohrungen erfolgreich durchgeführt hat, ist auch die Erbohrung solcher Tiefsee-Ölquellen möglich.
Daß dies zunächst nur Spekulationen sind mit nur einem gewissen Grad an Wahrscheinlichkeit, ist klar. Dennoch zeigen diese Erwägungen an, in welche Richtung die Erdölsuche gehen wird und gehen muß!

Erdöl-Explorationen heute und morgen

Die Technologie hat diesem Trend durch den Bau von Halbtaucher-Ausrüstungen und Tiefsee-Bohranlagen Rechnung getragen. Mit Halbtaucheranlagen können Bohrungen in über 100 Meter Wassertiefe durchgeführt werden. Die modernste Halbtaucheranlage zum Beispiel, die für Shell erbaute »X 700«, die im Frühjahr 1973 die Arbeit in der Nordsee aufnahm, kann in Wassertiefen bis zu 600 Meter bohren. Diese modernste Bohrinsel der Welt kostete 20 Millionen Dollar.
In den südostasiatischen Gewässern wurde ebenfalls im Frühjahr 1973 eine neue Halbtaucher-Insel eingesetzt. Diese für die Teldyne Movible Offshore Firma Lafayette bei der Bethlehem-Werft in Singapur erbaute Hubinsel mit der Bezeichnung »Movible Rig 16« steht in Wassertiefen bis 100 Meter und bringt von dort aus Bohrungen bis in 7600 Meter Tiefe nieder.
Eine weitere Firma, die »Odeco«, hat zwei neue Bohrinseln in Auftrag gegeben, nämlich die »Ocean Rover« und die »Ocean Trouth«. Es sind dies gewaltige Inseln, die 70 bis 80 Arbeitern und Ingenieuren Unterkunftsmöglichkeit bieten. Sie wurden beide im Sommer 1973 erstmals im Golf von Mexiko eingesetzt. Damit hat die »Odeco« allein 24 Bohrinseln in Betrieb.
Auch im japanischen Meer wurde die erste riesige Bohrinsel in Betrieb genommen. Es handelt sich um die »Ocean Prospector«, die mit einem Team von 62 Prospektoren auf der Suche nach Ölvorkommen auf dem japanischen Schelf tätig ist. Zwanzig Sachverständige aus England, der Bundesrepublik, Norwegen, den Niederlanden und den USA arbeiten dort mit ihren japanischen Kollegen zusammen. Dieses Großprojekt wird zusammen von der West Japan Oil Development Co, Tokio, der Shell und dem japanischen Großkonzern Mitsubishi als Erbauer finanziert.

Diese Insel mit einer Fläche von 8800 Quadratmetern ist im Meeresboden mit vier Stahlrohren von je 7,2 Metern Durchmesser verankert. Acht Seeanker sichern sie gegen Wind und Wellenschlag. Sie wurde auf der Werft in Kure, Hiroshima, mit einem Kostenaufwand von 50 Millionen DM erbaut und ausgerüstet.

Ein Pfeiler von einem Meter Innendurchmesser wurde an ihrem Lageplatz in die unterseeischen Felsschichten eingetrieben und mit Spezialzement verankert. Durch diesen Pfeiler führt ein Schacht bis etwa 3000 Meter unter dem Meeresspiegel hinunter. Die Belegschaft der Bohrinsel arbeitet in zwei Schichten am Tag.

In der Nordsee sind von verschiedenen Eignern ebenfalls Bohrinseln eingesetzt worden, wenn auch nicht mit den gigantischen Abmessungen. Und wo man auch hinschaut, vor Tunis und vor der Küste von China, vor Thailand und in der Straße von Malakka, vor Grönland oder vor Sachalin, überall wird Erdölexploration betrieben. Allein 66 Gruppen erhielten im Nordsee-Offshore-Gebiet für den britischen Festlandsockel Förderlizenzen. Dementsprechend erlebten die englischen Ausrüster für Nordsee-Öl einen Boom ohnegleichen.

Schätzungen haben ergeben, daß bis zum Jahre 1985 in der ganzen Welt rund 10 Milliarden DM für die Entdeckung, Erschließung und Förderung von Kohlenwasserstoffen aus Offshore-Vorkommen ausgegeben werden. Damit ist das Erdöl seit langem und wahrscheinlich auch für lange Zeit der best florierende Zweig der Meerestechnik.

Mit Beginn des Jahre 1974 standen allein in der Nordsee 20 Bohrinseln im Einsatz. Weitere 26 werden noch in diesem Jahr hinzukommen. 75 Bohrinseln sind im Augenblick in aller Welt im Bau.

Ein Lichtblick für die auf diesem Gebiet etwas zu kurz gekommene deutsche Industrie ist der Bau von zwei großen Halbtauchern auf der Werft von Blohm und Voß in Hamburg.

Erstmals erhielt die deutsche Industrie im Frühjahr 1973 die Chance, sich auf der 5. Offshore-Technology-Conference in Houston, Texas, vorzustellen. Und zwar in einer Gemeinschaftsschau, die vom Bundesministerium für Wirtschaft und Finanzen gefördert worden war. Dies zeigt auf, daß man dort das Gespür für interessante Marktentwicklungen hat und bereit ist, schnell zu handeln und so die Chancen für die deutsche Industrie zu wahren.

Die verstärkten Bemühungen sämtlicher Nationen um die Erschließung des Festlandsockels und des Kontinentalabhanges beweisen die ständig wachsende Bedeutung der dort lagernden Erdölvorkommen, die gerade *heute*, im Hinblick auf die Verknappung dieser Rohstoffe, von entscheidender Bedeutung sind.

Das Meer wird unsere Erde

Der größte Lebensraum der Erde ist das Weltmeer. Würde ein außerirdischer Beobachter mit menschlicher Gedankenwelt diese unsere Erde sehen, dann sähe er sie sicherlich als großes, blausilbern glänzendes Meer, in dem einige schwarze Flecke schimmern: die Kontinente. Diese außerirdischen Menschen werden sich ihre Gedanken darüber machen, woher der Stoff kommt, den wir Wasser nennen, denn auf ihrem Planeten werden sie wahrscheinlich kein Wasser haben.

Vor nicht allzu langer Zeit war man der Überzeugung, daß die beiden Eiskappen der Marspole Schmelzwasser abgeben müßten, weil sie ja einmal schwächer und dann wieder dicker erscheinen. Heute weiß man, daß sich von diesen Polen lediglich gefrorene Kohlensäure absetzt, gewissermaßen Trockeneis. Dann fand man heraus, daß es doch Wasser auf dem Mars geben müsse. Und zwar ungefähr ein Millionstel jener Menge, die in den uns bekannten trockenen Wüstengebieten unserer Erde vorhanden ist.

Als die Mariner-Raumsonden die Oberfläche des Planeten Venus passierten und ihre Meßgeräte 460 Grad Celsius anzeigten, meldeten sie auch, daß der vermutete Wasserdampf überhaupt kein Wasserdampf, sondern nur – Staub ist. Und das Wasser der Erde?

Zwei Dinge sind, vereinfacht und vergröbert, dafür verantwortlich, daß wir Wasser auf der Erde haben und daß das leichteste aller Elemente – der Wasserstoff – zu jenem Teil auf der Erde zurückblieb, die sich wiederum aus einer kosmischen Staubwolke bildete, der notwendig war, um den Weltozean zu bilden. Als sich die Gestaltwerdung der Erde vollzog, als ihre Kruste um den glühenden Kern herum hart wurde, war der Planet Erde gerade so groß, daß er durch seine spezifische Masse Wasserstoff-Atome dann festzuhalten vermochte, wenn sich zwei von ihnen mit einem Sauerstoffatom zu – Wasser verbunden hatten.

Und noch eines kam hinzu: Daß die Erde in genau dem Abstand um die Sonne rotierte, daß auf ihrer Oberfläche Temperaturen herrschten und herrschen, die zwischen dem Schmelzpunkt und dem Siedepunkt des Wassers liegen. Diese Voraussetzungen ermöglichten das Leben, das wir heute kennen. Dadurch aber, daß es den Weltozean gab, gab es dieses Leben auf der Erde.

Der Mensch sah dieses Meer immer als etwas Gegebenes an, als ein Muster ohne besonderen Wert. Er lebte auf der Erde und erst jetzt, da er beginnt, ins Meer hinabzusteigen und die dritte Dimension der Erde in Besitz zu nehmen, hat er sein Raumschiff bis in den letzten Winkel hinein für sich gewonnen.

Die Geschichte der Unterwasserfahrt war ein einziger mühevoller Weg und gerade in dem Augenblick, als der von Land bedeckte Teil des Raumschiffes nicht mehr in der Lage zu sein scheint, seine Bewohner zu ernähren, erkennen wir, daß das Meer auch dazu gehört! Wir müssen mit ihm rechnen, in das Meer eindringen, es in Besitz nehmen und uns seiner Schätze versichern, wenn wir weiterleben wollen. Das Meer ist der wichtigste Teil der Erde: der Thermostat, die Vorratskammer und der Wohnort der Zukunft.

Bohrtürme am Rande der See – Die Offshore-Ölbohrungen sind auf dem Vormarsch.

Öltürme vor der Küste von Louisiana. Mit Schleppern werden sie zu ihrem Standort gefahren.

Lassen wir uns nicht vom Glanz ferner Sterne blenden! Gehen wir die wenigen Tausend Schritte in eine Zukunft, die frei sein soll von Hunger, frei von Armut und voll der Wunder, die uns die Erde im Meer bereithält.

Das Meer ist unsere Welt ebenso wie das feste Land. Aus dem Meer ist alles Leben gekommen und aus dem Meer wird unser aller Leben erhalten werden können. Dazu braucht es von seiten des Menschen nur die eine Bedingung, daß er dies erkennt und danach handelt. Eine friedliche Nutzung des Überlebensvorrates und nicht uneingeschränkte Ausbeutung, das ist der Weg, auf dem wir mit Hilfe unserer Technik gehen müssen.

Alle Kraft und aller Erfindergeist müssen zu diesem Ziel hin eingesetzt werden, denn die Erde braucht das Meer, seine Lebewesen darin und alle Schätze. Es darf keine Regierung irgendwo auf der Erde geben, die zugunsten eines schnellen Profites einzelner, Mächtiger, auf die Sicherung der Zukunft der gesamten Menschheit verzichtet.

Die Welt von morgen, unsere Welt von morgen, ist eine Welt, die durch das Meer, mit dem Meer und in ihm weiterexistieren kann.

Einige Unterwasser-Forschungsfahrzeuge in Kurzdaten

Name	Stapel-lauf	Bauherr	Eigner – Benutzer	Länge m	Gewicht t	Operat.-tiefe m	Besatzung Mann	Geschwindig-keit kn	Zahl der Einsätze
Aluminaut	1964	General Dynamics / Electro Boat Div., USA	Reynolds Submarine Services	15,3	70	4 500	7	3,5 für 12 Std.	200
Alvin	1964	General Mills / Litton Industries, USA	US-Navy u. Woods Hole Oceanographic Institution	6,62	15	1 800	3	2 für 2 Std.	307
Archimède	1961	Französische Marine	Französische Marine	20,75	195,9	11 000	3	2,5 für 3 Std.	190
Argyronète	1973	C. E. M. A. Zentrum für Unterwasserstudien	Intitute Français Petroleum – CNEXO	24,60	248	620	10	7	keine
Beaver IV	1968	North American Rockwell Corp., USA	North American Rockwell Corp., USA	7,20	13,5	600	5	2,5 für 8 Std.	72
Ben Franklin	1968	Jacques Piccard, Giavanola, Schweiz	Grumman Aerospace Corp., Bethpage N. Y.	14,40	143	600	6	4	76
Cubmarine	1962	Perry Submarine Builders, Riviera Beach	US-Army, Kentron/ Hawaii	5,55	2,3	90	2	4 für 1 Std.	600
Deep Diver	1968	Perry Submarine Builders	Perry Oceanographics Inc.	6,90	8,2	400	4	3,5 für 5 Std.	150
Deep Quest	1967	Lokheed Missiles and Space Corp.	Lokheed, San Diego, California	12	55	2 400	4	4,5 für 10 Std.	150
Deepstar 2000	1969	Westinghouse Electric Corp., USA	Westinghouse Research and Development	6	8,5	600	3	3 für 4 Std.	60

Name	Stapellauf	Bauherr	Eigner — Benutzer	Länge m	Gewicht t	Operat.-tiefe m	Besatzung Mann	Geschwindigkeit kn	Zahl der Einsätze
Deepstar 4000	1965	Office Français de Recherches Sous-Marine, und Westinghouse Electric Corp.	Westinghouse Research and Engineering Center	5,40	9,1	1 200	3	3 für 4 Std.	544
Deepstar 20 000	1970	Westinghouse Ocean Research, Annapolis	Westinghouse Ocean Research, Annapolis	10,8	41	6 000	3	3 für 4 Std.	keine
Diving Saucer Sp 300	1959	Office Français de Recherches Sous-Marine	OFRS — Commandant Cousteau	2,7	4,2	405	2	1 für 2 Std.	750
Diving Saucer Sp 3000	1970	Office Français de Recherches Sous-Marine	OFRS — Commandant Cousteau	6	12	3 000	3	3 für 5 Std.	keine
Dolphin	1968	US Navy, Portsmouth Naval Shipyard	US Navy	49,5	900	—	27	15 für 5 Std.	35
Deep Ocean Work Boat	1968	AC Division, General Motors, Santa Barbara	AC Division, General Motors, Santa Barbara	5,4	10	1 950	2	2 für 6 Std.	115
DSRV I/II	1970 1971	Lokheed Missiles and Space Corp.	US Navy Ship Systems, San Diego	15	36,7	1 500	3 Piloten, 24 zu Rettende	4,5 für 3 Std.	30
Johnson-Sea-Link	1971	Edwin A. Link	Smithsonian Inst., Washington	6,9	9,4	600	5	4 für 24 Std.	beim 1. Einsatz vor Key West untergeg.
Kuroshio II	1960	Japanese Steel and Tube Co., Hokkaido	University of Hokkaido	10,8	12,2	195	4	2 unbegrenzt	135

Name	Stapellauf	Bauherr	Eigner – Benutzer	Länge m	Gewicht t	Operat.-tiefe m	Besatzung Mann	Geschwindigkeit kn	Zahl der Einsätze
Mermaid	1972	Bruker Meerestechnik, Karlsruhe	Bruker Meerestechnik, Karlsruhe	5,15	6,3	300	2	3 für 5–10 Std.	Erprobungseins. im Mittelmeer
Mermaid III/IV	1973	Bruker Meerestechnik, Karlsruhe	Bruker Meerestechnik, Karlsruhe	6,2	10,5	200	2 + 3 Taucher	4,5 f. 5–15 Std.	–
Nemo	1970	US Naval Civil Engineerg. Lab.	US Navy	1,8 ⌀ Kugel	–	180	2	1 für 8 Std.	25
NR I Nuclear Research-Boat	1969	General Dynamics Electro-Boat Div.	US Navy Sub Flot Two	42,0	400	unbek.	7	15 für 45 Tage Lebensdauer	unbekannt
Pisces I	1965	Intern. Hydrodynamics, Vancouver	Intern. Hydrodynamics, Vancouver	5,1	7,5	480	3	2 für 4 Std.	625
Oceanics Pisces I	1965	Vickers Oceanics, Ltd., England	Vickers Oceanics, Ltd., England	5,0	7,5	365	2	2	450
Oceanics Pisces II–III	1968	Intern. Hydrodynamics, Vancouver	Vickers Engin., Barrow-in-Furness	6,0	11,5	(P II) 790 (P III) 1 100	2–3	4 und mehr	320
Sever II	1973	UdSSR	UdSSR	9,95	16,0	1 800	3	5	ca. 12
Shin Kai (U 26)	1968	Kobe Shipyard of Kawasaki Heavy Industries	Jap. Meeressicherheitsbehörde	13,8	100	588	4	3,4 für 0,5 Std. 1,5 für 8 Std.	60
Star III	1966	Gen. Dynamics Electro-Boat Div.	Scripps Inst. of Oceanogr., La Jolla, California	7,2	10	600	2	4 für 1,5 Std.	260

Name	Stapellauf	Bauherr	Eigner – Benutzer	Länge m	Gewicht t	Operat.-tiefe m	Besatzung Mann	Geschwindigkeit kn	Zahl der Einsätze
Survey Sub (PC–9C)	1970	Perry Submarine Build., Riviera Beach	Brown & Root Eng. Co., Houston	6,6	11	358	3	4,5 für 1,5 Std.	125
Tourist Sub	1974	Bruker Meerestechnik, Karlsruhe	Bruker Meerestechnik, Karlsruhe	8,6	24	150	2, 14 Fahrgäste	4 für 5 Std.	keine
Trieste I	1953	Auguste Piccard, Triest, Italien	A. Piccard – US Navy (1958–1964)	17,4	158	10 900	2	0,8 für 3 Std.	128
Trieste II	1965	US Navy, Mare Island Naval Shipyard	US Navy, San Diego	20,1	50	6 000	3	3 für 2 Std.	80
Turtle	1968	Gen. Dynamics Electric Boat Div.	US Navy, San Diego	7,8	24	1 950	3	2,5 für 1 Std.	22
Vast Mark III	1967	Underwater Vehicles Inc., Waterford	Unterwater Vehicles Inc., Waterford	3	1,5	75	1	2 für 6 Std.	über 1000
Yomiuri	1964	Kobe Shipyard Mitsubishi Heavy Ind., Kobe, Japan	Yomiuri Shimbun, Newspaper, Tokio	14,4	37	300	6	3 für 6 Std.	450

Danksagung

Der besondere Dank des Autors gilt jenen Firmen, Institutionen und Einzelpersönlichkeiten, die bei der Abfassung des vorliegenden Werkes besonders behilflich waren:

Der Arbeitsgemeinschaft Information Meeresforschung und Meerestechnik e. V. Hannover, für Herstellung des Computer-Ausdruckes über Unterwasserfahrzeuge
Der Deutschen Babcock & Wilcox Aktiengesellschaft, Oberhausen
Der Firma Bruker-Physik AG, Karlsruhe
Der Commerzbank, Aktiengesellschaft, Dortmund
Dem Bundesministerium für Bildung und Wissenschaft
Der ERNO-Raumfahrttechnik, Bremen
Der Firma General Dynamics, Electric Boat Division, Groton, Connecticut
Der International Oceanographic Foundation, Miami, Florida
Der Firma Messerschmitt-Bölkow-Blohm, München
Der Firma Vickers Oceanics Limited, Barrow-in-Furness
Der Firma Westinghouse Underseas Division, Baltimore, und Westinghouse Defense and Public Systems Corp. Bonn
Der Wirtschaftsvereinigung Industrielle Meerestechnik, Düsseldorf
Herrn Professor Jacques Chouteau, Marseille
Herrn Rechtsanwalt Friedrich Wilhelm Heierhoff
Herrn Dipl.-Ing. J. Haas, Forchheim b. Karlsruhe
Herrn Dr. Günter Giermann, Monaco
Herrn Dr. Peter Behrend, Hannover
Herrn Prof. Dr. Rupert Riedl, North Carolina University
Herrn Prof. Dr. Julius Speer

Ohne die tatkräftige Unterstützung der genannten Stellen und Persönlichkeiten hätte das Werk nicht in der vorliegenden Form gestaltet werden können.

Quellen- und Literaturverzeichnis

Um das vorliegende Werk in dieser Form erstellen zu können, waren insgesamt 1400 gedruckte, vervielfältigte und andere Quellen notwendig.
Institutionen in aller Welt, staatliche und selbständige Stellen, Firmengruppen, Firmen und Einzelpersönlichkeiten, stellten Material zu diesem Buch zur Verfügung.
Die Fachpresse der Welt wurde in Detailfragen ausgewertet. Wesentliche Quellen und Hinweise auf Detailstudien sind:

Alinat, J. / Bousquet, Y., L'Homme dans la Mer, Paris 1967.

Alman, Karl, Ritter der Sieben Meere, Rastatt 1965.

Anderson, William R. / Blair, Clay, Die abenteuerlichen Fahrten der Nautilus, München 1959.

Bauer, H., Abenteuerliche Tiefsee, Leipzig 1955.

Beach, Edward L., Tödliche Tiefen, Stuttgart 1956.

Ders., Unter Wasser um den Erdball, Stuttgart 1964.

Beebe, William, 923 Meter unter dem Meeresspiegel, Wiesbaden 1952.

Behm, Hans-Wolfgang, Der unzähmbare Ozean, Berlin 1956.

Berrill, N. J., Atlantische Wunderwelt, München 1953.

Bölsche, Wilhelm, Festländer und Meere, Stuttgart 1912.

Bogerow, V., Das Leben auf See, Moskau 1954.

Bombard, Alain, Im Schlauchboot über den Atlantik, München 1953.

Bond, George Foote, Medizinische Aspekte des Lebens unter Wasser, ZS 1968.

Bruker, Bruker Meerestechnik, ZS Karlsruhe 1973.

Bruns, E. / Brosin, H. J. [Hrsg.], Das Meer, Leipzig, Jena, Berlin 1969.

Bundesforschungsanstalt für Fischerei, Jahresberichte 1965–1972, Hamburg-Altona o. J.

Bundesministerium für wissenschaftliche Forschung, Welternährung – Energiequellen, Umwelthygiene – Wasserhygiene, Pressedienst, München, Bonn o. J.

Bundesministerium für Bildung und Wissenschaft, Meeresforschung und Meerestechnik, Bonn 1972.

Calvert, James, Aufgetaucht am Pol, Oldenburg 1961.

Carson, Rachel, Geheimnisse des Meeres, München 1952.

Chouteau, Jacques, Zukünftige Entwicklungen und Möglichkeiten des Tieftauchens, Hamburg-Altona 1968.

Clark, E., Lebensrätsel des Meeres, Wien 1955.

Coll, Pieter, Das Meer, der unentdeckte Kontinent, Würzburg 1968.

Commerzbank, Meeresnutzung, Düsseldorf 1973.

Cousteau, Jacques-Yves, Die schweigende Welt, Berlin 1956.

Ders., Das lebende Meer, Gütersloh 1966.

Demoll, R., Früchte des Meeres, Berlin 1957.

Deutsche Forschungsgemeinschaft, Denkschrift Meeresforschung I und II, Wiesbaden 1962 und 1968.

Dies., Diverse Forschungsberichte, 1962–1973.

Dietrich, G., Ozeanographie, Braunschweig 1959.

Drägerwerke, Tauchtechnik, Lübeck, Jgg. 1964–1970.

Dumas, Jacques, Man explores the Sea, London 1956.

Engel, F. M., Lebensraum der Wunder, Bern 1958.

Freuchen, P., Knaurs Buch der Sieben Meere, München 1958.

Gagel, Ernst, Die Sieben Meere, Braunschweig 1955.
Gellert, Georg, Die Wunder des Meeres, Berlin 1912.
Gilliland, G. R., Freshwater for the Future, New Delhi 1955.
Hass, Dr. Hans, Drei Jäger auf dem Meeresgrund, Zürich 1947.
Ders., Menschen und Haie, Zürich 1949.
Ders., Expedition ins Unbekannte, Wien 1961.
Heberlein, Hermann, Unterwasserwelt, Zürich 1958.
Heierhoff, F. W., Den Fortschritt nicht zum Krebsgang verurteilen, ZS 1973.
Hill, Ralph Nading, Window in the Sea, New York 1956.
Idyll, C. P., The Sea against Hunger, New York 1970.
Keller, H., Wassergewinnung in heißen Ländern, Berlin 1929.
Kurowski, Franz, Unsere Zukunft das Meer, Wien, Heidelberg 1970.
Ders., Satelliten erforschen die Erde, Würzburg 1973.
Latil, Pierre de, Vom Nautilus zum Bathyscaph, Wiesbaden 1952.
Marfeld, A. F., Zukunft im Meer, Berlin 1972.
Möhres, F., Welt unter Wasser, Stuttgart 1964.
Neresheimer, E., Gaben des Meeres, Berlin 1931.
Office of Saline Water, Bolsa Island Nuclear Power and Desalting Plant (und andere Beiträge), Washington 1968–1972.
ozean und technik, Jahrgänge 1970–1973, Düsseldorf.
Piccard, Auguste, Über den Wolken, unter den Wellen, Wiesbaden 1954.
Piccard, Jacques, 11 000 Meter unter dem Meeresspiegel, Wiesbaden 1961.
Platt, Rutherford, Wasser – die Substanz des Lebens, Tübingen und Stuttgart 1971.
Riedl, Prof. Dr. Rupert, Die Tauchmethode, ihre Aufgabe und Leistungen bei der Erforschung des Litoral, ZS 1967.
Ders., Was ist Unterwasserforschung? ZS 1947.
Rudolph, W., Nahrung und Rohstoffe aus dem Meer, Stuttgart 1946.
Roll, Prof. Dr. H. U., Koordinierter Einsatz von Forschungsschiffen, ZS 1973.
Schott, Wolfgang, Auf der Suche nach immer neuen Schätzen, ZS 1973.
Schmidt, U., Das Meer: Nahrungsquelle der Zukunft, ZS 1973.
Shenton, Edward H., Diving for Sciences, New York 1972.
Spilhaus, A., The Ocean Laboratory, Mankato 1968.
Steinert, Harald, Die Wiege des Erdöls, ZS 1973.
Ders., Wie verschmutzt sind die Meere wirklich? ZS 1973.
Tailliez, Philippe, In den Tiefen der Meere, Wien 1956.
Tassos, John, The Underwater World, Englewood 1957.
Thiel, Hjalmar, Das Leben in 200 bis 11 000 m Tiefe, ZS 1973.
US-Navy Department, Diverse Berichte zur Eroberung des Inneren Weltraumes, 1958 bis 1972.
Vickers, Oceanics Limited, Diverse Berichte zur Unterwasserfahrt und zu Unterwasser-Booten der Firma, ZS 1973.
Vogt, Hans-Henning, Wir werden Wasser atmen, München 1973.
Waldegg, Michael, Geheimnis der Meerestiefen, München, Wien 1954.
Westinghouse Electric Corporation, Diverse Berichte über »Submersibles« und Unterwasser-Aktivitäten, Baltimore 1960–1973.
Wirtschaftsvereinigung industrielle Meerestechnik, Vorstellung der deutschen Industrie zur Förderung der Meerestechnik und andere wichtige Werke über Meerestechnik, Düsseldorf 1970–1973.
Young, Edgar, Soviet Research Ship »Akademik Knipowitsch«, ZS 1968.
Zobell, C. A., Marine Microbiology, Waltham, Massachusetts 1946.

Namen- und Sachregister